高等院校土木工程专业"十二五"规划教材

砌 体 结 构

主编 田水

中国水利水电出版社
www.waterpub.com.cn

内 容 提 要

本书是依据 2011 年颁布的国家标准《砌体结构设计规范》（GB 50003—2011）、2010 年颁布的国家标准《建筑抗震设计规范》（GB 50011—2010）和 2011 年颁布的国家标准《烧结多孔砖和多孔砌块》（GB 13544—2011），并参照全国高等学校土木工程专业指导委员会对土木工程专业的培养要求和目标及国家教委关于高等院校应用型人才培养目标的要求编写的。

本书以砌体结构设计与构造要求为主要内容，在内容上由浅入深、循序渐进、重点突出，按照卓越工程师教育培养计划的要求，突出实际工程应用。系统地介绍了砌体材料的种类及砌体的力学性能，砌体结构设计方法，无筋及配筋砌体构件的承载力计算，砌体结构房屋设计，过梁、圈梁及墙梁等构件设计，砌体结构抗震设计等。

本书可作为普通高等院校土木工程专业或土木建筑类其他专业本科教学的教材，也可作为从事砌体结构设计、施工、科研及管理等工程技术人员的参考用书。

图书在版编目（C I P）数据

砌体结构 / 田水主编. -- 北京 ：中国水利水电出版社, 2015.5
高等院校土木工程专业"十二五"规划教材
ISBN 978-7-5170-3216-8

Ⅰ. ①砌… Ⅱ. ①田… Ⅲ. ①砌体结构－高等学校－教材 Ⅳ. ①TU36

中国版本图书馆CIP数据核字(2015)第108016号

书　　名	高等院校土木工程专业"十二五"规划教材 **砌体结构**
作　　者	田水　主编
出版发行	中国水利水电出版社 （北京市海淀区玉渊潭南路 1 号 D 座　100038） 网址：www.waterpub.com.cn E - mail：sales@waterpub.com.cn 电话：（010）68367658（发行部）
经　　售	北京科水图书销售中心（零售） 电话：（010）88383994、63202643、68545874 全国各地新华书店和相关出版物销售网点
排　　版	中国水利水电出版社微机排版中心
印　　刷	北京瑞斯通印务发展有限公司
规　　格	184mm×260mm　16 开本　13.5 印张　320 千字
版　　次	2015 年 5 月第 1 版　2015 年 5 月第 1 次印刷
印　　数	0001—3000 册
定　　价	**26.00 元**

前　言

　　本书为高等院校土木工程专业"十二五"规划教材之一，是为普通高等院校土木工程专业所编写的专业课教材。本教材以砌体结构理论和我国现行的国家标准《砌体结构设计规范》（GB 50003—2011）和《建筑抗震设计规范》（GB 50011—2010）为依据，结合普通高等教育的培养目标、基本要求和土木工程专业"卓越工程师"培养的专业标准，贯彻少而精的原则，在内容上由浅入深、循序渐进、重点突出，增强针对性，突出应用性和实用性，注重体现工程概念和结构构造要求，通过工程应用实例加深对设计原理和构造要求的理解。

　　本书由田水主编，李书进、谷倩、章国成、牛辛正天、潘胤池参编。具体编写分工为：绪论、第一章、第二章、第三章、第六章、第八章由田水负责；第四章由章国成负责；第五章由李书进负责；第七章由谷倩负责；第九章由牛辛正天负责；全书的例题由潘胤池负责；全书由田水统稿；李书进教授审核了全书并提出了宝贵的修改意见。

　　本书内容及深度适用性广泛，例题步骤完整，思考题和练习题内容全面，紧扣关键概念和关键构造要求，适合作为普通高等院校土建类专业的教学用书，也适宜用作其他有关专业的教学用书和土建类专业工程技术人员参加职业资格考试的参考用书。

　　由于编者水平有限，对新规范的内容学习领会不够，书中难免有错误和不足之处，敬请广大读者批评指正！

编　者

2015 年 2 月

目　录

绪　论

第一节　砌体结构的发展

砌体结构（masonry structure）是指由砖、砌块、石材等块体和砂浆砌筑而成的墙、柱作为建筑物主要受力构件的结构，是砖砌体、砌块砌体及石砌体结构的统称。

砌体一直是世界各国建筑工程的重要材料，天然石材是最原始的建筑材料之一。我国，生产和使用烧结黏土砖已有 3000 多年的历史，西周时期（公元前 1134—前 771 年）已有烧制的黏土瓦，战国时期已能烧制大尺寸空心砖，南北朝以后砖的应用更为普遍，秦汉时期的烧结黏土砖与黏土瓦最富有特色，其生产规模、烧制技术及质量都超过了以往任何时代，故有"秦砖汉瓦"之称。

砌体结构是最古老的一种建筑结构，在世界各国都有着广泛应用，有着悠久的历史，现存的古代砌体结构建筑遍布于世界各地。

中国是砌体结构使用的大国，在我国砌体结构有着悠久、辉煌的发展历史，其中石砌体和砖砌体更是源远流长，许多名胜古迹都是砌体结构。考古资料表明，我国早在 5000 年前就建造有石砌体祭坛和石砌围墙。现存的砌体结构有闻名遐迩的万里长城、赵州桥、卢沟桥、大雁塔、都江堰及各地的砖砌塔等。

始建于春秋战国时期举世闻名的万里长城，延续不断修筑了 2000 多年，东起鸭绿江、西至的嘉峪关，蜿蜒起伏达 21196km，部分城墙采用精制的大块砖砌筑。长城是 2000 多年前用"秦砖汉瓦"建造的世界上最伟大、最雄伟的砌体工程之一，是世界建筑史上一大奇迹，是中国也是世界上修建时间最长、工程量最大的一项古代防御工程（图 0-1）。中国的万里长城被称为人类文明史上最伟大的建筑工程，如此浩大的工程在世界上是绝无仅有的，因而被列为世界七大奇迹之一。万里长城是我国古代一项伟大的防御工程，它体现了我国古代人民的坚强毅力和高度智慧，是古代劳动人民勇敢、智慧与血汗的结晶，体现了我国古代工程技术的非凡成就，也显示了中华民族的悠久历史。

隋代大业年间（605—618 年），李春设计和建造了河北赵县赵州桥，又名安济桥（图 0-2）。赵州桥长 64.40m、跨径 37.02m、桥高 7.23m、桥宽 9.6m，是当今世界上跨径最大、建造最早的空腹式单孔敞肩型石拱桥，距今已有 1400 年的历史。它是世界上现存最早、保存最好、跨度最大的空腹式单孔圆弧石拱桥。1961 年，赵州桥被国务院列为第一批全国重点文物保护单位。1991 年，美国土木工程师学会将赵州桥选定为第 12 个"国际历史土木工程的里程碑"。

始建于金大定二十九年（1189 年）的北京卢沟桥是北京市现存最古老的石造连拱桥（图 0-3），至今仍在使用中。桥全长 266.5m、宽 7.5m，下分 11 个涵孔。桥身两侧石雕护栏的望柱柱头上均雕有卧伏的石狮，其神态各异，栩栩如生。意大利旅行家马可·波罗称赞"它是世界上最好的、独一无二的桥"。

图 0-1　万里长城　　　　　　　　　　　　图 0-2　赵州桥

都江堰水利工程是中国古代建设并使用至今的大型水利工程，坐落在成都平原西部的岷江上，是公元前 250 年蜀郡太守李冰父子在前人鳖灵开凿的基础上组织修建的大型水利工程，2000 多年来一直发挥着防洪灌溉的作用，使成都平原成为沃野千里的"天府之国"，是全世界迄今为止年代最久、唯一留存、以无坝引水为特征的宏大水利工程，是中国古代劳动人民勤劳、勇敢、智慧的结晶（图 0-4）。

图 0-3　北京卢沟桥　　　　　　　　　　图 0-4　成都都江堰水利工程

中国古代建造的寺院、庙宇、宫殿和宝塔等也体现了中国古代砌体结构的伟大成就。例如，建于唐永徽三年（652 年）的西安大雁塔，塔总高 64.7m，1300 多年来历经数次地震仍巍然屹立（图 0-5）；建于公元 523 年的河南登封嵩岳寺塔，高 43.5m，是中国最早

图 0-5　西安大雁塔　　　　　　　　　　图 0-6　河南登封嵩岳寺塔

的古密檐式砖塔（图 0-6）；还有河北定县高约 84m 的料敌塔、开封的"铁塔"（图 0-7）等大量古代砌体结构塔。我国古代应用砖砌筑穹拱结构的典范是建于洪武十四年（1381 年）的南京灵谷寺无梁殿，它东西长 50m，南北宽 34m，因用砖砌成拱顶而得名（图 0-8）。

图 0-7　开封"铁塔"　　　　　　图 0-8　南京灵谷寺无梁殿

世界上各文明古国应用砌体结构的历史都相当久远。例如，世界七大奇迹之一的埃及金字塔就是古埃及人用加工的巨大石块砌筑而成。埃及金字塔是古埃及文明的象征，是现存最大的砌体建筑群。其中最大的金字塔为胡夫，塔高 146.6m，底边长 230.6m，约用 230 万块重 2.5t 的石块建成，堪称建筑史上的奇迹（图 0-9）。还有公元 70—82 年建成的古罗马大斗兽场（图 0-10），古罗马的大引水渠、桥梁、神庙和教堂等以及堪称古希腊建筑史奇迹、文明缩影的雅典卫城，这些建筑都是用块石砌成的。

图 0-9　埃及金字塔　　　　　　　图 0-10　古罗马大斗兽场

砌体结构经历了漫长的发展阶段，在既没有科学的结构分析方法，又缺乏修建工具和设备的远古时代，人们只能利用天然材料作为建筑材料。那时建造的艰难、用料的浪费和建造不当引起的巨大损失都是不可避免的。如今留存在世上的古代砌体结构都是经历了自然淘汰后的佼佼者，它们展现了古代文明取得的辉煌成就，是全人类的宝贵遗产。

第二节　砌体结构的优缺点

砌体结构的广泛应用与其所具有的下列优点是分不开的。

一、砌体结构的主要优点

（1）易于就地取材。制作块材的原料（制造烧结普通砖的黏土、制造蒸压灰砂普通砖的砂、制造粉煤灰砖的工业废料、天然石料及制作砌块的工业废料等）及砂浆的原料（石灰、水泥、砂子、黏土等）几乎到处都有，均可就近获得，开采及运输都很方便，而且价格低廉。

（2）砌体具有良好的耐火性能和较好的耐久性，具有较好的抗腐蚀性能、化学稳定性和大气稳定性，受环境的影响小，完全可以满足耐久年限的要求。

（3）砌体砌筑时不需要模板和特殊的施工设备，可以节省模板和支、拆模板的人工。新砌筑的砌体即可承受一定荷载，因而可以连续施工。在寒冷地区，冬季可用冻结法砌筑，不需特殊的保温措施。

（4）砌体具有良好的保温隔热性能，砖墙和砌块墙体自身的隔热和保温性能优良。砌体结构既是较好的承重结构，也是较好的围护结构，兼有承重与围护的双重功能。

（5）当采用砌块或大型板材作墙体时，可以减轻结构自重，加快施工进度，进行工业化生产和施工。

二、砌体结构的缺点

（1）自重大。由于砌体的强度较低，故构件的截面尺寸较大，自重大，材料用量多，运输量较大。且自重大致使地震作用下的惯性力较大，对砌体结构抗震不利。

.（2）砌体结构的砌筑工作繁重，目前的砌筑操作基本上还是手工方式，施工效率低。

（3）块体与砂浆间的黏结力较弱，致使砌体的抗拉、抗弯及抗剪强度都很低。无筋砌体破坏具有明显的脆性性质，抗震性能差，因此有时需要采用配筋砌体或设置构造柱等措施以提高其延性和抗倒塌能力，改善砌体结构的抗震性能。

（4）在烧结普通砖的生产中要占用大量农田土地，影响农业生产，并且需要消耗大量的能源和资源，产生大量废弃物，对环境的影响不容忽视。

第三节　砌体结构的发展现状

苏联在对砌体结构进行较为系统的试验研究的基础上，于 20 世纪 50 年代提出了砌体结构的设计方法，是世界上最先建立砌体结构理论和设计方法的国家。此后，欧美各国都加强了对砌体结构理论和设计方法的研究，推动了砌体结构的发展。近年来，砌体结构在世界各国都得到了迅速发展和广泛应用，取得了显著的成就，主要表现在 3 个方面：①应用广泛；②新材料、新技术和新结构的不断发明和推广；③计算理论和计算方法逐步完善。

一、应用广泛

由于砌体结构具有明显的优点，因此，砌体结构在世界各国的应用很广泛，一般民用建筑中的基础、内外墙、柱、过梁、屋盖和地沟等构件都可用砌体结构建造。由于材料质量的提高和计算理论的发展，国外采用砌体作承重墙甚至已经建造了许多高层房屋，如1970 年在英国诺丁汉市建成一幢 14 层房屋（内墙 230mm、外墙 270mm）。美国等国采用配筋砌体在地震区已经建造了 13～20 层的高层建筑，如美国丹佛市 10 层的振克兰姆塔楼和17层的"五月市场"公寓等。英国利物浦皇家教学医院甚至采用半砖厚（102.5mm）薄壁墙建成了10层职工住宅。

20世纪上半叶我国砌体结构的发展相对缓慢，但建国后砌体结构在我国得到了迅速发展和广泛应用，取得了显著的成就。近年来，砌体结构在我国得到了空前的发展，目前我国块材的年产量超过了世界其他国家年产量的总和，90％以上的墙体都采用砌体作为建筑材料。我国已经建造了大量的多层住宅等民用建筑、影剧院、食堂等公共建筑以及中小型单层工业厂房和多层轻工业厂房等工业建筑。

二、新材料、新技术和新结构的不断发明和推广

混凝土小型空心砌块于1882年在美国问世。第二次世界大战后，混凝土砌块的生产和应用技术逐步传至美洲和欧洲，继而又传至亚洲、非洲和大洋洲。

1952年，我国统一了黏土砖的规格，使之标准化、模数化。在砌筑施工方面，创造了多种合理、快速的施工方法，既能加快工程进度，又可保证砌筑质量。20世纪60年代以来，我国在小型空心砌块以及多孔砖的生产和应用方面有了很大发展，通过消化吸收国外先进技术，小型空心砌块以及多孔砖的主要力学和热工性能指标都已经接近或达到国际同类产品的水平，近些年来砌块与砌块建筑的年增量都在20％左右。20世纪80年代以来，轻质、高强块材新品种的产量逐年增长，应用更趋普遍。从过去单一的烧结普通砖发展到目前多种系列块材。采用轻骨料混凝土、加气混凝土以及各种工业废料等生产砌块的技术在我国都得到了较大的发展。20世纪60年代末，我国开始了墙体材料的革新，现在我国的墙体材料革新已经迈入第三个阶段。

随着砌体结构的广泛应用，新型结构形式和新技术大量涌现，如大型墙板、底层框架结构、挂板、振动墙板等。配筋砌体结构的试验和研究在我国起步较晚，20世纪60年代开始在部分砖砌体承重墙、柱中采用网状配筋以提高墙、柱的承载力。1975年海城地震和1976年唐山大地震后，我国加强了对配筋砌体结构的试验和研究，在竖向配筋的墙、柱以及带有钢筋混凝土构造柱的砌体结构方面的研究和实践均取得了丰硕的成果。近年来，在吸收及消化国外配筋砌体结构发展成果的基础上，已经建立了具有中国特色的钢筋混凝土砌块砌体剪力墙结构体系，大大发展了砌体结构在高层房屋和在抗震设防地区的应用。

三、计算理论和计算方法逐步完善

20世纪60年代以来，欧美许多国家逐渐改变长期沿用的按弹性理论的容许应力设计法。英国标准协会1978年编制的《砌体结构实施规范》、意大利砖瓦工业联合会于1980年编制的《承重砖砌体结构设计计算的建议》均采用了极限状态设计方法。

我国的计算理论和计算方法经历了从无到有、逐步完善的过程。1956年我国推广使用苏联的砌体结构设计标准——《砖石及钢筋砖石结构设计标准及技术规范》。20世纪60年代初至70年代初，在对我国砖石结构进行大规模的试验、研究和调查的基础上总结出了一套符合我国实际、比较先进的砖石结构理论和计算方法，并于1973年颁布了具有自主知识产权的第一部砌体结构设计规范——《砖石结构设计规范》（GBJ 3—73）。在随后的试验与研究中，先后在砌体结构的设计方法、房屋空间工作性能、墙梁共同工作、砌块砌体的性能与设计以及配筋砌体、构造柱和砌体房屋的抗震性能等方面取得了新的进展。1988年在吸收新的研究成果基础上颁布了《砌体结构设计规范》（GBJ 3—88），该规范在

采用以概率理论为基础的极限状态设计方法、多层砌体结构中考虑房屋的空间工作以及考虑墙和梁的共同工作设计墙梁等方面已达世界先进水平。此外,我国在砌体结构抗震性能研究领域也取得显著成就,在砌体结构的地震作用、抗震设计、变形验算、建筑结构的抗震鉴定与加固等方面获得了丰硕成果,制定出《多层砖房设置钢筋混凝土构造柱抗震设计与施工规程》(JGJ 13—82),并在 2001 年颁布的《建筑抗震设计规范》(GB 50011—2001)中加入了砌体结构抗震的内容。随后又于 2002 年和 2011 年对砌体结构设计规范进行修订,最新的《砌体结构设计规范》(GB 50003—2011)自 2012 年 8 月 1 日起实施。经过长期的工程实践和大量的科学研究,我国逐步建立起一套较完整的计算理论和设计方法,制定了具有中国特色的设计和施工规范,这一系列计算理论和计算方法的建立、设计与施工规范的制定,体现了我国现阶段在砌体结构设计、施工方面的综合水平。

我国在砌体结构领域积极参与国际交流与合作,加强与国际标准组织(International Organization for Standardization,ISO)的联系,并成为该技术委员会中配筋砌体分技术委员会(ISO/TC179/SC2)的秘书国,出任该分技术委员会的常任主席,在推动砌体结构的发展上发挥应有的作用。目前国际标准化组织砌体结构技术委员会(ISO/TC179)正在编制国际砌体结构设计规范,这将使砌体结构的设计方法提高到一个新的水平。

第四节　砌体结构的应用范围

由于砌体结构的一系列优点,因此长期在土木工程中被广泛使用。砌体的抗压强度较高而抗拉强度很低,因此,砌体结构构件主要承受轴心或小偏心压力,而很少受拉或受弯,一般民用和工业建筑的墙、柱和基础都可采用砌体结构。在采用钢筋混凝土框架和其他结构的建筑中,常用砖墙做围护和分隔结构,如框架结构的填充墙。

多层住宅、办公楼等民用建筑中广泛采用砌体承重。这些建筑的基础、墙、柱等都可用砌体结构建造,无筋砌体房屋一般可建 5～7 层,配筋砌块抗震墙结构房屋可建 8～18 层。重庆市在 20 世纪 70 年代建成了高达 12 层的以砌体承重的住宅。在福建的泉州、厦门和其他一些产石地区,建成不少以毛石或料石作承重墙的房屋。某些产石地区以毛石砌体作承重墙的房屋高达 6 层。

在工业厂房建筑中,通常采用砌体砌筑围墙。对中、小型厂房和多层轻工业厂房以及影剧院、食堂、仓库等建筑,也广泛采用砌体作墙身或立柱等承重结构。

砌体结构还用于建造各种构筑物,如烟囱、小水池、料仓等。在水利工程方面,堤岸、坝身、水闸、围堰引水渠等,也较广泛地采用砌体结构。

我国还积累了砌体结构房屋抗震设计的宝贵经验。在地震设防区建造砌体结构房屋,除必须保证合理设计、施工质量外,还须设置钢筋混凝土构造柱和圈梁,并采取适当的构造措施,有效提高砌体结构房屋的抗震性能。经震害调查和抗震研究表明,地震烈度在Ⅵ度以下地区,一般的砌体结构房屋都能经受住地震的考验;如果按抗震设计要求进行改进和处理,完全可在Ⅶ度和Ⅷ度设防区建造砌体结构房屋。

配筋砌块建筑具有良好的抗震性能,在地震区得到了广泛的应用与发展。美国在1933 年大地震后,推出了配筋混凝土砌块结构体系,并建造了大量的多层和高层配筋砌体建筑。例如，1952 年建成的 26 栋 6～13 层的美退伍军人医院；1966 年在圣地亚哥建成的 8 层海纳雷旅馆（位于Ⅸ度区）和洛杉矶 19 层公寓；1990 年 5 月在内华达州拉斯维加斯（Ⅶ度区）建成的 4 栋 28 层配筋砌块旅馆。这些建筑大部分经受住了强烈地震的考验。美国是配筋砌块砌体应用最广泛的国家，从 20 世纪 60 年代至今，已建立了完善的配筋砌体结构系列标准，配筋砌体已成为与钢筋混凝土结构具有类似性能和应用范围的结构体系。

我国在总结国外技术的基础上也对配筋砌块砌体结构进行了系统研究，并取得了突破。从 1983 年开始，我国建造了不少配筋砌块砌体高层建筑，如 1998 年在上海建成了一栋 18 层配筋砌块砌体剪力墙塔楼，这是我国在Ⅶ度抗震设防地区建造的、高度最高的配筋砌块砌体房屋；2000 年抚顺建成一栋 6.6m 大开间 12 层配筋砌块剪力墙板式住宅楼等。

第五节　砌体结构的发展趋势

砌体结构作为一种传统结构形式，在土木工程中今后相当长的时期内仍将占有重要地位。随着科学技术的进步，砌体结构的发展趋势着重体现在以下几个方面。

一、适应可持续发展的要求

加强对砌筑块材和砂浆新材料的研究，发展轻质、高强、高性能、多功能的砌体材料是今后砌体结构发展的重要方向。发展轻质、高强的空心块体，能使墙、柱的自重减轻，截面尺寸减小，材料消耗降低，提高生产效率，进一步提高房屋的可建造高度，增强砌体结构功能特性和经济性的吸引力。

坚持"可持续发展"的战略方针，有效地保护耕地，充分利用工业废料和地方性材料，积极发展黏土砖的替代产品，依据"环境再生、协调共生、持续自然"的原则，尽量减少自然资源的消耗，尽可能地对废物再利用和净化，广泛研制"绿色建材产品"。

发展和推广应用砌体结构的新材料。为适应节能、环保的要求，要限制黏土砖的应用，而改为大力发展新型砌体材料，充分把工业废料和地方性材料利用起来，发展节能的砌体结构。加大限制高能耗的、高资源消耗的、高污染的低效益产品的生产力度。大力发展蒸压灰砂废渣砌体材料制品，包括粉煤灰加气混凝土墙板、粉煤灰砖、炉渣砖及空心砌块、钢渣砖等。

发展轻质高强多功能的砌块和高性能的砂浆，进一步研究轻质高强低能耗的砌块，使砌块向薄壁、大块发展，高强、薄壁和大尺寸是今后砌块的发展方向，可以减轻自重，节约运输的费用，减少灰缝，就可以节省劳力，并且可以提高承载力；利用页岩生产多孔砖，大力发展废渣轻型的墙板、蒸压纤维的水泥板，提高自重轻、防火、施工安装方便的GRC 板的使用率；大力推广复合墙板。目前，国内外还没有不仅能满足建筑节能保温隔热，又能满足外墙防水和强度技术要求的单一材料。

发展砌体结构的建筑材料一定要以当地资源为基础。在发展砌体砌块的同时，应该充分利用当地资源制造砌块。更重要的是，为了坚持可持续发展的工作方针、保护环境，还应充分利用工业废料，如当地有粉煤灰、炉渣、矿渣等废料，就应该充分利用起来。目前砌块形式比较单调，功能仅仅停留在墙用砌块的范畴，只有几种规格。砌体结构建筑的发展是集材料、热工、结构、建筑、施工等多方面为一体的系统工程，从单一角度考虑，难免会带有片面性，一定要树立总体观念，才能建出可靠、实用、耐久的房子。

二、新技术、新结构体系

我国是一个多地震的国家，大部分地区属于抗震设防区。采用配筋砌体和预应力砌体都是砌体结构的发展方向。采用配筋砌体结构尤其是配筋砌块抗震墙结构，可提高砌体的强度和抗裂性，能有效地提高中高层砌体结构建筑的整体性和抗震性能，而且节约钢筋和木材，施工速度快，经济效益明显。我国虽然已经初步建立了配筋砌体结构体系，但还需继续加强基础理论研究及施工用生产机具的研制。具有良好抗震性能的配筋砌块砌体结构房屋在未来必将迎来快速发展和更加广泛的应用。

三、试验和理论研究

新中国成立以来，我国在砌体结构理论、设计方法等方面的研究得到了迅速发展，取得了长足的进步。但目前对砌体的受力性能、破坏机理以及砌体与其他材料共同工作等方面还有许多未能很好解决的课题需要研究；还需要更加深入地研究砌体结构的本构关系、破坏机理和受力性能，研究砌体结构的整体工作性能、多高层计算理论及方法，通过物理和数学模式，建立精确并且完整的砌体结构理论，使砌体结构的计算方法以及设计理论更趋于完善；在改进和扩展砌体结构的性能和应用范围方面尚有待进一步探索。此外，还应重视砌体结构的耐久性以及对砌体结构修复补强技术的研究。今后应加强这些方面的研究工作，进一步改进试验方法，建立精确、完整的砌体结构理论，不断提高砌体结构的设计水平和施工水平。

当前，砌体结构正处在一个蓬勃发展的新时期。正如资深砌体结构学者 E. A. James 所指出的，"砌体结构有吸引力的功能特性和经济性，是它获得新生的关键。我们不能停留在这里，我们正进一步赋予砌体结构以新的概念和用途"。砌体结构工作者对砌体结构的未来也满怀信心和希望。我们相信，随着科学技术和经济建设的持续发展，砌体结构将更充分地发挥其重要作用。

本 章 小 结

（1）由砖、砌块、石材等块体和砂浆砌筑而成的墙、柱作为建筑物主要受力构件的结构就是砌体结构。

（2）砌体结构的主要优点有：①易于就地取材；②具有良好的耐火性能和较好的耐久性；③砌筑时不需要模板和特殊的施工设备，可以节省模板和支、拆模板的人工；④具有良好的保温隔热性能，兼有承重与围护的双重功能；⑤当采用砌块或大型板材作墙体时，可以减轻结构自重，加快施工进度，进行工业化生产和施工。

砌体结构的缺点是：①砌体结构的自重大；②砌体结构的砌筑工作繁重，施工效率低；③砌体的抗拉、抗弯及抗剪强度都很低；④烧结普通砖的生产要占用大量农田土地，对环境的影响不容忽视。

（3）砌体结构近年来得到了迅速发展和广泛应用，主要表现在应用广泛、新材料和新结构的不断发明和推广、计算理论和计算方法逐步完善3个方面。

　（4）砌体结构的发展趋势着重表现在适应可持续发展的要求，新技术、新结构体系以及试验和理论研究 3 个方面。

思　考　题

0-1　什么是砌体结构？

0-2　砌体结构有哪些优缺点？

0-3　砌体结构的应用范围有哪些？

0-4　砌体结构的发展现状如何？

0-5　砌体结构未来发展的方向是什么？

第一章 砌体材料及其力学性能

砌体是由块体材料和砂浆黏结而成的复合体。砌体的受力性能与组成砌体的块材、砂浆的种类密切相关。了解砌体材料及其力学性能是设计砌体结构的基础。

第一节 砌 体 材 料

一、块体材料

块体材料分为砖、砌块和石材三大类。块体材料强度等级以符号 MU 表示。

（一）砖

砌体结构中采用的砖，主要分为烧结砖、蒸压砖和混凝土砖 3 种类型。

1. 烧结砖

常用的烧结砖有烧结普通砖和烧结多孔砖。

（1）烧结普通砖。烧结普通砖是以煤矸石、粉煤灰、页岩或黏土为主要原料，经焙烧而成的实心砖。按照主要原料分为烧结煤矸石砖、烧结粉煤灰砖、烧结页岩砖和烧结黏土砖等。目前，我国的标准烧结普通砖的尺寸为 240mm×115mm×53mm。

烧结普通砖强度较高，具有良好的保温隔热及耐久性能，可用于房屋的承重墙体及潮湿环境下的砌体（如地面以下的条形基础、地下室墙体及挡土墙、水池等）。

烧结普通砖的强度等级是根据其抗压强度平均值、抗压强度标准值和单块砖的最小抗压强度值划分为 MU30、MU25、MU20、MU15 和 MU10 五个强度等级。

（2）烧结多孔砖。烧结多孔砖是指以煤矸石、页岩、粉煤灰或黏土为主要原料，经焙烧而成，孔洞率不大于 35%，单孔尺寸小而孔洞数量多的砖。烧结多孔砖多用于 6 层以内房屋的承重部位，砌筑时孔洞垂直于受压面，如图 1-1 所示。

烧结的多孔砖分为 P 型和 M 型，P 型烧结多孔砖的尺寸为 240mm×115mm×90mm，M 型烧结多孔砖的尺寸为 190mm×190mm×90mm。

烧结多孔砖的生产工艺与烧结普通砖相同。但与烧结普通砖相比，烧结多孔砖的表观密度小，具有节省原料和燃料、保温隔热性好等优点。

烧结多孔砖根据其毛面积计算的抗压强度平均值、抗压强度标准值和单块砖的最小抗压强度值划分为 MU30、

图 1-1 烧结多孔砖

MU25、MU20、MU15 和 MU10 五个强度等级。

2. 蒸压砖

常用的蒸压砖有蒸压灰砂普通砖和蒸压粉煤灰普通砖。

（1）蒸压灰砂普通砖。蒸压灰砂普通砖是以石灰和砂为主要原料，经坯料制备、压制

成型、高压蒸汽养护而成的实心砖，简称灰砂砖。蒸压灰砂普通砖既具有良好的耐久性能，又具有较高的强度，在潮湿环境或水中长期浸泡时蒸压灰砂普通砖的抗压强度还会增大，所以适宜用于各类民用建筑、公用建筑和工业厂房，包括处于潮湿环境（如防潮层以下的勒脚、基础）及高温和有酸性侵蚀环境等部位的砌筑。

蒸压灰砂普通砖根据其抗压强度和抗折强度划分为 MU25、MU20 和 MU15 三个强度等级。

（2）蒸压粉煤灰普通砖。蒸压粉煤灰普通砖是以石灰、消石灰或水泥等材料与粉煤灰及集料为主要原料，掺加适量的石膏，经坯料制备、压制排气成型、高压蒸汽养护而成的实心砖，简称粉煤灰砖。蒸压粉煤灰普通砖的原料中含有水硬性材料，在潮湿环境中能继续通过水化反应而使砖的内部结构更为密实，有利于强度的提高。

蒸压粉煤灰普通砖根据其抗压强度和抗折强度划分为 MU25、MU20 和 MU15 三个强度等级。

3. 混凝土砖

常用的混凝土砖有混凝土普通砖和混凝土多孔砖等。

（1）混凝土普通砖。混凝土普通砖是以水泥为胶结材料，以砂、石等为主要集料，加水搅拌、成型、养护制成的实心砖。目前，我国常用的混凝土普通砖尺寸为 240mm×115mm×53mm 和 240mm×115mm×90mm。

混凝土普通砖根据其抗压强度和抗折强度划分为 MU30、MU25、MU20 和 MU15 四个强度等级。

（2）混凝土多孔砖。混凝土多孔砖是以水泥为胶结材料，以砂、石等为主要集料，加水搅拌、成型、养护制成的多孔的混凝土半盲孔砖。目前，我国常用的混凝土多孔砖的尺寸有 240mm×115mm×90mm、240mm×190mm×90mm、190mm×190mm×90mm 等。

混凝土多孔砖根据其抗压强度和抗折强度划分为 MU30、MU25、MU20 和 MU15 四个强度等级。

（二）砌块

砌块是利用混凝土、工业废料（炉渣、粉煤灰等）或地方材料制成的尺寸较大的块体。根据选用材料的不同，常用的砌块有混凝土砌块、轻集料混凝土砌块。通常以砌块高度将砌块划分为小型砌块、中型砌块和大型砌块 3 种。高度在 350mm 以下的砌块称为小型砌块；高度为 360～900mm 的砌块称为中型砌块；高度大于 900mm 的砌块称为大型砌块。

目前我国应用较多的混凝土小型空心砌块主要由普通混凝土、轻集料混凝土制成。普通混凝土小型空心砌块是以碎石或卵石等为粗骨料制作的砌块，轻集料混凝土小型空心砌块是以煤渣、火山渣、浮石、煤矸石、陶粒等作为粗骨料制作的砌块。混凝土小型空心砌块的主要规格尺寸为 390mm×190mm×190mm，空心率为 25%～50%，简称混凝土砌块或砌块（图 1-2）。

混凝土小型空心砌块有单排孔、双排孔和多排孔几个种类。砌块具有表观密度较小、保温隔热性能好、施工速度快的优点。砌块根据其毛截面面积计算的抗压强度的平均值和最小值划分为 MU20、MU15、MU10、MU7.5 和 MU5 五个强度等级。

图 1-2 混凝土小型空心砌块

（三）石材

常用的石材有花岗岩、石灰岩和凝灰岩等。石材抗压强度高，耐久性好，多用于房屋的基础及勒脚部位。在有开采和加工石材能力的地区，也用于房屋的墙体。

石材按其外形规则程度分为料石和毛石。毛石形状不规则，中部厚度不小于 200mm，长度为 300～400mm。料石为比较规则的六面体，其截面高度与宽度不小于 200mm，料石按加工后表面的平整程度不同分为细料石、粗料石和毛料石。

石材根据其立方体石块抗压强度的平均值划分为 MU100、MU80、MU60、MU50、MU40、MU30 和 MU20 七个强度等级。

二、砂浆

砂浆是由胶凝材料（水泥、石灰等）和细骨料（砂）加水搅拌而成的混合材料。砂浆黏结块材形成砌体，使砌体整体受力。砂浆不仅能传递砌体中块材之间的压力，而且填补了块体之间的缝隙，改善了砌体的透风性，提高了砌体的保温隔热性和抗冻性。

砂浆按其组成可分为水泥砂浆、混合砂浆和无水泥砂浆 3 种类型。

1. 水泥砂浆

由水泥与砂加水拌和而成的砂浆称为水泥砂浆。水泥砂浆具有较高的强度和较好的耐久性，但和易性和保水性较差，不易施工，适用于对砂浆强度要求高、防水要求高及潮湿环境中的砌体。

2. 混合砂浆

由水泥、塑化剂、砂加水拌和而成的砂浆称为混合砂浆。混合砂浆具有较好的强度和耐久性，而且和易性和保水性好，易于施工，一般砌体中均可应用，但不宜用于潮湿环境。

3. 无水泥砂浆

不含水泥的石灰砂浆、石膏砂浆及黏土砂浆等统称为无水泥砂浆。这类砂浆强度较低，耐久性较差，通常仅用于受力较小或简易砌体建筑中。

砂浆按其抗压强度的平均值划分为 M15、M10、M7.5、M5 和 M2.5 五个强度等级。

第二节 砌体的种类及选用原则

砌体是由砖、石或砌块等块体材料按一定排列方式用砂浆砌筑而成的整体。砌体按受力情况可分为承重砌体与非承重砌体；按砌筑方法可分为实心砌体与空心砌体；按块体材料可分为砖砌体、石砌体及砌块砌体；按是否配置有钢筋可分为无筋砌体与配筋砌体。

一、无筋砌体

根据砌体中所用的块体材料的种类，无筋砌体可分为砖砌体、砌块砌体和石砌体。

1. 砖砌体

块体在砌筑时应相互搭砌，在砌体中竖向灰缝应上下错开。普通砖砌筑实心砖砌体主要有一顺一丁、梅花丁和三顺一丁3种组砌方式，采用这几种组砌方法可以保证砌体的整体性，砌体的受力性能也较好，因此一般房屋的墙和柱主要采用这几种砌筑方法，如图1-3所示。

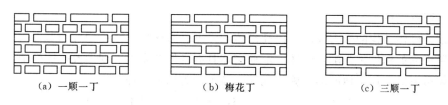

(a) 一顺一丁　　　　　　(b) 梅花丁　　　　　　(c) 三顺一丁

图1-3　实心砖砌体的组砌方式

普通砖也可砌成空心砖砌体，如空斗墙。空心砖砌体是将部分或全部砖立砌，中部形成空斗，空斗内可填充松散材料或轻质材料。空心砌体可以节省砖和砂浆，减轻砌体自重，且热工性能较好，但其整体性和抗震性能较差。空斗墙的砌筑方法有一眠一斗、一眠多斗和无眠斗等，如图1-4所示。

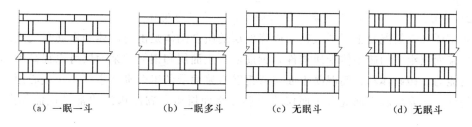

(a) 一眠一斗　　　(b) 一眠多斗　　　(c) 无眠斗　　　(d) 无眠斗

图1-4　空斗墙体的组砌方式

多孔砖砌体具有保温隔热性能好、表观密度小的优点，采用多孔砖砌体可减轻建筑物自重30%～35%，多孔砖砌体可以减小地震力，减少墙体厚度，增大房屋的使用面积，降低房屋总造价。

普通砖砌筑实心墙时可砌成的墙厚分别为240mm、370mm、490mm、620mm、740mm。烧结多孔砖可砌成的墙厚分别为90mm、190mm、240mm、390mm。

2. 砌块砌体

由砌块和砂浆砌筑而成的整体称为砌块砌体。砌块砌体自重轻，保温隔热性能好，施工进度快，经济效果好，砌块砌体主要用于承重墙及维护墙。

3. 石砌体

由石材和砂浆（或混凝土）砌筑而成的砌体称为石砌体。根据所用的石材种类，石砌体分为料石砌体、毛石砌体和毛石混凝土砌体（图1-5）。料石砌体和毛石砌体是用砂浆砌筑的，毛石混凝土砌体是在模板内交替铺砌混凝土和毛石而成。料石砌体除用于建造房屋外，还可用于建造石拱桥、石坝等构筑物。毛石砌体与毛石混凝土砌体常用于房屋的基础或挡土墙等。

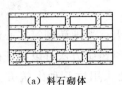 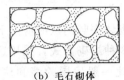 

　　（a）料石砌体　　　　　　　（b）毛石砌体　　　　　（c）毛石混凝土砌体

图 1-5　石砌体

二、配筋砌体

　　为改善砌体结构的受力性能，提高砌体的强度、整体性，减小构件的截面尺寸而在砌体中配置钢筋的砌体称为配筋砌体。配筋砌体具有良好的受力、变形及抗震性能，大量的配筋砌体房屋经受住了地震的考验。配筋砌体可分为以下几种。

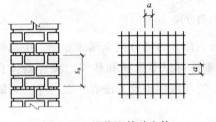

图 1-6　网状配筋砖砌体

　　1. 网状配筋砖砌体

　　在水平灰缝内配置钢筋网片的砖砌体，称为网状配筋砖砌体（图 1-6），水平灰缝中配置钢筋网的目的是通过钢筋网约束砂浆，减少其横向变形，改善砂浆的受力性能，提高砌体的强度。网状配筋砖砌体主要用作轴心受压或偏心较小的偏心受压墙和柱。

　　2. 砖砌体和钢筋混凝土面层或钢筋砂浆面层的组合砌体

　　砖砌体和钢筋混凝土面层或钢筋砂浆面层的组合砌体是由砖砌体和钢筋混凝土面层或钢筋砂浆面层组成的砖砌体受压构件，钢筋混凝土面层和钢筋砂浆面层可以提高砌体抵抗偏压的能力。砖砌体和钢筋混凝土面层或钢筋砂浆面层的组合砌体主要用作偏心距较大的受压构件。砖砌体和钢筋混凝土面层或钢筋砂浆面层组合砌体构件的常见截面如图 1-7 所示。

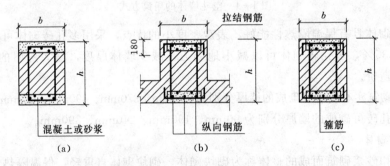

　　（a）　　　　　　　　　　（b）　　　　　　　　　　（c）

图 1-7　砖砌体和钢筋混凝土面层或钢筋砂浆面层组合砌体的构件截面

　　3. 砖砌体和钢筋混凝土构造柱组合墙

　　在砌体房屋规定部位的墙体中，按照构造要求配筋，并按先砌墙后浇筑混凝土的施工顺序，砌筑的混凝土柱称为钢筋混凝土构造柱。钢筋混凝土构造柱与砌体的连接面应砌为马牙槎。钢筋混凝土构造柱通常设置在纵横墙交接处、墙端部、较大洞口的边缘以及沿墙长一定距离处。砖砌体和钢筋混凝土构造柱的相互作用改善了墙体的受力性能，提高了墙体的抗压、抗剪等承载力，增强了墙体的变形内力和抗震、抗倒塌能力。由砖砌体和钢筋混凝土构造柱组合而成的组合墙如图1-8所示。

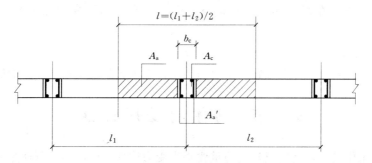

图1-8　砖砌体和钢筋混凝土构造柱组合墙截面

4. 配筋砌块砌体

配筋砌块砌体是在上下对齐的空心砌块砌体的竖向孔洞内配置竖向钢筋并用混凝土灌孔注芯，同时在砌体的水平灰缝中设置水平钢筋或箍筋所形成的砌体。配筋砌块砌体柱如图1-9所示。

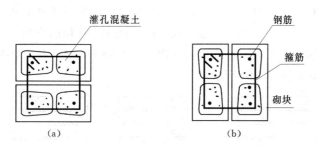

图1-9　配筋砌块砌体柱截面示意图

配筋砌块砌体具有强度高、延性好、抗震性能好的优点，可以用于大开间和高层建筑结构中的承重墙、柱等构件。系统的试验研究表明，用配筋砌块砌体受力性能良好。

三、砌体的选用原则

各种砌体的受力性能均不相同，有着不同的特点，在进行砌体结构设计时，应按现实要求根据以下原则选用。

1. 因地制宜、就地取材

应在当地可提供的砌体材料的种类中按照经济性选择使用合适的砌体，充分利用工业废料。

2. 应考虑结构的受荷性质与大小

应考虑满足结构承载力、功能要求、受荷性质与大小等因素，对一般房屋的承重砌体，一般采用 MU15、MU10 的砖或 MU40、MU30、MU20 的石材；承重砌体一般选用M2.5、M5、M7.5 的砂浆，对于受力较大的砌体重要部位可采用 M10、M15 的砂浆。

3. 应考虑房屋的使用要求、使用年限和工作环境

应充分考虑房屋的使用性质和所处环境，满足建筑物耐久性要求。例如，对于基土含水饱和的地区，地面以下或防潮层以下应采用强度等级不小于 MU15 的烧结普通砖、强度等级不小于 M10 的水泥砂浆砌筑；对于寒冷地区，块材应具有较好的保温性能，并满足抗冻性要求；在潮湿环境下，砌体材料应具有长期不变的强度及其他正常使用功能等。

4. 应考虑施工单位的施工技术水平等因素

选用砌体种类时应充分考虑施工单位的施工技术水平和施工条件等方面因素。

第三节 砌体的受压性能

砌体通常用作受压，是构成建筑的重要垂直受力构件。砌体的受压性是砌体最基本的力学性能。不同的砌块强度、不同的砂浆强度、不同的组砌形式及不同种类砌体的受压性能均不相同，但其受力机理有很多相似之处。下面以普通砖砌体为例说明砌体的受压性能。

一、砖砌体的受压破坏特征

1. 轴心受压砖柱的破坏特征

砌体是由砂浆将单块块材黏结而成，是非均质的，它的受压性能和匀质材料有很大差别。受灰缝厚度和密实性的影响，以及块材与砂浆的相互作用的影响，块材的抗压强度不能充分发挥。砖柱轴心受压时，根据裂缝的出现和发展等特点，从开始加荷到破坏的过程可划分为 3 个阶段，如图 1-10 所示。

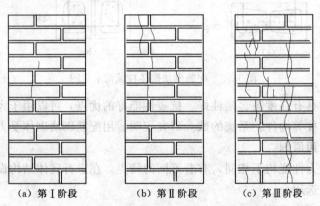

(a) 第Ⅰ阶段   (b) 第Ⅱ阶段   (c) 第Ⅲ阶段

图 1-10 砖砌标准试件受破坏过程

(1) 第Ⅰ阶段。从砖柱开始加荷至单块砖内出现第一条（批）裂缝为第Ⅰ阶段。产生第一条（批）裂缝时的荷载值为破坏荷载的 0.5～0.7 倍，如不再继续加载，单块砖内的裂缝不会继续扩展或增加。

(2) 第Ⅱ阶段。随着荷载的继续增加，单砖内的裂缝不断扩展，并向上下发展，单砖内的裂缝连接起来形成连续裂缝，并穿过若干皮砖，则进入第Ⅱ阶段。在第Ⅱ阶段后期，即使荷载不再增加，裂缝仍将继续发展。

（3）第Ⅲ阶段。当荷载达到破坏荷载的 0.8～0.9 时进入第Ⅲ阶段，此阶段砖柱内裂缝快速发展，最终竖向裂缝把砌体分割成若干个由半砖组成的小柱体，这时砌体中部明显向外鼓出，最后由小柱体失稳或压碎而导致砌体完全破坏。

2. 砌体受压时的受力状态

试验研究表明，砌体的抗压强度明显低于砌筑所用块材的抗压强度，这种现象是由于单块块材在砌体中处于复杂的受力状态引起的。

（1）由于块材上下受压面不平整、水平灰缝中砂浆厚度不一以及水平灰缝中砂浆密实性不均匀，在砌体内块材的上下表面受力不均匀且上下不对应，因此砌体内的块材处于压、弯、剪的复杂受力状态下，而不是均匀受压的（图 1-11）。由于块材的抗拉强度及抗折强度均低于抗压强度，当弯、剪引起的主拉应力超过块材的抗拉强度时，块材就会开裂。

（2）一般情况下，砌体中块材的强度等级高于砂浆的强度等级，由于砂浆的横向变形系数与块材的横向变形系数不同，在压力作用下，砂浆的横向变形一般大于块材的横向变形（图 1-12）。在压力作用下，由于块材与砂浆之间黏结力和摩擦力的存在，块材约束了砂浆的横向变形，使砂浆水平受压（图 1-13）；同时块材也受到砂浆传来的水平拉力，这种拉力可使块材提前开裂。块材与砂浆的强度等级差别越大，其横向变形差异越大，块材中的水平拉力也越大。

（3）砌筑时砌体的灰缝不可能完全填满，因此导致实际受荷面积减小；砌体竖向灰缝的质量不易保证，竖向灰缝对两侧块材的连接内力弱，导致竖向灰缝处砌体不连续，在竖向灰缝处的块材中产生应力集中。这些都加快了块体的开裂，降低了砌体的抗压强度。

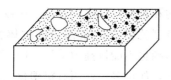

图 1-11　砌体内砖的受力状态示意图

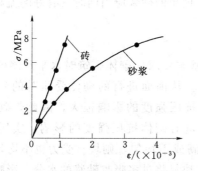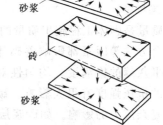

图 1-12　砖、砂浆的受压应力-应变曲线　　　图 1-13　砂浆对砖的作用力

块材在砌体内处于压、弯、剪、拉的复杂受力状态，与块材在抗压试验中的均匀受压状态有显著的区别，因此砌体的抗压强度明显低于它所用块材的抗压强度。

二、影响砌体抗压强度的因素

1. 块材和砂浆的强度

块材和砂浆的强度指标是确定砌体强度最主要的因素。块材和砂浆的强度高，砌体的抗压强度亦高。试验证明，提高块材的强度等级对增大砌体抗压强度的效果好于提高砂浆强度等级，也就是说，块材的强度等级是影响砌体抗压强度的主要因素。砂浆强度对提高砌体的抗压强度也有一定效果，提高砂浆的强度等级将减小砂浆在受压时的横向变形，因此可减小砂浆对块材产生的水平拉力，有利于提高砌体的抗压强度。由于砂浆的强度等级对砌体的抗压强度影响不如块材的影响大，而且砂浆强度等级的提高需要更多的水泥，如砂浆等级由 M5 提高到 M10，水泥用量大约要增加 50%，因此，砌体结构中应按照块材的强度等级选用匹配的砂浆强度，不宜采用过高的砂浆强度。

试验表明，块材的抗弯强度对砌体的抗压强度也有影响，若块材的抗弯强度不足，则直接影响砌体的抗压强度，因此，材料验收规范中规定，块材必须有与其抗压强度相应的抗弯强度。当块材的抗弯强度符合标准时，砌体强度随块材和砂浆强度等级的提高而提高。

2. 砂浆的弹塑性、和易性及保水性

砂浆具有较明显的弹塑性性质，砂浆的弹塑性性质对砌体强度亦具有决定性的影响。随着砂浆变形率的增大，砌体中的块材受到了更大的弯、剪应力和横向拉应力，产生了更大的横向变形，对砌体抗压强度产生不利影响，因此砌体抗压强度会有较大的降低。

和易性及保水性好的砂浆流动性好，容易铺成厚度和密实性较均匀的灰缝，因而可以减少块材内的弯、剪应力，在一定程度上提高砌体的强度。采用混合砂浆代替水泥砂浆可以提高砂浆的和易性及保水性。纯水泥砂浆的和易性及保水性较差，所以采用相同强度等级的块材和砂浆，纯水泥砂浆砌筑的砌体强度比混合砂浆砌筑的砌体强度降低 5%～15%。但是，砂浆流动性对砌体强度的有利影响也不能过高地估计，因为一般流动性大的砂浆硬化后的变形率亦大，所以在某些情况下，如过多地使用有机塑化剂时，砂浆的流动性虽增加，但受压时的横向变形亦将增大，这时砌体的强度有可能不仅不增大，反而会有较大的降低，因此不能过多地使用塑化剂。理想的砂浆应当同时具有好的流动性和高的密实性。

3. 砌筑质量

灰缝质量是砌体工程施工质量的一项基本要求，砌体砌筑时水平灰缝的饱满度、均匀性及砌合方法等因素都影响着砌体质量。从前面进行的砌体受压时的受力状态分析可知，水平灰缝的饱满度、均匀性对砌体抗压强度的影响很大，因此，砌体的砌筑质量对砌体的抗压强度有很大影响。砌筑质量对砌体抗压强度的影响，实质上是反映它对砌体内复杂应力的影响。如砂浆层不饱满或不均匀，则块材受力也不均匀，增加了块材中应力的复杂程度；块材的含水率过低，块材将过多吸收砂浆的水分，影响砂浆内水泥的水化反应，降低砂浆的强度；若砖的含水率过高，将影响砖与砂浆的黏结力，造成构件中砂浆流淌、表面污损等。实验表明，水平灰缝砂浆越饱满，砌体抗压强度越高，因此，砌体施工及验收规范中要求水平灰缝砂浆饱满度应大于 80%。砌体的砌合方法对砌体的

强度和整体性也有明显影响。常用的一顺一丁、梅花丁和三顺一丁等砌筑方法可以保证砌体的整体性和抗压强度，但应注意，不能采用包心砌法，包心砌法砌筑的砌体整体性差，块材不能协调受力，抗压强度明显降低。此外，砌体的龄期及受荷方式等，也将影响砌体的抗压强度。

在保证质量的前提下快速砌筑对砌体强度起着有利的影响，因为在砂浆硬化前砌体即受压，这可减轻灰缝中砂浆密实性不均匀的影响。

砌体结构的施工质量根据施工现场的质量保证体系、砂浆和混凝土强度、砂浆拌和方式、砌筑工人技术等级等方面的综合水平划分成 A、B、C 3 个控制等级，以考虑施工质量对砌体整体性、强度的影响，它反映了施工技术、管理水平和材料消耗水平的关系。砌体强度设计值对不同施工质量采用不同的材料性能分项系数。施工质量为 A 级时，砌体结构的材料性能分项系数取 1.5；施工质量为 B 级时，砌体结构的材料性能分项系数取 1.6；施工质量为 C 级时，砌体结构的材料性能分项系数取 1.8。

考虑到我国目前的施工质量水平，对一般多层房屋宜按 B 级控制。对配筋砌体剪力墙高层建筑，设计时宜选用 B 级的砌体强度指标，而在施工时宜采用 A 级的施工质量控制等级。这样做是有意提高这种结构体系的安全储备。

4. 灰缝厚度和块材的形状、尺寸

砌体砌筑时水平灰缝的厚度对砌体的抗压强度有很大影响。如砂浆层过厚，则砂浆的横向变形过大，在块材中产生过大的水平拉力；砂浆层过薄，不易铺砌均匀，加剧应力的复杂程度；砌体内水平灰缝越厚，砂浆横向变形越大，砖内水平拉应力亦越大，砌体内的复杂应力状态越不利，砌体的抗压强度降低，因此通常要求砖砌体的水平灰缝厚度为 8~12mm。

块材形状的规则程度对砌体强度也有显著影响。当表面不平整时将导致水平灰缝厚度的变化，增加了水平砂浆层的不均匀性，由此产生的较大附加弯曲应力会引起块材的过早断裂。块材的尺寸，尤其是块材的高度对砌体抗压强度有较大影响。块材的截面高度越大，其截面的抗弯、剪、拉的能力越强，砌体的抗压强度越大。但应注意，块体高度增大后，砌体受压时的脆性亦有增大。

此外，对砌体抗压强度的影响因素还有龄期、竖向灰缝的填满程度、试验方法等。

三、砌体的抗压强度

根据砌体轴心受压试验结果，《砌体结构设计规范》（GB 50003—2011）给出了各类砌体的轴心抗压强度平均值的计算公式，即

$$f_m = k_1 f_1^a (1 + 0.07 f_2) k_2 \tag{1-1}$$

式中　f_m——砌体轴心抗压强度平均值，MPa；

　　　f_1——块体（砖、石、砌块）的抗压强度等级值或平均值，MPa；

　　　f_2——砂浆抗压强度平均值，MPa；

　　　k_1——与砌体类别和砌筑方法有关的系数，见表 1-1；

　　　a——与块材种类有关的系数，见表 1-1；

　　　k_2——砂浆强度对砌体强度的修正系数，见表 1-1。

表 1-1 计 算 参 数

砌体种类	k_1	a	k_2
烧结普通砖、烧结多孔砖、蒸压灰砂普通砖、蒸压粉煤灰普通砖、混凝土普通砖、混凝土多孔砖	0.78	0.5	当 $f_2<1$ 时，$k_2=0.6+0.4f_2$
混凝土砌块、轻集料混凝土砌块	0.46	0.9	当 $f_2=0$ 时，$k_2=0.8$
毛料石	0.79	0.5	当 $f_2<1$ 时，$k_2=0.6+0.4f_2$
毛石	0.22	0.5	当 $f_2<2.5$ 时，$k_2=0.4+0.24f_2$

注　1. k_2 在表列条件以外时均等于1。

　　2. f_1 为块体（砖、石、砌块）的强度等级值；f_2 为砂浆抗压强度平均值，单位均以 MPa 计。

　　3. 混凝土砌块砌体的轴心抗压强度平均值，当 $f_2>10$MPa 时，应乘以系数 $(1.1\sim0.01)f_2$，MU20 的砌体应乘以系数 0.95，且满足 $f_1\geqslant f_2$，$f_2\leqslant20$MPa。

砌体抗压强度标准值 f_k，是取具有 95% 保证率的抗压强度值，亦即按概率分布的 0.05 分位值确定。

$$f_k=f_m-1.645\sigma_f \qquad (1-2)$$

式中　σ_f——砌体抗压强度的标准差。

各类砌体抗压强度标准值可由式（1-2）求出，也可查表 1-2~表 1-5。

表 1-2 烧结普通砖和烧结多孔砖砌体的抗压强度标准值 f_k 单位：MPa

砖强度等级	砂浆强度等级					砂浆强度
	M15	M10	M7.5	M5	M2.5	0
MU30	6.30	5.23	4.69	4.15	3.61	1.84
MU25	5.75	4.77	4.28	3.79	3.30	1.68
MU20	5.15	4.27	3.83	3.39	2.95	1.50
MU15	4.46	3.70	3.32	2.94	2.56	1.30
MU10	—	3.02	2.71	2.40	2.09	1.07

表 1-3 混凝土砌块砌体的抗压强度标准值 f_k 单位：MPa

砌块强度等级	砂浆强度等级					砂浆强度
	Mb20	Mb15	Mb10	Mb7.5	Mb5	0
MU20	10.08	9.08	7.93	7.11	6.30	3.73
MU15	—	7.38	6.44	5.78	5.12	3.03
MU10	—	—	4.47	4.01	3.55	2.10
MU7.5	—	—	—	3.10	2.74	1.62
MU5	—	—	—	—	1.90	1.13

表 1-4		毛料石砌体的抗压强度标准值 f_k		单位：MPa
料石强度等级	砂浆强度等级			砂浆强度
	M7.5	M5	M2.5	0
MU100	8.67	7.68	6.68	3.41
MU80	7.76	6.87	5.98	3.05
MU60	6.72	5.95	5.18	2.64
MU50	6.13	5.43	4.72	2.41
MU40	5.49	4.86	4.23	2.16
MU30	4.75	4.20	3.66	1.87
MU20	3.88	3.43	2.99	1.53

表 1-5		毛石砌体的抗压强度标准值 f_k		单位：MPa
毛石强度等级	砂浆强度等级			砂浆强度
	M7.5	M5	M2.5	0
MU100	2.03	1.80	1.56	0.53
MU80	1.82	1.61	1.40	0.48
MU60	1.57	1.39	1.21	0.41
MU50	1.44	1.27	1.11	0.38
MU40	1.28	1.14	0.99	0.34
MU30	1.11	0.98	0.86	0.29
MU20	0.91	0.80	0.70	0.24

第四节 砌体的轴心受拉、弯曲受拉和受剪性能

砌体的抗压强度高而抗拉强度、抗弯强度、抗剪强度低，所以，砌体主要用作受压构件承受压力作用，但有时也用作其他构件，承受轴心拉力、弯矩及剪力作用。如圆形水池池壁、谷仓壁在液体或存储物的侧向压力作用下承受轴向拉力作用（图 1-14）；挡土墙在土压力作用下，承受弯矩、剪力作用（图 1-15）；砖砌弧拱过梁支座处承受剪力作用（图 1-16）等。

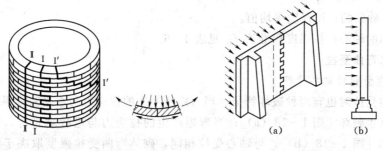

图 1-14 砖砌体轴心受拉   图 1-15 砖砌体弯曲受拉

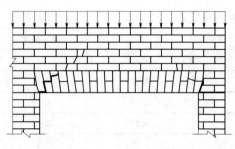

图 1-16 砖砌过梁受剪

一、砌体轴心受拉

1. 砌体轴心受拉破坏特征

砌体轴心受拉时，拉力作用的方向不同，砌体的破坏形态也不同。当砌体轴向拉力的作用方向平行于水平灰缝时，因通常块材强度较高而砂浆强度较低，而沿竖向灰缝及水平向灰缝截面发生齿缝破坏［图 1-17（a）］。当轴向拉力与砌体的水平灰缝垂直时，砌体将沿水平灰缝截面发生通缝破坏［图 1-17（b）］。上述两种破坏形态的砌体抗拉强度均取决于砂浆的黏结强度。砂浆的黏结强度包括沿水平灰缝方向的切向黏结强度和垂直水平灰缝方向的法向黏结强度。法向黏结强度因受砌筑质量等因素影响而往往得不到保证，因此不允许采用沿通缝截面受拉的轴心受拉构件。

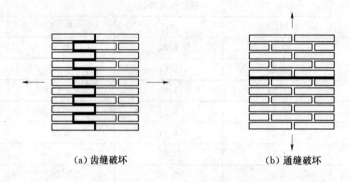

（a）齿缝破坏 （b）通缝破坏

图 1-17 砌体轴心受拉破坏情况

2. 砌体轴心抗拉强度

砌体轴心抗拉强度取决于砂浆的黏结强度。试验表明，砂浆强度大则其黏结强度也大；砂浆强度小则其黏结强度也小。因此，可采用砂浆的抗压强度来反映其黏结强度，砌体的轴心抗拉强度平均值 $f_{t,m}$ 按式（1-3）计算，即

$$f_{t,m}=k_3\sqrt{f_2} \tag{1-3}$$

式中 k_3 ——与块材种类有关的系数。对烧结普通砖、烧结多孔砖，$k_3=0.141$；对蒸压灰砂砖、蒸压粉煤灰砖，$k_3=0.09$；对混凝土砌块，$k_3=0.069$；对毛石，$k_3=0.075$；

f_2 ——砂浆的抗压强度平均值。

各类砌体的轴心抗拉强度标准值 $f_{t,k}$ 见表 1-6。

二、砌体弯曲受拉

1. 砌体弯曲受拉破坏特征

砌体弯曲受拉时也有两种破坏特征。当弯矩所产生的拉应力与水平灰缝平行时，可能沿齿缝截面发生破坏［图 1-18（a）］；当弯矩产生的拉应力与通缝垂直时，可能沿通缝截面发生破坏［图 1-18（b）］。与轴心受拉相同，砌体弯曲受拉强度取决于砂浆的黏结强度。

表 1-6　　　　　　沿砌体灰缝截面破坏时的轴心抗拉强度标准值、
弯曲抗拉强度标准值和抗剪强度标准值　　　　　　单位：MPa

强度类别	破坏特征	砌 体 种 类	砂浆强度等级			
			≥M10	M7.5	M5	M2.5
轴心抗拉	沿齿缝	烧结普通砖、烧结多孔砖、混凝土普通砖、混凝土多孔砖	0.30	0.26	0.21	0.15
		蒸压灰砂普通砖、蒸压粉煤灰普通砖	0.19	0.16	0.13	
		混凝土和轻集料混凝土砌块	0.15	0.13	0.10	
		毛石		0.12	0.10	0.07
弯曲抗拉	沿齿缝	烧结普通砖、烧结多孔砖、混凝土普通砖、混凝土多孔砖	0.53	0.46	0.38	0.27
		蒸压灰砂普通砖、蒸压粉煤灰普通砖	0.38	0.32	0.26	
		混凝土和轻集料混凝土砌块	0.17	0.15	0.12	
		毛石		0.18	0.14	0.10
	沿通缝	烧结普通砖、烧结多孔砖、混凝土普通砖、混凝土多孔砖	0.27	0.23	0.19	0.13
		蒸压灰砂普通砖、蒸压粉煤灰普通砖	0.19	0.16	0.13	
		混凝土和轻集料混凝土砌块		0.10	0.08	
抗剪		烧结普通砖、烧结多孔砖、混凝土普通砖、混凝土多孔砖	0.27	0.23	0.19	0.13
		蒸压灰砂普通砖、蒸压粉煤灰普通砖	0.19	0.16	0.13	
		混凝土和轻集料混凝土砌块	0.15	0.13	0.10	
		毛石		0.29	0.24	0.17

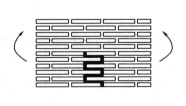　　　　

　　　　（a）齿缝破坏　　　　　　　　　　（b）通缝破坏

图 1-18　弯曲受拉破坏形式

2. 砌体弯曲抗拉强度

砌体沿齿缝破坏和沿通缝破坏时，弯曲抗拉强度平均值为

$$f_{tm,m} = k_4 \sqrt{f_2} \tag{1-4}$$

式中　k_4——与砌体种类有关的系数。沿齿缝破坏时，烧结普通砖、烧结多孔砖砌体，k_4 =0.250；蒸压灰砂砖、蒸压粉煤灰砖砌体，k_4=0.18；混凝土砌块砌体，k_4=0.081；毛石砌体，k_4=0.113；沿通缝破坏时，烧结普通砖、烧结多孔砖砌体，k_4=0.125；蒸压灰砂砖、蒸压粉煤灰砖砌体，k_4=0.09；混凝土砌块砌体，k_4=056；

　　　　f_2——砂浆的抗压强度平均值。

各类砌体的弯曲抗拉强度标准值 $f_{tm,k}$ 见表 1-6。

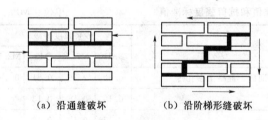

（a）沿通缝破坏　　　（b）沿阶梯形缝破坏

图 1-19　砌体的受剪

（二）砌体的抗剪强度

1. 砌体的抗剪强度

砌体仅受剪应力作用时的抗剪强度主要取决于水平灰缝砂浆与块体之间的切向黏结强度。试验表明，在砂浆与块体的黏结强度中，切向黏结强度较高，法向黏结强度很低且不能得到保证，砌体沿通缝截面和沿阶梯形齿缝截面的抗剪强度相同。由于实际工程中竖向灰缝中的砂浆往往不饱满，且因干缩而易与块体脱开，因此砌体沿阶梯状齿缝的抗剪强度仅与水平灰缝的抗剪强度有关，而与竖向灰缝无关。故砌体沿阶梯状齿缝和沿水平灰缝的抗剪强度取值相同。砌体抗剪强度平均值 $f_{v,m}$ 按式（1-5）计算，即

$$f_{v,m} = k_5 \sqrt{f_2} \tag{1-5}$$

式中　k_5——与砌体种类有关的系数。烧结普通砖、烧结多孔砖砌体，$k_5 = 0.125$；蒸压
　　　　　　灰砂砖、蒸压粉煤灰砖砌体，$k_5 = 0.09$；混凝土砌块砌体，$k_5 = 0.069$；
　　　f_2——砂浆的抗压强度平均值。

砌体抗剪强度标准值 $f_{v,k}$ 见表 1-6。

2. 垂直压力对砌体抗剪强度的影响

砌体通常是处于竖向压力和水平剪力共同作用下的复合受力状态，很少处于纯剪状态，砌体在复合受力状态下的抗剪强度与纯剪状态下的抗剪强度有很大不同。压力与砌体灰缝的夹角影响着灰缝截面上法向压应力与剪应力的比值（σ_y/τ）。随着压力与砌体灰缝夹角的变化，砌体可能发生 3 种形式的剪切破坏。

当压力与灰缝夹角 $\theta < 45°$ 时，灰缝截面上的法向分力 σ_y 小于切向分力 τ，它们的比值 σ_y/τ 较小，这时试件沿通缝发生剪切滑移破坏，称剪摩破坏［图 1-20（a）］；当 $45° \leqslant \theta \leqslant 60°$ 时，灰缝截面上的法向分力 σ_y 大于切向分力 τ，它们的比值 σ_y/τ 较大，这时试件沿阶梯形斜面发生剪压破坏［图 1-20（b）］；当 $\theta > 60°$ 时，灰缝截面上的法向分力 σ_y 明显大于切向分力 τ，它们的比值 σ_y/τ 更大，这时试件将沿压应力方向产生裂缝而发生斜压破坏［图 1-20（c）］。可见，通缝截面上法向应力 σ_y 和剪应力 τ 的比值对其受力性能和破坏特征有很大的影响。

实际工程中，处于剪-压复合受力状态的砌体基本上处于剪摩破坏范围内。根据剪摩破坏理论得到砌体在垂直压力作用下的抗剪强度设计值 f_v' 应按下式计算，即

三、砌体的受剪

（一）砌体的受剪破坏特征

砌体受剪时的破坏形态主要有沿通缝破坏和沿阶梯形缝破坏两种。在竖向压力较小时常发生图 1-19（a）所示沿通缝的剪切破坏；在竖向压力较大时常发生图 1-19（b）所示沿阶梯形缝的剪切破坏。

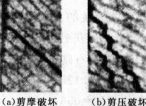

（a）剪摩破坏　　（b）剪压破坏　　（c）斜压破坏

图 1-20　垂直压力作用下砌体剪切破坏形态

$$f'_v = f_v + \alpha\mu\sigma_0 \qquad (1-6)$$

当采用灌孔混凝土砌块砌体时，式（1-6）中的砌体抗剪强度设计值 f_v 以灌孔砌体的抗剪强度设计值 f_{vg} 代替。

$$f_{vg} = 0.2 f_g^{0.55}$$

当 $\gamma_G = 1.2$ 时，有

$$\mu = 0.26 - 0.082 \frac{\sigma_0}{f} \qquad (1-7)$$

当 $\gamma_G = 1.35$ 时，有

$$\mu = 0.23 - 0.065 \frac{\sigma_0}{f} \qquad (1-8)$$

式中　f'_v——在垂直压力作用下的砌体抗剪强度的设计值；

　　　　f_v——砌体抗剪强度的设计值；

　　　　f_{vg}——单排孔混凝土砌块对孔砌筑时，灌孔砌体的抗剪强度设计值；

　　　　f_g——灌孔砌体的抗压强度设计值；

　　　　α——修正系数，当永久荷载分项系数 $\gamma_G = 1.2$ 时砖砌体取 0.60，混凝土砌块砌体取 0.64，当永久荷载分项系数 $\gamma_G = 1.35$ 时砖砌体取 0.64，混凝土砌块砌体取 0.66；

　　　　μ——剪压复合受力影响系数；

　　　　σ_0——永久荷载设计值产生的水平截面平均应力。

第五节　砌体的变形性能

一、砌体受压应力-应变关系

砌体受压时的应力-应变关系是砌体结构的基本力学性能之一，随着应力的增加应变增加，且随后应变增长的速度大于应力增长的速度，应力-应变呈曲线关系，表明砌体为弹塑性材料，在轴心压力作用下，砌体的应力与应变关系从开始加载时就不是线性关系，应力-应变曲线不为直线；随着压应力的增大，其应变增长速度将逐渐加快，表现出明显的非线性；在接近破坏时，即使荷载增加很少，变形也会急剧增加，应力-应变图形呈曲线。砌体在轴心压力作用下的应力-应变曲线如图 1-21 所示。

砌体在轴心压力作用下的应力-应变关系表达式为

$$\varepsilon = -\frac{1}{\xi}\ln\left(1 - \frac{\sigma}{f_m}\right) \qquad (1-9)$$

式中　ξ——与块材类别和砂浆强度有关的砌体变形弹性特征系数。

根据砌体轴心受压试验统计结果得 $\xi = 460\sqrt{f_m}$，故砌体轴心受压的应力-应变关系表达式为

$$\varepsilon = -\frac{1}{460\sqrt{f_m}}\ln\left(1 - \frac{\sigma}{f_m}\right) \qquad (1-10)$$

二、砌体的变形模量

砌体的弹性模量 E 是根据砌体受压时的应力-应变曲线确定的。砌体变形模量按照图 1-22 确定。

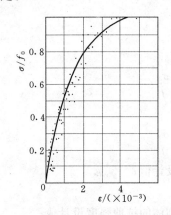

图 1-21　砌体受压时的应力-应变曲线　　　　图 1-22　砌体受压时的变形模量

1. 原点弹性模量（或称初始弹性模量，简称弹性模量）E_0

在应力-应变曲线的原点 O 作曲线的切线，该切线的斜率即为原点弹性模量，用 E_0 表示，即

$$E_0 = \frac{\sigma_A}{\varepsilon_c} = \tan\alpha_0 \tag{1-11}$$

式中　α_0——砌体应力-应变曲线在原点处的切线与横坐标的夹角。

砌体只有在应力很小时才呈现出弹性性能，原点弹性模量仅反映了应力很小时的砌体力学性能，不能反映实际工程中砌体的力学性能，故原点弹性模量仅用于表示材料性能。

2. 割线模量

砌体应力-应变曲线的原点 O 与曲线上一点 A（σ_A，ε_A）的连线（割线）与横坐标轴所形成的夹角 α_1 的正切值，即为割线模量。割线模量用 E_s 表示，即

$$E_s = \frac{\sigma_A}{\varepsilon_A} = \tan\alpha_1 \tag{1-12}$$

式中　α_1——割线与横坐标的夹角。

3. 切线模量

在应力-应变曲线上任一点 A 处作一切线，此切线的斜率即为该点的切线模量，切线模量用 E_t 表示，即

$$E_t = \frac{d\sigma_A}{d\varepsilon_A} = \tan\alpha \tag{1-13}$$

式中　α——砌体应力-应变曲线上任一点 A 处的切线与横坐标的夹角。

砌体为弹塑性材料，其割线模量与切线模量都随着应力的变化而变化，而原点处切线的斜率难以测准，故工程应用中没有采用上述方法确定砌体的变形模量。实际工程中砌体的应力是在一定的范围内变化，并不是一个常量。为了简化计算，并能反映砌体在一般状态下的工作性能，取应力 $\sigma = 0.43 f_m$ 时的割线模量作为砌体的受压弹性模量 E。试验结果

表明，砌体弹性模量随块材强度的增高和灰缝厚度的加大而降低，随块材厚度的增大和砂浆强度的提高而增大。《砌体结构设计规范》（GB 50003—2011）根据砂浆强度等级、砌块强度及砌体种类，把各类砌体的弹性模量列成表 1-7。

表 1-7　　　　　　　　　　　**砌体的弹性模量 E**　　　　　　　　单位：MPa

砌体种类	砂浆强度等级			
	≥M10	M7.5	M5	M2.5
烧结普通砖、烧结多孔砖砌体	1600f	1600f	1600f	1390f
混凝土普通砖、混凝土多孔砖砌体	1600f	1600f	1600f	
蒸压灰砂普通砖、蒸压粉煤灰普通砖砌体	1060f	1060f	1060f	960f
非灌孔混凝土砌块砌体	1700f	1600f	1500f	
粗料石、毛料石、毛石砌体		5650	4000	2250
细料石、半细料石砌体		17000	12000	6750

注　1. 轻集料混凝土砌块砌体的弹性模量，可按表中混凝土砌块砌体的弹性模量采用。
　　2. 表中砌体抗压强度设计值是未经调整的砌体抗压强度设计值。
　　3. 表中砂浆为普通砂浆。采用专用砂浆砌筑的砌体的弹性模量也按此表取值。
　　4. 对混凝土普通砖、混凝土多孔砖、混凝土和轻集料混凝土砌块砌体，表中的砂浆强度等级分别为不小于 Mb10、Mb7.5 及 Mb5。
　　5. 对蒸压灰砂普通砖和蒸压粉煤灰普通砖砌体，当采用专用砂浆砌筑时，其强度设计值按表中数值采用。

单排孔且对孔砌筑的混凝土砌块灌孔砌体中芯柱混凝土参与工作，砂浆强度对砌体变形的影响相对减小，可不考虑。因此其弹性模量按式（1-14）计算，即

$$E = 2000 f_g \qquad (1-14)$$

式中　f_g——灌孔砌体的抗压强度设计值。

三、砌体的剪变模量

砌体的剪变模量 G 一般按照材料力学公式计算。砌体是各向异性的复合材料，其泊松比 v 是变量，随应力的增大而增大，分散性较大。根据试验结果，砖砌体的泊松比平均值为 0.15；砌块砌体泊松比平均值为 0.3。代入材料力学公式 $G = E/[2(1+v)]$ 可得

$$G = (0.43 \sim 0.38)E \qquad (1-15)$$

近似地，取砌体的剪变模量为

$$G = 0.4E \qquad (1-16)$$

四、砌体的摩擦系数和线胀系数

砌体在各种材料的表面滑动时均会受到摩擦阻力，摩擦阻力的大小与摩擦系数和压力有关，而摩擦系数又与滑动面两侧的材料种类及滑动面的干湿状态有关。砌体在各种材料表面滑动时的摩擦系数按表 1-8 采用。

表 1-8　　　　　　　　　　　**砌体的摩擦系数**

材料类别	摩擦面情况	
	干燥	潮湿
砌体沿砌体或混凝土滑动	0.70	0.60
砌体沿木材滑动	0.60	0.50

续表

材 料 类 别	摩 擦 面 情 况	
	干燥	潮湿
砌体沿钢滑动	0.45	0.35
砌体沿砂或卵石滑动	0.60	0.50
砌体沿粉土滑动	0.55	0.40
砌体沿黏性土滑动	0.50	0.30

砌体与其他材料一样也随着温度变化而产生热胀及冷缩变形，砌体的温度线胀系数按表 1-9 采用。

砌体在含水量降低时会产生体积减小的干缩变形，干缩变形可在砌体中产生干缩裂缝，影响砌体的整体性及受力性能，其收缩率按表 1-9 采用。

表 1-9 砌体的线胀系数和收缩率

砌体类别	线胀系数/$(10^{-6} \cdot ℃^{-1})$	收缩率/$(mm \cdot m^{-1})$
烧结普通砖、烧结多孔砖砌体	5	−0.1
蒸压灰砂普通砖、蒸压粉煤灰普通砖砌体	8	−0.2
混凝土普通砖、混凝土多孔砖、混凝土砌块砌体	10	−0.2
轻集料混凝土砌块砌体	10	−0.3
料石和毛石砌体	8	

注 表中的收缩率是由达到收缩允许标准的块体砌筑 28d 的砌体收缩率，当地有可靠的砌体收缩试验数据时，亦可采用当地的试验数据。

本 章 小 结

（1）块体材料分为砖、砌块和石材 3 种类型；砂浆按其组成可分为水泥砂浆、混合砂浆和无水泥砂浆 3 种类型。块材和砂浆的强度等级是以其抗压强度来划分的。

（2）砌体按是否配置有钢筋分为无筋砌体和配筋砌体。根据砌体中所用的块体材料的种类，无筋砌体可分为砖砌体、砌块砌体和石砌体。配筋砌体分为网状配筋砖砌体、砖砌体和钢筋混凝土面层或钢筋砂浆面层的组合砌体、砖砌体和钢筋混凝土构造柱组合墙及配筋砌块砌体几种类型。不同种类砌体的受力性能不同。选用时，应本着因地制宜、就地取材的原则，根据建筑物荷载的大小和性质及施工单位的施工技术水平等，并满足建筑物的使用要求和耐久性等方面的要求合理选用。

（3）砌体轴心受压构件从加载到破坏过程经历 3 个阶段，随着荷载的增加，裂缝不断发展，最终砌体被分割成若干个小柱，小柱失稳或压碎而导致砌体完全破坏。由于砖砌体中的砖处于压、弯、剪、拉复合应力状态，故砌体的抗压强度明显低于它所用砖的抗压强度。影响砌体抗压强度的主要因素有块材和砂浆的强度、砂浆的弹塑性、和易性及保水性、砌筑质量、灰缝厚度和块材的形状及尺寸。

（4）砌体为弹塑性材料，在轴心压力作用下，砌体的应力-应变呈曲线，其割线模量与切线模量都随着应力的变化而变化，在实际工程中，取压应力 $\sigma = 0.43f_m$ 时的割线模量作为砌体的受压弹性模量。

思　考　题

1-1　块材的种类有哪些？砂浆的种类有哪些？砌体的种类有哪些？

1-2　砌体中砂浆的作用有哪些？

1-3　砖砌体轴心受压时分哪几个受力阶段？影响砌体抗压强度的因素有哪些？

1-4　为何砖砌体的抗压强度低于所用砖的抗压强度？

1-5　影响砌体抗压强度的主要因素有哪些？

1-6　什么时候需要对砌体强度设计值进行调整？

1-7　影响砌体轴心受拉强度、弯曲受拉强度的主要因素有哪些？

1-8　砌体剪切破坏有哪几种形态？影响砌体抗剪强度的主要因素有哪些？

第二章 砌体结构的设计方法

第一节 极限状态设计方法的基本概念

我国砌体结构的设计采用以概率理论为基础的极限状态设计方法，以可靠度指标度量结构构件的可靠度，采用分项系数的设计表达式进行计算。

一、设计基准期与设计使用年限

可变荷载及材料强度等的取值都与时间的长短有关。例如，50年一遇的风荷载与100年一遇的风荷载大小不同，材料也是随着时间推移而逐渐劣化，因此在设计时应确定一个时间段，才能确定可变荷载及材料强度等的取值。设计基准期就是为确定可变作用及与时间有关的材料性能等取值而选用的时间参数。我国砌体结构采用的设计基准期为50年。

设计使用年限为设计规定的结构或构件在正常设计、正常施工、正常使用和维护下不需要进行大修即可按其预定目的使用的年限。《建筑结构可靠度设计统一标准》（GB 50068—2001）规定：临时性建筑的设计使用年限为5年；普通房屋建筑结构的设计使用年限为50年；纪念性建筑和特别重要的建筑结构的设计使用年限为100年。建设单位若提出更高要求，也可按建设单位的要求确定。

需要特别说明的是，结构的设计使用年限与其使用寿命不等同。达到或超过设计使用年限后，并不是说结构应立即报废，而只是表明该结构的可靠度降低了。

二、结构的功能要求和安全等级

砌体结构在规定的设计使用年限内，在正常条件下（指正常设计、正常施工和正常使用）应满足安全性、适用性和耐久性等各项功能要求。结构的可靠性是指结构在规定的时间内、规定的条件下完成预定功能的能力。

结构设计时应根据砌体结构的重要性对不同的砌体结构采用不同的安全储备，建筑物的重要程度由安全等级区分，建筑结构按照建筑物破坏后可能产生后果（危及人的生命、造成经济损失、产生社会影响等）的严重程度可划分为3个安全等级（表2-1）。

表 2-1　　　　　　　　　建筑结构安全等级

安全等级	破坏后果的影响程度	建筑物类型
一级	很严重	重要的工业与民用建筑物
二级	严重	一般的工业与民用建筑物
三级	不严重	次要的建筑物

结构的安全等级是通过结构重要性系数 γ_0 来体现的。对安全等级为一级或设计使用年限为50年以上的结构构件，结构重要性系数 γ_0 不应小于1.1；对安全等级为二级或设计使用年限为50年的结构构件，结构重要性系数 γ_0 不应小于1.0；对安全等级为三级或

设计使用年限为 1~5 年的结构构件，结构重要性系数 γ_0 不应小于 0.9。

砌体结构中各类构件的安全等级，一般应与整个结构的安全等级相同，但其中部分构件的安全等级可根据其重要程度适当调整，但不得低于三级。

三、结构的极限状态

整个结构或结构的一部分超过某一特定状态时就不能满足设计规定的某一功能的要求，此特定状态称为该功能的极限状态。结构的极限状态分为承载能力极限状态和正常使用极限状态两类。

1. 承载能力极限状态

承载能力极限状态是指结构或结构构件达到最大承载能力或不适于继续承载的变形状态。当超过承载能力极限状态后，结构或构件就不能满足安全性的要求，结构或构件将处于破坏、倾覆、失稳等状态。为保证生命、财产的安全，应严格控制出现这种极限状态的可能性。

2. 正常使用极限状态

正常使用极限状态是指结构或结构构件达到正常使用或耐久性能中某项规定限值的状态。当超过正常使用极限状态后，结构或构件就不能满足适用性和耐久性的要求，结构或构件将产生影响正常使用或外观的变形、局部损坏和振动等。

砌体结构应按承载能力极限状态设计，并按正常使用极限状态验算，满足正常使用极限状态限值的要求。砌体结构正常使用极限状态一般情况下可由构造措施保证。

四、结构上的作用、作用效应及结构的抗力

无论是在施工期间还是在使用期间，结构都要承受各种的作用。作用使结构产生内力与变形。结构上的作用按作用形式的不同，可分为直接作用和间接作用；按其随时间的变异性和出现的可能性分为永久作用、可变作用和偶然作用；按结构的反应特点可分为静态作用和动态作用。直接作用通常也称为荷载。

作用在结构上产生的弯矩、剪力、轴向力、扭矩等内力和挠度、转角、拉伸、压缩等变形及裂缝等称为作用效应，以 S 表示。可以看出，作用是原因，作用效应是结果。由荷载产生的内力、变形、裂缝等也称为荷载效应。荷载 Q 与荷载效应 S 一般可近似地按线性关系考虑，即

$$S = CQ \tag{2-1}$$

式中　C——荷载效应系数。

作用具有随机性，其数值或大或小，可能出现，也可能不出现，如人群荷载、风荷载、冲击荷载等都不是固定的。由于作用的随机性，作用效应也具有随机性。

结构的抗力是指结构或结构构件抵抗作用效应的能力，用 R 表示。结构的抗力是材料性能（强度、变形能力等）和构件截面几何特征（几何尺寸、惯性矩、面积矩等）的函数。由于材料性能的离散性和结构构件几何特征的变异性（制作与安装误差），导致结构的抗力 R 也具有随机性。

五、结构的功能函数与极限状态方程

砌体结构必须满足安全性、适用性和耐久性等功能要求，即结构的作用效应 S 不超

过结构的抗力 R，即

$$Z=R-S=g(R,S) \tag{2-2}$$

式中　Z——结构的功能函数。

结构功能函数可用来判别结构所处的工作状态。当 $Z>0$，即 $R>S$ 时，结构处于可靠状态；当 $Z<0$，即 $R<S$ 时，结构处于失效状态；当 $Z=0$，即 $R=S$ 时，结构处于极限状态。

$$Z=R-S=0 \tag{2-3}$$

式 (2-3) 称为极限状态方程。要想使结构安全可靠地工作，必须满足 $Z \geqslant 0$。

六、结构的可靠度与可靠指标

由于作用效应 S 和结构的抗力 R 是随机变量，结构的功能函数 Z 也是随机变量，它们都属于概率的范畴。因此，结构完成其预定功能的可能性应该用概率来衡量。当结构完成其预定功能的概率（可靠概率）足够大，或不能完成其预定功能的概率（失效概率）足够小，就认为该结构是安全可靠的。

结构可靠度是指结构在规定的设计使用年限内，在正常使用条件下完成预定功能的概率。结构可靠度是结构可靠性的概率度量。完成预定功能的概率称为可靠概率，用 p_s 表示；不能完成预定功能的概率称为失效概率，用 p_f 表示。两者互补，即

$$p_s + p_f = 1 \tag{2-4}$$

因此，既可以用可靠概率（可靠度）p_s 来度量结构的可靠性，也可以用失效概率 p_f 来度量。若 R 和 S 相对独立且均服从正态分布，则 Z 也服从正态分布，Z 的概率密度函数如图 2-1 所示。图中阴影部分（即 $Z=R-S<0$ 的部分）就是失效概率 p_f。

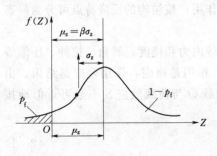

图 2-1　可靠概率、失效概率和可靠指标

失效概率 p_f 的大小与结构功能函数 Z 的平均值 μ_z 及标准差 σ_z 有关。当结构功能函数 Z 的标准差 σ_z 一定时，失效概率 p_f 随着平均值 μ_z 的增大而减小；当结构功能函数 Z 平均值 μ_z 一定时，失效概率 p_f 随着标准差 σ_z 的增大而增大。所以，可以构造一个函数以反映结构功能函数 Z 的平均值 μ_z 与标准差 σ_z 的大小对失效概率 p_f 的影响，令 $\beta = \mu_z / \sigma_z$，则可以得到：β 值小时 p_f 大，β 值大时 p_f 小，β 与 p_f 存在一一对应的关系（表 2-2），所以结构的可靠性也可以用 β 来度量，β 称为结构的可靠指标。

表 2-2　　　　　　　　　　β 与 p_f 的对应关系

β	3.5×10^{-3}	6.9×10^{-4}	1.1×10^{-4}	1.3×10^{-5}
p_f	2.7	3.2	3.7	4.2

用失效概率 p_f 来度量结构的可靠性有明确的物理意义，但准确地计算失效概率还存在困难，为了简化计算，目前用可靠指标 β 代替失效概率 p_f 来度量结构的可靠性。满足

$$\beta \geqslant [\beta] \tag{2-5}$$

则结构处于可靠状态。

$[\beta]$ 是作为设计依据的可靠指标，称为目标可靠指标，它是根据可靠性分析，并考虑经济等因素确定的。对于承载能力极限状态的目标可靠指标，可根据结构安全等级和结构破坏类型按表 2-3 选用。

表 2-3　　　　　　　　　　承载能力极限状态的目标可靠指标 $[\beta]$

破　坏　类　型	安　全　等　级		
	一级	二级	三级
延性破坏	3.7	3.2	2.7
脆性破坏	4.2	3.7	3.2

第二节　极限状态设计表达式

一、承载能力极限状态设计表达式

砌体结构按承载能力极限状态设计时，结构的功能函数应满足

$$Z = R - S \geqslant 0 \tag{2-6}$$

虽然直接采用可靠指标进行设计能较好地反映问题的实质，具有明确的物理意义，但目前还存在许多困难，也不符合工程设计人员的使用习惯，目前仍应用多个分项系数的极限状态表达式，这些分项系数包括结构重要性系数、荷载分项系数和材料分项系数等。

按承载能力极限状态设计的表达式为

$$\gamma_0 S \leqslant R \tag{2-7}$$

砌体结构按承载能力极限状态设计时，应按下列公式中最不利组合进行计算

$$\gamma_0 \left(1.2 S_{Gk} + 1.4 \gamma_L S_{Q1k} + \gamma_L \sum_{i=2}^{n} \gamma_{Qi} \psi_{ci} S_{Qik} \right) \leqslant R(f, \alpha_k \cdots) \tag{2-8}$$

$$\gamma_0 \left(1.35 S_{Gk} + 1.4 \gamma_L \sum_{i=1}^{n} \psi_{ci} S_{Qik} \right) \leqslant R(f, \alpha_k \cdots) \tag{2-9}$$

式中　γ_0——结构的重要性系数，对安全等级为一级或设计使用年限为 50 年以上的结构构件，不应小于 1.1；对安全等级为二级或设计使用年限为 50 年的结构构件，不应小于 1.0；对安全等级为三级或设计使用年限为 1~5 年的结构构件，不应小于 0.9；

　　γ_L——结构构件的抗力模型不定性系数，对静力设计，考虑结构设计使用年限的荷载调整系数，设计使用年限为 50 年，取 1.0；设计使用年限为 100 年，取 1.1；

　　S_{Gk}——永久荷载标准值的效应；

　　S_{Q1k}——在基本组合中起控制作用的一个可变荷载标准值的效应；

　　S_{Qik}——第 i 个可变荷载标准值的效应；

　　$R(\cdot)$——结构构件的抗力函数；

　　γ_{Qi}——第 i 个可变荷载的分项系数；

ψ_{ci}——第 i 个可变荷载的组合值系数，一般情况下应取 0.7，对书库、档案库、储藏室或通风机房、电梯机房应取 0.9；

f——砌体的强度设计值，$f=f_k/\gamma_f$；

f_k——砌体的强度标准值，$f_k=f_m-1.645\sigma_f$；

γ_f——砌体结构的材料性能分项系数，一般情况下，宜按施工控制等级为 B 级考虑，取 $\gamma_f=1.6$，当为 C 级时，取 $\gamma_f=1.8$，当为 A 级时，取 $\gamma_f=1.5$；

f_m——砌体的强度平均值；

σ_f——砌体强度的标准差；

α_k——几何参数标准值。

当工业建筑楼面活荷载标准值大于 $4kN/m^2$ 时，式（2-8）、式（2-9）中的系数 1.4 应为 1.3。

二、砌体结构作为刚体时的稳定性验算

验算砌体整体稳定性时应按下列公式中最不利组合进行验算，即

$$\gamma_0\left(1.2S_{G2k}+1.4\gamma_L S_{Q1k}+\gamma_L\sum_{i=2}^{n}S_{Qik}\right)\leqslant 0.8S_{G1k} \qquad (2-10)$$

$$\gamma_0\left(1.35S_{G2k}+1.4\gamma_L\sum_{i=1}^{n}\psi_{ci}S_{Qik}\right)\leqslant 0.8S_{G1k} \qquad (2-11)$$

式中　S_{G1k}——起有利作用的永久荷载标准值的效应；

S_{G2k}——起不利作用的永久荷载标准值的效应。

第三节　砌体的强度设计值

砌体的强度设计值是砌体结构设计的重要依据，砌体强度的设计值是由砌体强度标准值除以砌体结构的材料性能分项系数得到，即

$$f=\frac{f_k}{\gamma_f} \qquad (2-12)$$

当施工控制等级为 B 级时，砌体结构的材料性能分项系数取 $\gamma_f=1.6$；当施工控制等级为 C 级时，取 $\gamma_f=1.8$。当施工控制等级为 B 级时，砌体抗压强度设计值可直接查表 2-4～表 2-10。

表 2-4　　　　　　　　　烧结普通砖和烧结多孔砖砌体的抗压强度设计值　　　　　　单位：MPa

砖强度等级	砂浆强度等级					砂浆强度
	M15	M10	M7.5	M5	M2.5	0
MU30	3.94	3.27	2.93	2.59	2.26	1.15
MU25	3.60	2.98	2.68	2.37	2.06	1.05
MU20	3.22	2.67	2.39	2.12	1.84	0.94
MU15	2.79	2.31	2.07	1.83	1.60	0.82
MU10		1.89	1.69	1.50	1.30	0.67

注　当烧结多孔砖的孔洞率大于 30% 时，表中数值应乘以 0.9。

表 2-5　　　　　混凝土普通砖和混凝土多孔砖砌体的抗压强度设计值　　　　单位：MPa

砖强度等级	砂浆强度等级					砂浆强度
	Mb20	Mb15	Mb10	Mb7.5	Mb5	0
MU30	4.61	3.94	3.27	2.93	2.59	1.15
MU25	4.21	3.60	2.98	2.68	2.37	1.05
MU20	3.77	3.22	2.67	2.39	2.12	0.94
MU15		2.79	2.31	2.07	1.83	0.82

表 2-6　　　蒸压灰砂普通砖和蒸压粉煤灰普通砖砌体的抗压强度设计值　　　单位：MPa

砖强度等级	砂浆强度等级				砂浆强度
	M15	M10	M7.5	M5	0
MU25	3.60	2.98	2.68	2.37	1.05
MU20	3.22	2.67	2.39	2.12	0.94
MU15	2.79	2.31	2.07	1.83	0.82

注　当采用专用砂浆砌筑时，其抗压强度设计值按表中数值采用。

表 2-7　　单排孔混凝土砌块和轻集料混凝土砌块对孔砌筑砌体的抗压强度设计值　　单位：MPa

砌块强度等级	砂浆强度等级					砂浆强度
	Mb20	Mb15	Mb10	Mb7.5	Mb5	0
MU20	6.30	5.68	4.95	4.44	3.94	2.33
MU15		4.61	4.02	3.61	3.20	1.89
MU10			2.79	2.50	2.22	1.31
MU7.5				1.93	1.71	1.01
MU5					1.19	0.70

注　1. 对独立柱或厚度为双排组砌的砌块砌体，应按表中数值乘以 0.7 计算。
　　　2. 对 T 形截面墙体、柱，应按表中数值乘以 0.85 计算。

表 2-8　　　　　双排孔或多排孔轻集料混凝土砌块砌体的抗压强度设计值　　　　单位：MPa

砌块强度等级	砂浆强度等级			砂浆强度
	Mb10	Mb7.5	Mb5	0
MU10	3.08	2.76	2.45	1.44
MU7.5		2.13	1.88	1.12
MU5			1.31	0.78
MU3.5			0.95	0.56

注　1. 表中的砌块为火山渣、浮石和陶粒轻骨料混凝土砌块。
　　　2. 对厚度方向为双排组砌的轻集料混凝土砌块砌体的抗压强度设计值，应按表中数值乘以 0.8 计算。

表 2 - 9 毛料石砌体的抗压强度设计值 单位：MPa

毛料石强度等级	砂浆强度等级			砂浆强度
	M7.5	M5	M2.5	0
MU100	5.42	4.80	4.18	2.13
MU80	4.85	4.29	3.73	1.91
MU60	4.20	3.71	3.23	1.65
MU50	3.83	3.39	2.95	1.51
MU40	3.43	3.04	2.64	1.35
MU30	2.97	2.63	2.29	1.17
MU20	2.42	2.15	1.87	0.95

注 对细料石砌体、粗料石砌体和干砌勾缝石砌体，表中数值应分别乘以调整系数 1.4、1.2 和 0.8 计算。

表 2 - 10 毛石砌体的抗压强度设计值 单位：MPa

毛石强度等级	砂浆强度等级			砂浆强度
	M7.5	M5	M2.5	0
MU100	1.27	1.12	0.98	0.34
MU80	1.13	1.00	0.87	0.30
MU60	0.98	0.87	0.76	0.26
MU50	0.90	0.80	0.69	0.23
MU40	0.80	0.71	0.62	0.21
MU30	0.69	0.61	0.53	0.18
MU20	0.56	0.51	0.44	0.15

单排孔混凝土砌块对孔砌筑时，在砌块孔洞内用混凝土强度等级不低于 Cb20，且不低于 1.5 倍块材强度等级的高流动性、高黏结性、低收缩性的细石混凝土灌实，能有效地提高砌体的抗压强度。单排孔混凝土砌块对孔砌筑并用细石混凝土灌孔的砌体抗压强度的设计值为

$$f_g = f + 0.6\alpha f_c \qquad (2-13)$$

式中 f_g——灌孔砌体的抗压强度设计值，按式（2-13）求出的计算值不应大于未灌孔砌体抗压强度设计值的 2 倍，即 $f_g \leqslant 2f$；

f——未灌孔砌体抗压强度设计值，应按表 2-7 选用；

f_c——灌孔混凝土的轴心抗压强度设计值；

α——砌块砌体中灌孔混凝土面积和砌体毛面积的比值，$\alpha = \delta\rho$；

δ——混凝土砌块的孔洞率；

ρ——混凝土砌块砌体的灌孔率，为灌孔混凝土截面面积和截面孔洞面积的比值，ρ 不应小于 33%。

龄期为 28d 的以毛截面计算的各类砌体的轴心抗拉强度设计值、弯曲抗拉强度设计值和抗剪强度设计值，当施工质量控制等级为 B 级时，应按表 2-11 选用。

表 2 - 11　　　　　沿砌体灰缝截面破坏时砌体的轴心抗拉强度设计值、

弯曲抗拉强度设计值和抗剪强度设计值　　　　　单位：MPa

强度类别	破坏特征	砌体种类	砂浆强度等级			
			≥M10	M7.5	M5	M2.5
轴心抗拉	沿齿缝	烧结普通砖、烧结多孔砖	0.19	0.16	0.13	0.09
		混凝土普通砖、混凝土多孔砖	0.19	0.16	0.13	
		蒸压灰砂普通砖、蒸压粉煤灰普通砖	0.12	0.10	0.08	
		混凝土和轻集料混凝土砌块	0.09	0.08	0.07	
		毛石		0.07	0.06	0.04
弯曲抗拉	沿齿缝	烧结普通砖、烧结多孔砖	0.33	0.29	0.23	0.17
		混凝土普通砖、混凝土多孔砖	0.33	0.29	0.23	
		蒸压灰砂普通砖、蒸压粉煤灰普通砖	0.24	0.20	0.16	
		混凝土和轻集料混凝土砌块	0.11	0.09	0.08	
		毛石		0.11	0.09	0.07
	沿通缝	烧结普通砖、烧结多孔砖	0.17	0.14	0.11	0.08
		混凝土普通砖、混凝土多孔砖	0.17	0.14	0.11	
		蒸压灰砂普通砖、蒸压粉煤灰普通砖	0.12	0.10	0.08	
		混凝土和轻集料混凝土砌块	0.08	0.06	0.05	
抗剪		烧结普通砖、烧结多孔砖	0.17	0.14	0.11	0.08
		混凝土普通砖、混凝土多孔砖	0.17	0.14	0.11	
		蒸压灰砂普通砖、蒸压粉煤灰普通砖	0.12	0.10	0.08	
		混凝土和轻集料混凝土砌块	0.09	0.08	0.06	
		毛石		0.19	0.16	0.11

注　1. 对于用形状规则的块体砌筑的砌体，当搭接长度与块体高度的比值小于 1 时，其轴心抗拉强度设计值 f_t 和弯曲抗拉强度设计值 f_m 应按表中数值乘以搭接长度与块体高度比值后采用。

　　2. 表中数值是依据普通砂浆砌筑的砌体确定，采用经研究性试验且通过技术鉴定的专用砂浆砌筑的蒸压灰砂普通砖、蒸压粉煤灰普通砖砌体，其抗剪强度设计值按相应普通砂浆强度等级砌筑的烧结普通砖砌体采用。

　　3. 对混凝土普通砖、混凝土多孔砖、混凝土和轻集料混凝土砌块砌体，表中的砂浆强度等级分别不小于 Mb10、Mb7.5 及 Mb5。

砌体强度设计值还应依据使用情况进行调整，砌体强度设计值的调整系数按照表 2 - 12 选取，砌体强度设计值应乘以调整系数后使用。

表 2 - 12　　　　　　　　砌体强度设计值的调整系数

使　用　情　况		γ_a
构件截面面积 $A<0.3\text{m}^2$ 的无筋砌体		$A+0.7$
构件截面面积 $A<0.2\text{m}^2$ 的配筋砌体		$A+0.8$
采用 M2.5 的水泥砂浆砌筑的砌体	对表 2-4～表 2-10 中的数值	0.9
	对表 2-11 中的数值	0.8
验算施工中房屋的构件时		1.1
施工控制等级为 C 级时		0.89

第四节 耐 久 性 设 计

砌体结构的耐久性包括两个方面：一是对配筋砌体结构构件中钢筋的保护；二是对砌体材料的保护。砌体结构中，钢筋外的砌体增加了对钢筋的保护，因此砌体结构具有比钢筋混凝土结构更好的耐久性，无筋砌体尤其是烧结类砖砌体的耐久性更好，传统的砖石结构经历了数百年及上千年的考验，证明了砌体结构具有良好的耐久性。

处于冻胀或某些侵蚀环境条件下，采用非烧结块材、多孔块材砌筑的砌体易于受损，提高这类砌体耐久性最有效和普遍采用的方法是提高砌体材料的强度等级。地面以下或防潮层以下的砌体采用多孔砖或混凝土空心砌块时，应将其孔洞预先用不低于 M10 的水泥砂浆或不低于 Cb20 的混凝土灌实，不应随砌随灌，以保证灌孔混凝土的密实度及质量。砌体结构的耐久性应根据环境类别和设计使用年限进行设计。

1. 环境类别

砌体结构的耐久性应根据砌体结构所处的环境和设计使用年限进行设计。砌体结构的环境类别按照表 2 - 13 确定。

表 2 - 13 砌体结构的环境类别

环境类别	条 件
1	正常居住及办公建筑的内部干燥环境
2	潮湿的室内或室外环境，包括与无侵蚀性土和水接触的环境
3	严寒和使用化冰盐的潮湿环境（室内或室外）
4	与海水直接接触的环境，或处于滨海地区的盐饱和的气体环境
5	有化学浸蚀的气体、液体或固态形式的环境，包括有浸蚀性土壤的环境

2. 钢筋的选用

当设计使用年限为 50 年时，砌体中的钢筋应按照所处环境按表 2 - 14 选用。

表 2 - 14 砌体中钢筋耐久性选择

环境类别	钢筋种类和最低保护要求	
	位于砂浆中的钢筋	位于灌孔混凝土中的钢筋
1	普通钢筋	普通钢筋
2	重镀锌或有等效保护的钢筋	当采用混凝土灌孔时，可为普通钢筋；当采用砂浆灌孔时应为重镀锌或有等效保护的钢筋
3	不锈钢或有等效保护的钢筋	重镀锌或有等效保护的钢筋
4 和 5	不锈钢或等效保护的钢筋	不锈钢或等效保护的钢筋

注 1. 对夹心墙的外叶墙，应采用重镀锌或有等效保护的钢筋。

　　2. 表中的钢筋即为国家现行标准《混凝土结构设计规范》（GB 50010—2010）和《冷轧带肋钢筋混凝土结构技术规程》（JGJ 95—2011）等标准规定的普通钢筋或非预应力钢筋。

3. 钢筋的保护层厚度

设计使用年限为50年时，砌体中钢筋的保护层厚度应符合下列规定：

（1）配筋砌体中钢筋的最小混凝土保护层应符合表2-15的规定，其中混凝土的最低水泥含量分别为：C20为260kg/m³；C25为280kg/m³；C30为300kg/m³；C35为320kg/m³。

（2）灰缝中钢筋外砂浆保护层的厚度不应小于15mm。

（3）所有钢筋端部均应有与对应钢筋的环境类别条件相同的保护层厚度。

（4）对填实的夹心墙或特别的墙体构造中钢筋的最小保护层厚度应符合表2-16的规定。

表 2-15　　　　　　　　　　配筋砌体中钢筋的最小保护层厚度　　　　　　　　单位：mm

环境类别	混凝土强度等级			
	C20	C25	C30	C35
1	20	20	20	20
2		25	25	25
3		40	40	30
4			40	40
5				40

注　1. 材料中最大氯离子含量和最大碱含量应符合现行国家标准《混凝土结构设计规范》（GB 50010—2010）的规定。

　　2. 当采用防渗砌体块体和防渗砂浆时，可以考虑部分砌体（含抹灰层）的厚度作为保护层，但对环境类别1、2、3，其混凝土保护层的厚度相应不应小于10mm、15mm和20mm。

　　3. 钢筋砂浆面层的组合砌体构件的钢筋保护层厚度宜比表中规定的混凝土保护层厚度数值增加5～10mm。

　　4. 对安全等级为一级或设计使用年限为50年以上的砌体结构，钢筋保护层的厚度应至少增加10mm。

表 2-16　　　　　填实的夹心墙或特别的墙体构造中钢筋的最小保护层厚度

环境类别及钢筋类别	钢筋的最小保护层厚度
1	20mm 厚砂浆或灌孔混凝土与钢筋直径较大者
2	20mm 厚灌孔混凝土与钢筋直径较大者
重镀锌钢筋	20mm 厚砂浆或灌孔混凝土与钢筋直径较大者
不锈钢筋	钢筋的直径

4. 镀锌层和防护涂层厚度

设计使用年限为50年时，夹心墙的钢筋连接件或钢筋网片、连接钢板、锚固螺栓或钢筋，应采用重镀锌或等效的防护涂层，镀锌层的厚度不应小于290g/m²；当采用环氧涂层时，灰缝钢筋涂层厚度不应小于290μm，其余部件涂层厚度不应小于450μm。

5. 砌体材料的选用

（1）设计使用年限为50年时，地面以下或防潮层以下的砌体、潮湿房间的墙或环境类别2的砌体，所用块材和砂浆的最低强度等级应符合表2-17的规定。

表 2-17 地面以下或防潮层以下的砌体、潮湿房间的墙所用材料的最低强度等级

潮湿程度	烧结普通砖	混凝土普通砖、蒸压普通砖	混凝土砌块	石材	水泥砂浆
稍潮湿的	MU15	MU20	MU7.5	MU30	M5
很潮湿的	MU20	MU20	MU10	MU30	M7.5
含水饱和的	MU20	MU25	MU15	MU40	M10

注 1. 在冻胀地区，地面以下或防潮层以下的砌体，不宜采用多孔砖，如采用时，其孔洞应用不低于 M10 的水泥砂浆预先灌实。当采用混凝土空心砌块时，其孔应采用强度等级不低于 Cb20 的混凝土预先灌实。

2. 对安全等级为一级或设计使用年限大于 50 年的房屋，表中材料强度等级应至少提高一级。

（2）设计使用年限为 50 年且处于环境类别 3～5 等有侵蚀性介质的砌体不应采用蒸压灰砂普通砖、蒸压粉煤灰普通砖；采用实心砖时，实心砖的强度等级不应低于 MU20，水泥砂浆的强度等级不应低于 M10；采用混凝土砌块时，混凝土砌块的强度等级不应低于 MU15，灌孔混凝土的强度等级不应低于 Cb30，砂浆的强度等级不应低于 Mb10。

本 章 小 结

（1）砌体结构采用以概率理论为基础的极限状态设计方法进行设计。根据建筑物的重要性将建筑物可划分为 3 个安全等级，用结构重要性系数 γ_0 体现结构的安全等级。砌体结构在规定的设计使用年限内，在正常条件下（指正常设计、正常施工和正常使用）应满足安全性、适用性和耐久性等各项功能要求。

（2）结构的极限状态分为承载能力极限状态和正常使用极限状态两类。结构功能函数可用来判别结构所处的工作状态。失效概率 p_f 与结构的可靠指标 β 存在一一对应关系，所以结构的可靠性也可以用 β 来度量。

（3）砌体结构应按承载能力极限状态进行设计，并采取相应的构造措施，对正常使用极限状态进行验算。

（4）砌体结构的耐久性包括配筋砌体结构构件的钢筋的保护和对砌体材料保护两个方面。

思 考 题

2-1 什么是结构的极限状态？结构的极限状态分为哪几类？

2-2 什么是设计基准期？什么是极限状态方程？

2-3 可靠概率与可靠指标的关系是什么？可靠度的物理意义是什么？

2-4 砌体的强度设计值和强度标准值的关系如何？

第三章 砌体结构房屋的结构布置方案及静力计算

第一节 砌体结构房屋的结构布置方案

一、概述

砌体结构又称为混合结构，是指竖向承重构件（墙、柱与基础等）采用砌体材料，而水平承重构件（屋盖、楼盖等）采用钢筋混凝土、木材等其他材料的房屋。砌体结构房屋的形式多样。

设计砌体结构房屋时，一般应首先进行承重墙体的布置，砌体结构中的墙体既是承重构件又是围护构件，起着双重的作用。墙体布置确定了房屋平面的划分和房间的大小，必须满足建筑方面的要求，同时墙体布置也确定了房屋的荷载传递路线、构件之间的连接方式、结构的刚度、承载能力及整体性等受力性能，必须满足结构方面的要求。合理布置承重墙体是保证房屋具有足够的承载力和刚度，保证结构安全可靠和能够正常使用的关键，特别是在抗震设防的地区及地基条件差的场地上，合理布置墙体极为重要。布置墙体时应充分考虑房屋的使用要求、承重体系的特点、地质条件、材料供应和施工等因素，做到安全适用、技术先进、经济合理。

二、承重墙体的布置

砌体结构房屋中沿房屋平面短边方向布置的墙体称为横墙，沿房屋平面长边方向布置的墙体称为纵墙。根据竖向荷载传递路径的不同，砌体结构房屋的承重体系分为：①纵墙承重体系；②横墙承重体系；③纵、横墙承重体系。

1. 纵墙承重体系

纵墙承重体系是指由屋面、楼面传来的荷载由纵墙承担的结构体系。图 3-1（a）所示为纵墙承重体系的砌体结构平面布置。纵墙承重体系中楼板通常搁置梁上，梁搁置在纵墙上，这时楼（屋）面荷载首先由屋面板传给屋面梁，再由屋面梁传给纵墙。在跨度较小的房屋中，楼板也可以直接搁置在纵墙上，这时楼（屋）面荷载直接传给纵墙。因此，可看出纵墙承重体系中荷载的传递路径为：楼（屋）面→纵墙→基础→地基。

纵墙承重体系有以下特点：

（1）纵墙是主要承重墙。横墙的作用主要是满足房间的使用要求，保证纵墙的侧向稳定和房屋的整体刚度，因此房屋的划分比较灵活，易于大开间房间的布置。

（2）纵墙承受较大荷载，设置在纵墙上的门窗洞口的大小和位置都受到一定程度的限制。

（3）纵墙间距一般较大，横墙数量相对较少，房屋的空间刚度较小，整体性较差。

（4）楼盖结构相对复杂，楼盖的材料用量较多，墙体的材料用量较少。

纵墙承重体系主要用于有大空间要求的房屋，如教学楼、图书馆、食堂、俱乐部以及中小型工业厂房等单层和多层空旷房屋。

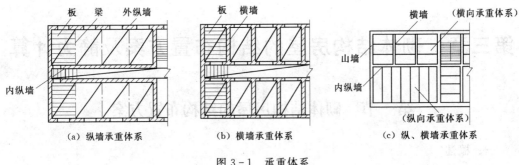

图 3-1　承重体系

2. 横墙承重体系

横墙承重体系是指楼（屋）面传来的荷载直接由横墙承担的承重体系。图 3-1（b）所示为横墙承重体系砌体结构平面布置。横墙承重体系中楼板一般直接搁置在横墙上，这时楼（屋）面荷载直接传给横墙。因此，可看出横墙承重体系中荷载的传递路径为：楼（屋）面→横墙→基础→地基。

横墙承重体系有以下特点：

（1）横墙是主要的承重墙。纵墙的作用主要是围护、隔断以及与横墙拉结在一起，保证横墙的侧向稳定。

（2）纵墙不承重，纵墙上可以开较大的门窗洞口，获得良好的采光性能，可以比较灵活地处理建筑立面。

（3）横墙数量多、间距小（一般为 3~4.5m），虽然平面布置受到较大限制，不易获得大空间房间，但横墙与纵墙及楼（屋）盖拉结后形成了性能良好的空间受力体系，房屋的横向刚度大、整体性好，抵抗风荷载、地震作用及调整地基不均匀沉降的能力强。

（4）楼盖结构简单，施工方便，楼盖的材料用量较少，但墙体的用料较多。横墙承重体系不易使房间有较大的空间，主要用于由小开间房间组成的宿舍、住宅、旅馆等居住建筑和办公楼等。横墙承重体系的承载力和刚度比较易于满足要求，由于墙体多，可用于建造较高的房屋。

3. 纵、横墙承重体系

纵、横墙承重体系是指楼（屋）面荷载由纵墙和横墙共同承担，即部分荷载传递到横墙、部分荷载传递到纵墙的承重体系。图 3-1（c）所示为纵、横墙承重体系的结构平面布置。纵、横墙承重体系中楼板一般直接搁置在纵、横墙上，楼（屋）面荷载直接传给纵、横墙。因此，可看出纵、横墙承重体系中荷载的传递路径为：楼（屋）面→横墙及纵墙→基础→地基。

纵、横墙承重体系的特点介于纵墙承重体系与横墙承重体系之间，有以下几点：

（1）结构平面布置较为灵活，开间可比横墙承重体系大，可以布置较大空间的房间。

（2）纵、横墙均承受楼（屋）面传来的荷载，纵墙与横墙的数量接近，房屋的纵、横两个方向均有较好的空间刚度和抵抗水平荷载的能力。

纵、横墙承重体系既可使房间有较大的空间，又具有较好的空间刚度，主要用于教学楼、办公楼及医院等建筑。

三、墙体的布置原则

砌体结构房屋应该具有足够的承载力和刚度，还应该具有抵抗温度变形、砌体收缩变形和地基不均匀沉降的能力。在砌体结构中，墙体承受着施工及使用过程中各种荷载和地基不均匀沉降、温度、收缩等作用，是砌体结构的重要承力构件。如果砌体结构中的墙体布置不当，则可能使抗拉强度本来就很差的砌体墙产生各种裂缝，甚至造成工程事故。因此，在砌体结构设计中最为重要的是墙体的布置，正确地布置墙体，充分发挥其作用，是墙体设计中的关键。

墙体布置时首先要明确房屋的承重体系，按照承重体系设计传力路径，合理布置墙体，确保传力路径简洁、可靠，施工方便。应尽可能使房屋静力计算方案为刚性方案。在抗震设防地区，应使楼层平面质量与刚度较为均匀，避免房屋竖向刚度的突变。

墙体布置时纵墙、横墙都应尽可能拉通，避免错位、中部断开和转折，避免在纵、横墙交接处开洞，纵、横墙应同时砌筑互相咬合，并按构造规定设置拉结筋，以增加房屋的整体刚度和调整不均匀沉降能力。

应控制房屋的长高比，并力求房屋的体型简单、高差小。对体系复杂或高差较大的房屋宜用沉降缝将其划分成若干个体型简单的单元。

应尽量使墙体承受轴心压力或小偏心压力。墙体洞口宜上下对齐，使传力路径明确、简洁。

第二节　砌体结构房屋的静力计算方案

一、房屋的空间工作性能

砌体结构房屋由楼（屋）盖、纵墙、横墙、柱和基础等承重构件协同工作形成空间受力体系，共同承受竖向荷载和水平荷载的作用。空间受力体系在荷载作用下的变形及荷载传递途径均与平面受力体系不同。

如图 3-2（a）所示，两端没有山墙的单层房屋，在水平均布荷载作用下，整个房屋墙顶的水平位移相同。因此，可取出其中的一段作为计算单元。墙顶的水平位移为 u_p，其大小取决于墙体的刚度。

如图 3-2（b）所示，两端有山墙的单层房屋，在水平均布荷载作用下，受到两端山墙的约束作用，整个房屋墙顶的水平位移不再相同。靠近山墙处的墙顶水平位移小，远离山墙处的墙顶水平位移大。这是由于山墙、横墙、屋盖、纵墙共同工作，房屋作为一个空间体系整体受力，水平荷载不仅在纵墙和屋盖组成的平面排架内传递，而且还通过屋盖向山墙传递。这种房屋作为一个空间体系整体受力的性能，称为房屋的空间工作性能。

在水平均布荷载作用下，两端有山墙的单层房屋墙顶水平位移可看作两部分的叠加：一部分为屋盖在其身平面内的弯曲变形，其中部墙顶的最大水平变形为 u_1；另一部分为山墙受到屋盖梁传来的荷载作用下产生的水平侧移 u。即房屋纵墙顶的最大水平位移 u_s 为屋盖中部最大水平变形 u 与山墙顶水平侧移 u_1 之和，即 $u_s = u + u_1$。由于空间受力体系中横墙（山墙）的协同工作限制了房屋的水平位移，因此空间受力体系中的墙顶的水平位移 u_s 比平面受力体系中的墙顶水平位移 u_p 小，即 $u_s < u_p$。u_s 的大小主要取决于两端山墙

（横墙）间的水平距离、屋盖的水平刚度及山墙在自身平面内的刚度。横墙间距大时屋盖的水平方向跨度大，屋盖中部的受弯变形大；水平面内刚度小的屋盖中部的变形大；刚度小的横墙墙顶侧移大。

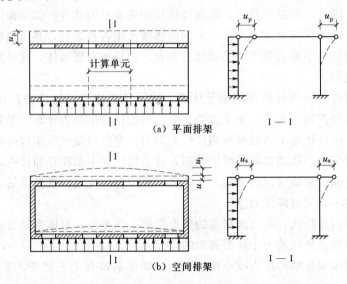

(a) 平面排架

(b) 空间排架

图 3-2　单层纵墙承重体系

　　房屋空间作用的大小可用空间性能影响系数 η 表示。η 按式（3-1）计算，即

$$\eta=\frac{u_s}{u_p} \tag{3-1}$$

式中　u_p——平面排架顶点的水平位移；

　　　　u_s——房屋中间计算单元墙顶的水平位移。

　　η 值越大，表明房屋的水平位移越接近平面排架的位移，表明房屋空间刚度较差；反之，η 值越小，房屋的水平位移与平面排架的水平位移差距越大，表明房屋的空间刚度越好。因此，η 又称为考虑空间工作后的侧移折减系数。房屋各层的空间性能影响系数 η_i 可根据屋盖或楼盖的类别及横墙间距按表 3-1 查用。

表 3-1　　　　　　　　　　房屋各层的空间性能影响系数 η_i

屋盖或 楼盖类别	横墙间距 s/m														
	16	20	24	28	32	36	40	44	48	52	56	60	64	68	72
1					0.33	0.39	0.45	0.50	0.55	0.60	0.64	0.68	0.71	0.74	0.77
2		0.35	0.45	0.54	0.61	0.68	0.73	0.78	0.82						
3	0.37	0.49	0.60	0.68	0.75	0.81									

注　i 取 1～n，n 为房屋的层数。

二、房屋静力计算方案的分类

　　砌体结构房屋作为空间体系整体受力共同承受作用在房屋上的荷载，在进行房屋的静力分析时，首先应根据房屋的空间刚度确定其静力计算方案，然后采取不同的计算方法进行内力计算。根据房屋空间刚度的大小把房屋的静力计算方案分为刚性方案、弹性方案、刚弹性方案 3 种。

1. 刚性方案

当房屋的横墙间距较小且屋盖（楼盖）的刚度较大时，房屋的空间刚度较大。在水平荷载作用下，房屋的水平位移很小，可假定墙、柱顶端的水平位移为 0。其计算简图可以忽略房屋的水平位移的影响，把楼盖和屋盖视为墙、柱的不动铰支座。墙、柱按下端嵌固于基础，上端有侧向不动铰支承的无侧移竖向构件计算，图 3-3（a）所示为单层刚性方案房屋墙体的计算简图。房屋空间性能影响系数 $\eta < 0.33$ 的房屋均可按这种方法进行静力计算，这类房屋属刚性方案房屋。刚性方案房屋的计算简图为：屋盖和墙顶之间铰接，墙底固定于基础顶面的无侧移平面排架。

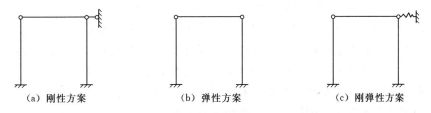

（a）刚性方案　　　　　（b）弹性方案　　　　　（c）刚弹性方案

图 3-3　单层单跨房屋墙体的计算简图

2. 弹性方案

当横墙间距很大或无横墙（山墙），屋盖和楼盖的水平刚度很小时，房屋的空间刚度也很小。在水平荷载作用下，房屋的水平位移很大，与单榀排架受力时的水平位移基本一样，这时不用考虑结构的空间作用，其静力计算按墙柱上端为铰接，下端固定于基础，不考虑空间工作的平面排架来计算，图 3-3（b）所示为单层弹性方案房屋墙体的计算简图。房屋空间性能影响系数 $\eta > 0.82$ 时，空间作用的影响可以忽略，这类房屋属弹性方案房屋。弹性方案房屋的计算简图为：屋架或大梁与墙（柱）顶之间铰接，墙底固定于基础顶面的有侧移平面排架。

在水平荷载作用下弹性方案房屋的墙顶水平位移大，墙内存在较大的弯矩，将引起墙内部分截面退出工作，所以应该尽可能避免采用弹性方案。

3. 刚弹性方案

房屋的空间刚度介于刚性方案与弹性方案之间时，在水平荷载的作用下，水平位移比弹性方案房屋小，但又不能忽略不计。其静力计算可根据房屋空间刚度的大小，按考虑房屋空间工作的排架来计算，图 3-3（c）所示为单层刚弹性方案房屋墙体的计算简图。房屋空间性能影响系数 $0.33 < \eta < 0.82$ 时，按这种方法进行静力计算。这类房屋属刚弹性方案房屋。刚性方案房屋的计算简图为：屋盖和墙顶之间铰接，墙底固定于基础顶面，无墙顶侧移的平面排架。刚弹性方案房屋的计算简图为：屋盖和墙顶之间铰接，墙底固定于基础顶面，墙顶有弹性支撑的有侧移平面排架。

按实际情况考虑房屋结构存在的空间作用，通过划分静力计算方案把空间结构转化为平面结构来计算。在计算中通过空间性能影响系数 η 反映房屋结构空间作用的大小。

三、静力计算方案的确定

设计计算时根据屋（楼）盖水平刚度的大小和横墙间距两个主要因素，由表 3-2 确定房屋的静力计算方案。

表 3 – 2 <center>**房屋的静力计算方案**</center>

	屋盖或楼盖类别	刚性方案	刚弹性方案	弹性方案
1	整体式、装配整体式和装配式无檩体系钢筋混凝土屋盖或钢筋混凝土屋盖	$s<32$	$32\leqslant s\leqslant72$	$s>72$
2	装配式有檩体系钢筋混凝土屋盖、轻钢屋盖和有密铺望板的木屋盖或木楼盖	$s<20$	$20\leqslant s\leqslant48$	$s>48$
3	瓦材屋面的木屋盖和轻钢屋盖	$s<16$	$16\leqslant s\leqslant36$	$s>36$

注 1. 表中 s 为房屋横墙间距，其长度单位为 m。
  2. 对无山墙或伸缩缝处无横墙的房屋，应按弹性方案考虑。

房屋的上、下层可属于不同类别的静力计算方案。如顶层为礼堂、活动室等大空间，以下各层为办公室的多层砌体房屋即构成了上柔下刚的多层房屋结构。这类房屋的顶层可按单层房屋计算，其空间性能影响系数可根据屋盖类别按表 3 – 1 选用。

四、刚性和刚弹性方案房屋的横墙要求

刚性和刚弹性方案房屋的横墙，应符合下列要求：

（1）横墙中开有洞口时，洞口的水平截面面积不应超过横墙截面面积的 50％。

（2）横墙的厚度不宜小于 180mm。

（3）单层房屋的横墙长度不宜小于其高度，多层房屋的横墙长度不宜小于横墙总高度的一半。

当横墙不能同时符合上述要求时，应对横墙的刚度进行验算。如横墙的最大水平位移值 $u_{max}\leqslant H/4000$ 时，该横墙仍视作刚性或刚弹性方案房屋的横墙。凡符合此刚度要求的一段横墙或其他结构构件（如框架等），均可视作刚性或刚弹性方案房屋的横墙。

单层房屋的横墙在水平力作用下产生的水平位移由弯曲和剪切产生的水平位移两部分组成，计算单层房屋的横墙在水平集中力 F_1 作用下的最大水平位移时应考虑墙体的弯曲变形和剪切变形，即水平位移由弯曲和剪切产生的水平位移相叠加而得。当门窗洞口的水平截面面积不超过横墙全截面面积的 75％ 时，可近似按墙体的毛截面计算横墙顶点的最大水平位移，即

$$u_{max}=\frac{F_1H^3}{3EI}+\frac{\xi F_1H}{GA}=\frac{nFH^3}{6EI}+\frac{1.5nFH}{EA} \tag{3-2}$$

其中
$$F=F_w+R$$

式中 u_{max}——横墙顶点的最大水平位移；

  F_1——作用于横墙顶端的水平集中荷载，$F_1=0.5nF$；

  n——与该横墙相邻的两横墙间的开间数（图 3 – 4）；

  F——折算水平荷载；

  F_w——屋面风荷载折算为作用在每个开间柱顶处的水平集中风荷载；

  R——假定排架无侧移时，由作用在每个开间纵墙上的均布荷载所求出的柱顶反力；

  H——从基础顶面算起的横墙高度；

E——砌体的弹性模量；

I——横墙的惯性矩，为简化计算，可近似地取横墙毛截面惯性矩；当横墙与纵墙连接时，可按Ⅰ形或〔形截面计算。与横墙共同工作的纵墙，从横墙中心线算起的翼缘宽度每边取 $s=0.3H$；

ξ——剪应力分布不均匀系数，$\xi=1.2$；

A——横墙水平截面面积，可近似取毛截面面积；

G——砖砌体的剪变模量，$G\approx0.4E$。

多层房屋横墙的最大水平侧移由各层水平侧移叠加得到，即

$$u_{\max}=\frac{n}{6EI}\sum_{i=1}^{m}F_iH_i^3+\frac{1.5n}{EA}\sum_{i=1}^{m}F_iH_i \qquad (3-3)$$

式中　m——房屋总层数；

F_i——假定每开间均为不动铰支座时，第 i 层的支座反力；

H_i——第 i 层楼面到基础面的高度。

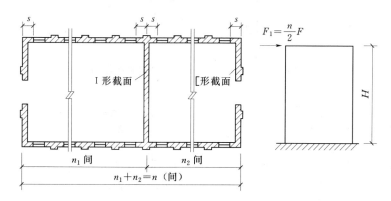

图 3-4　水平位移计算示意图

第三节　砌体结构房屋的内力计算

一、刚性方案房屋的内力计算

（一）单层刚性方案房屋的计算

1. 计算单元与计算简图

单层刚性方案房屋结构应选取有代表性的一个开间作为计算单元。纵墙上开有门窗洞口时，取窗间墙截面作为计算截面。承重纵墙或横墙没有门窗洞口时，可取 1m 墙长为计算单元。

刚性方案房屋结构纵墙顶端的水平位移很小，内力分析时可认为水平位移为零。计算时采用下列两条假定：

（1）纵墙、柱下端与基础固结，上端与屋盖大梁（屋架）铰接。

（2）屋盖刚度无限大，可视为墙、柱的水平方向不动铰支座。

根据上述假定，可将结构简化为单层单跨无侧移排架，如图 3-5（a）所示。

2. 荷载及内力分析

由于墙顶无侧移，A、B 两墙可以单独进行内力分析。

作用在墙体上的荷载有：

（1）竖向荷载。竖向荷载包括屋面荷载及墙体自重，屋面荷载包括屋面恒荷载、屋面活荷载或雪荷载，它们通过屋架或屋面梁以集中力 N_1 的形式作用于墙体顶部，N_1 往往不会作用于墙体的中心线上，而是存在偏心，因此屋面荷载由轴心力 N_1 和弯矩 M_1 组成。对屋架，N_1 作用点一般距墙体中心线 150mm，则 $e_1 = h/2 - 150$；对屋面梁，N_1 距墙体边缘的距离为 $0.4a_0$，则 $e_1 = h/2 - 0.4a_0$，a_0 为梁端有效支承长度［图 3-5（b）］。由屋面荷载产生的内力［图 3-5（c）］为

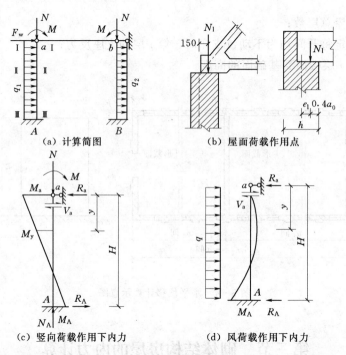

（a）计算简图　　　　　　　（b）屋面荷载作用点

（c）竖向荷载作用下内力　　　　（d）风荷载作用下内力

图 3-5　刚性方案单层房屋墙、柱内力分析

$$R_a = -R_A = -\frac{3M_1}{2H}$$

$$V_a = V_A = \frac{3M_1}{2H}$$

$$M_a = M_1 = N_1 e_1 \qquad\qquad (3-4)$$

$$M_A = -\frac{M_1}{2}$$

$$M_y = \frac{M_1}{2}\left(2 - \frac{3y}{H}\right)$$

对等截面的墙和柱，其自重只产生轴力。但对变截面阶形的墙和柱，上阶墙柱的自重 G_1 对下阶墙柱各截面产生弯矩 $M = G_1 e_1$（e_1 为上、下阶墙柱轴线间的距离）。

（2）水平荷载。水平荷载包括作用于屋面上的风荷载和墙面上的风荷载。屋面上（包括女儿墙上）的风荷载可简化为作用于墙、柱顶部的集中荷载 F_w，它直接通过屋盖经横墙传给基础和地基，在纵墙内不产生内力，故纵墙计算中可不考虑屋面风荷载 F_w 的作用。作用于墙面上的风荷载一般简化为沿高度均匀分布的线荷载 q。按迎风面、背风面分别考虑。在 q 作用下，墙体的内力［图 3 - 5（d）］为

$$
\left.
\begin{aligned}
V_A &= R_A = \frac{5}{8}qH \\[4pt]
V_a &= -R_a = -\frac{3}{8}qH \\[4pt]
M_A &= \frac{1}{8}qH^2 \\[4pt]
M_y &= -\frac{1}{8}qHy\left(3 - \frac{4y}{H}\right)
\end{aligned}
\right\}
\tag{3-5}
$$

且当 $y = \dfrac{3}{8}H$ 时，$M_{max} = -\dfrac{9}{128}qH^2$。迎风面 $q = q_1$，背风面 $q = q_2$。

3. 控制截面与承载力验算

设计时，应先求出各种荷载单独作用下的内力，然后将可能同时作用的荷载产生的内力进行组合，求出控制截面中的最大内力，作为选择墙截面尺寸和进行承载力验算的依据。

需进行承载力验算的控制截面有 3 个［图 3 - 5（a）］：一是墙、柱的上端截面Ⅰ—Ⅰ，该处既应按偏心受压构件计算偏心受压承载力，又要验算屋架（屋面梁）下砌体的局部受压承载力；二是墙、柱的下端截面Ⅲ—Ⅲ，该处承受有最大的轴向力和相应的弯矩，应按偏心受压构件计算受压承载力；三是水平均布荷载作用下的最大弯矩截面Ⅱ—Ⅱ，该处轴力和弯矩都较大，应按偏心受压构件计算受压承载力。

（二）多层刚性方案房屋结构的计算

1. 承重纵墙的计算

（1）计算单元。对于开有门窗洞口的纵墙，通常取一个开间为计算单元。开有门窗洞口的纵墙，则取相邻洞口中心线间墙（窗间墙）截面为计算截面，见图 3 - 6。

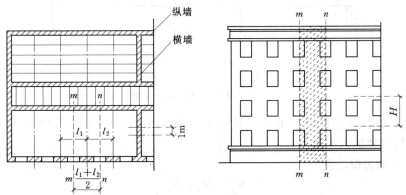

图 3 - 6 多层刚性方案房屋计算单元

（2）竖向荷载作用下的计算。

1）计算简图。在竖向荷载作用下，纵墙计算单元如同一竖向连续梁，屋盖、各层楼盖与基础顶面作为该竖向连续梁的支承点，如图 3-7（b）所示。

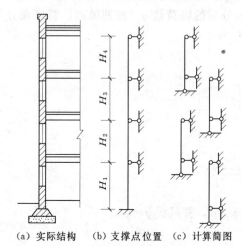

（a）实际结构　（b）支撑点位置　（c）计算简图

图 3-7　刚性方案多层墙体在竖向
荷载作用下的计算简图

由于在楼盖处受到伸入墙体内的梁、板的影响，墙体的截面受到了削弱，影响了墙体的连续性。被削弱位置处的墙体所能传递的弯矩很小，故可近似地假定墙体在楼盖处与基础顶面处均为铰接，墙体在每层高度范围内可视为两端铰支的竖向构件 ［图 3-7（c）］，每层墙体可按竖向放置的简支构件独立进行内力分析。

在计算简图 3-7（c）中，底层构件长度取基础顶面（或室内、外地面下 300～500mm 处）到楼板底面的距离（H_1），其余各层去层高（H_2、H_3、…）。

2）荷载及内力分析。上层传来的竖向荷载 N_u 作用于上层墙柱的轴线上，本层楼盖传给墙体的竖向荷载 N_l 不作用于墙的轴线上，而是有一定的偏心，应考虑它的偏心影响，当梁支承于墙上时，考虑梁端支承压应力的不均匀分布，梁端支承压力 N_l 到墙边的距离应取 $0.4a_0$，a_0 为梁端有效支承长度。取本层墙体自重 G 作用于本层底部墙体截面轴线上。

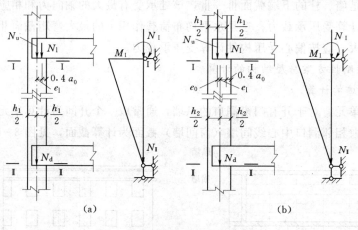

图 3-8　竖向荷载作用点位置

当上、下层墙厚相同时，上层墙体传来的轴向力对本层墙体是轴心力 ［图 3-8（a）］，第 i 层墙体的内力为

Ⅰ—Ⅰ截面为偏心受压

$$N_{\text{Ⅱ}} = N_u + N_l$$
$$M_{\text{Ⅰ}} = N_l e_l \qquad\qquad (3-6)$$

Ⅱ—Ⅱ截面为轴心受压

$$N_{\text{II}} = N_u + N_l + N_d$$
$$M_{\text{II}} = 0 \tag{3-7}$$

当上、下层墙厚不同时，上层墙体传来的轴向力对本层墙体将产生偏心距［图 3-8 (b)］。内力为

Ⅰ—Ⅰ截面为偏心受压

$$N_{\text{I}} = N_u + N_l$$
$$M_{\text{I}} = N_l e_1 - N_u e_0 \tag{3-8}$$

Ⅱ—Ⅱ截面为轴心受压

$$N_{\text{II}} = N_u + N_l + N_d$$
$$M_{\text{II}} = 0 \tag{3-9}$$

式中　e_1——N_l 对墙体截面重心线的偏心距；

　　　　e_0——上、下墙体截面重心线的偏心距。

（3）水平荷载作用下的计算。在水平荷载（如风荷载）作用下纵墙计算单元可视为竖向连续梁（图 3-9）。风荷载设计值作用下纵墙计算单元的跨中弯矩及支座弯矩为

$$M = \frac{wH_i^2}{12} \tag{3-10}$$

式中　H_i——第 i 层层高；

　　　　w——计算单元上沿楼层高均匀分布的风荷载设计值。

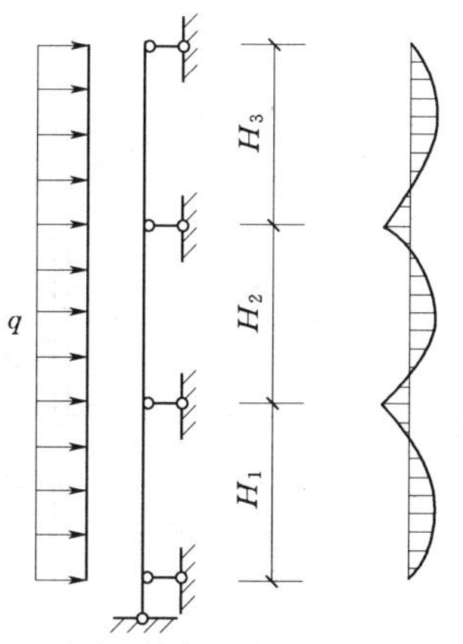

对刚性方案的房屋，风荷载所引起的内力，往往不足全部内力的 5%，而且风荷载参与组合时，可以乘以小于 1 的组合系数。因此，当刚性方案多层房屋的外墙符合下列要求时，可不考虑风荷载的影响，仅需计算竖向荷载作用下的内力：

1）洞口水平截面面积不超过全截面面积的 2/3。

2）层高和总高不超过表 3-3 的规定。

3）屋面自重不小于 0.8kN/m^2。

图 3-9　风荷载作用下的计算简图

表 3-3　　　　　　　　外墙不考虑风荷载影响时的最大高度

基本风压值 /(kN/m²)	层高 /m	总高 /m
0.4	4.0	28
0.5	4.0	24
0.6	4.0	18
0.7	3.5	18

注　对于多层混凝土砌块房屋，当外墙厚度不小于 190mm、层高不大于 2.8m、总高不大于 19.6m、基本风压不大于 0.7kN/m^2 时，可不考虑风荷载的影响。

（4）控制截面与承载力验算。刚性方案多层承重纵墙，每层墙体需对两个控制截面Ⅰ—Ⅰ和Ⅱ—Ⅱ进行承载力验算。Ⅰ—Ⅰ截面位于该层墙体顶部大梁（或板）底；Ⅱ—Ⅱ

截面位于该层墙体下部大梁（或板）顶稍上的截面，对底层墙体的Ⅱ—Ⅱ截面可取基础顶面处截面。

在截面Ⅰ—Ⅰ处应按偏心受压验算承载力，并验算梁下砌体的局部受压承载力。在截面Ⅱ—Ⅱ处应按轴心受压验算承载力。当几层墙体的截面和材料强度等级相同时，只需验算内力最大的底层；否则应取截面或材料强度等级变化层分别进行验算，并考虑上部荷载对下层墙体的偏心影响。

2. 承重横墙的计算

(1) 计算单元与计算简图。横墙的计算与纵墙类似，通常取宽度为1m的横墙作为计算单元。每层横墙视为两端铰支的竖向构件。每层构件高度 H 的取值与纵墙相同，当顶层为坡顶时，其层高取层高加山墙尖高的 $1/2$（图 3-10）。

(2) 荷载分析。横墙承担有自重、本层两侧楼（屋）盖传来的力 N_1、N_1' 以及上部墙体传来的轴力 N_0（图 3-11），N_0 包括屋盖和楼盖的永久荷载和活荷载以及上部墙体的自重。

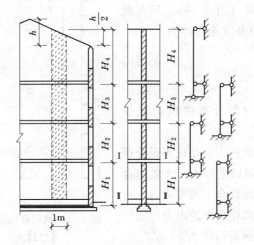

图 3-10　横墙计算简图

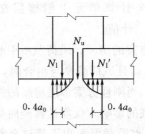

图 3-11　横墙承受的荷载

(3) 控制截面与承载力验算。承重横墙的控制截面与承重纵墙相同。当墙两侧开间相等且楼面荷载相等时，楼盖传来的轴向力 N_1 与 N_1' 相同，一般按轴心受压计算，此时可只以各层墙体底部截面Ⅱ—Ⅱ作为控制截面计算截面的承载力，该截面轴力最大。若相邻两开间不等或楼面荷载不相等时横墙两边楼盖传来的荷载不同，则作用于该层墙体顶部Ⅰ—Ⅰ截面的荷载为偏心荷载，Ⅰ—Ⅰ截面应按偏心受压验算截面承载力。有梁时，还需验算梁端砌体局部受压承载力。

【例 3-1】　某办公楼采用装配式钢筋混凝土梁板结构，地上共5层，如图 3-12 所示。梁截面尺寸为 200mm×500mm，梁端伸入墙内 240mm，大梁间距为 3.6m，墙顶大梁反力偏心距为 51.2mm。墙厚均为 240mm，双面粉刷的 240mm 厚砖墙自重为 5.24kN/m²，砖墙采用 MU10 普通烧结砖和 MU7.5 混合砂浆砌筑，试确定外承重纵墙控制截面的内力。

屋面荷载：屋面恒荷载标准值为 3.54kN/m²；屋面活荷载标准值为 0.5kN/m²，组合

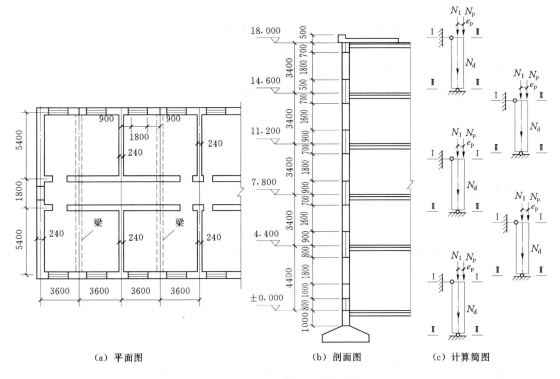

（a）平面图　　　　　　　（b）剖面图　　　　　　（c）计算简图

图 3-12　例 3-1 图

系数 $\varphi_c = 0.7$。

楼面恒荷载标准值为 2.94kN/m^2；楼面活荷载标准值为 2.0kN/m^2，组合系数 $\varphi_c = 0.7$。

墙体荷载：双面粉刷的 240mm 厚砖墙自重为 5.24kN/m^2，铝合金窗 0.25kN/m^2。

梁自重：$25 \times 0.2 \times 0.5 = 2.5 \text{kN/m}$。

基本风压为 0.35kN/m^2（B 类）。

解：

（1）静力计算方案。根据屋盖（楼盖）类型及横墙间距，查得该房屋属于刚性方案房屋，且可不必考虑风荷载的影响。

（2）外纵墙内力计算。

1）计算单元。外纵墙取一个开间为计算单元，根据梁板布置情况，取图中斜虚线部分为外纵墙计算单元的受荷面积。

2）控制截面。每层纵墙取两个控制截面，墙上部取梁底下砌体截面，该截面弯矩最大；墙下部取梁底稍上砌体截面，该截面轴力最大，其计算均取窗间墙截面。

1～5 层 240mm 厚墙的截面面积为

$$A_1 = A_2 = A_3 = A_4 = A_5 = 240 \times 1800 = 432000 (\text{mm}^2) = 0.432 (\text{m}^2)$$

3）各层墙体内力标准值计算。

a. 各层墙重。

a）第 5 层 I—I 截面以上 240mm 墙体自重（高度为 $0.5 + 0.12 + 0.02 = 0.64 \text{m}$）为

$$G_k = 1.2 \times 3.6 \times 0.64 \times 5.24 = 14.50 \text{(kN)}$$

b）第 2～5 层 Ⅱ—Ⅱ 截面到 Ⅰ—Ⅰ 截面 240mm 厚墙体自重为

$$G_{2k} = G_{3k} = G_{4k} = (3.6 \times 3.4 - 1.5 \times 1.8) \times 5.24 + 1.5 \times 1.8 \times 0.25 = 50.66 \text{(kN)}$$

c）底层墙重（大梁底面到基础顶面）。

$$G_{1k} = \left[3.6 \times \left(4.4 + 1.0 - \frac{0.24}{2} - 0.5 \right) - 1.8 \times 1.5 \right] \times 5.24 + 1.8 \times 1.5 \times 0.25 = 8.14 \text{(kN)}$$

b．屋面梁支座反力。

由恒载标准值传来 $N_{l5gk} = \dfrac{1}{2}(3.54 \times 3.6 \times 5.4 + 2.5 \times 5.4) = 41.16 \text{(kN)}$

由活载标准值传来 $N_{l5qk} = \dfrac{1}{2} \times 0.5 \times 3.6 \times 5.4 = 4.86 \text{(kN)}$

c．楼面梁支座反力。

由恒载标准值传来 $N_{l1gk} = N_{l2gk} = N_{l3gk} = N_{l4gk} = \dfrac{1}{2} \times (2.94 \times 3.6 \times 5.4 + 2.5 \times 5.4) = 35.33 \text{(kN)}$。

由活载标准值传来 $N_{l1qk} = N_{l2qk} = N_{l3qk} = N_{l4qk} = \dfrac{1}{2} \times 2.0 \times 3.6 \times 5.4 = 19.44 \text{(kN)}$

（3）内力组合。

1）一层墙 Ⅰ—Ⅰ 截面（考虑 2～4 层楼面活荷载折减系数 0.85）。

a．第一种组合（由可变荷载效应控制的组合 $\gamma_G = 1.2$，$\gamma_Q = 1.4$）。

$$N_{1\text{I}} = 1.2(G_k + G_{ik} + N_{l1gk} + N_{ligk}) + 1.4 \left(N_{l5qk} + 0.85 \sum_{i=1}^{4} N_{liqk} \right)$$

$$= (14.5 + 50.66 \times 4 + 35.33 \times 3 + 41.16) \times 1.2 + 1.4 \times [4.86 + 0.85 \times (19.44 \times 4)]$$

$$= 536.49 \text{(kN)}$$

$$N_{l1} = 1.2 N_{l1gk} + 1.4 N_{l1qk} = 1.2 \times 35.33 + 1.4 \times 19.44 = 64.75 \text{(kN)}$$

$$e_1 = \frac{N_{l1} e_{l1}}{N_{1\text{I}}} = \frac{64.75 \times 51.2}{536.49} = 6.2 \text{(mm)}$$

b．第二种组合（由永久荷载效应控制的组合 $\gamma_G = 1.35$，$\gamma_Q = 1.4$，$\varphi_c = 0.7$）。

$$N_{1\text{I}} = 1.35(G_k + G_{ik} + N_{l1gk} + N_{ligk}) + 1.4 \times 0.7 \left(N_{l5qk} + 0.85 \sum_{i=1}^{4} N_{liqk} \right)$$

$$= (14.5 + 50.66 \times 4 + 35.33 \times 3 + 41.16) \times 1.35 + 1.4 \times 0.7 \times [4.86 + 0.85 \times (19.44 \times 4)]$$

$$= 561.33 \text{(kN)}$$

$$N_{l1} = 1.35 N_{l1gk} + 1.4 \times 0.7 N_{l1qk} = 1.35 \times 35.33 + 1.4 \times 0.7 \times 19.44 = 66.75 \text{(kN)}$$

$$e_1 = \frac{N_{l1} e_{l1}}{N_{1\text{I}}} = \frac{66.75 \times 51.2}{561.33} = 6.1 \text{(mm)}$$

2）一层墙 Ⅱ—Ⅱ 截面。

a．第一种组合（由可变荷载效应控制的组合 $\gamma_G = 1.2$，$\gamma_Q = 1.4$）。

$$N_{1\text{II}} = 1.2 G_{1k} + N_{1\text{I}} = 1.2 \times 81.41 + 536.49 = 634.18 \text{kN}$$

b．第二种组合（由永久荷载效应控制的组合 $\gamma_G = 1.35$，$\gamma_Q = 1.4$，$\varphi_c = 0.7$）。

$$N_{1\text{II}} = 1.35 G_{1k} + N_{1\text{I}} = 1.35 \times 81.41 + 561.33 = 671.23 \text{(kN)}$$

3) 二至四层墙 Ⅰ—Ⅰ 截面。

a. 第一种组合（由可变荷载效应控制的组合 $\gamma_G=1.2$，$\gamma_Q=1.4$）。

$$N_{2\rm I} = 1.2(G_k+G_{ik}+N_{l2gk}+N_{ligk})+1.4\sum_{i=2}^{5}N_{liqk}$$
$$=(14.5+50.66\times3+35.33\times3+41.16)\times1.2+1.4\times63.18$$
$$=464.81(\rm kN)$$

同理 $N_{3\rm I}=334.29\rm kN$，$N_{4\rm I}=204.00\rm kN$

$$N_{l2}=1.2N_{l2qk}+1.4N_{l2qk}=1.2\times35.33+1.4\times19.44=64.75\rm kN=N_{l3}=N_{l4}$$

$$e_2=\frac{N_{l2}e_{l2}}{N_{2\rm II}}=\frac{64.75\times51.2}{589.72}=5.6\rm mm,同理\,e_3=9.9mm,e_4=16.2mm$$

b. 第二种组合（由永久荷载效应控制的组合 $\gamma_G=1.35$，$\gamma_Q=1.4$，$\varphi_c=0.7$）。

$$N_{2\rm I} = 1.35(G_k+G_{ik}+N_{l2gk}+N_{ligk})+1.4\times0.7\sum_{i=2}^{5}N_{liqk}$$
$$=(14.5+50.66\times3+35.33\times3+41.16)\times1.35+1.4\times0.7\times63.18$$
$$=485.32(\rm kN)$$

同理，$N_{3\rm II}=350.18\rm kN$，$N_{4\rm II}=215.01\rm kN$，

$$N_{l2}=1.35N_{l2gk}+1.4\times0.7N_{l2qk}=1.35\times35.33+1.4\times0.7\times19.44=66.75(\rm kN)=N_{l3}=N_{l4}$$

$$e_2=\frac{N_{l1}e_{l1}}{N_1}=\frac{66.75\times51.2}{485.32}=7.0\rm mm,同理,e_3=9.8mm,e_4=15.9mm$$

4) 二至四层墙 Ⅱ—Ⅱ 截面。

a. 第一种组合（由可变荷载效应控制的组合 $\gamma_G=1.2$，$\gamma_Q=1.4$）。

$$N_{2\rm II}=1.2G_{2k}+N_{2\rm I}=1.2\times50.66+464.81=525.60(\rm kN)$$

同理 $N_{3\rm II}=395.01\rm kN$，$N_{4\rm II}=264.79\rm kN$。

b. 第二种组合（由永久荷载效应控制的组合 $\gamma_G=1.35$，$\gamma_Q=1.4$，$\varphi_c=0.7$）。

$$N_{2\rm II}=1.35G_{2k}+N_2=1.35\times50.66+485.32=553.71(\rm kN)$$

同理，$N_{3\rm II}=418.57\rm kN$，$N_{4\rm II}=283.40\rm kN$。

二、弹性方案房屋的内力计算

（一）单层弹性方案房屋的计算

1. 计算单元与计算简图

单层弹性方案房屋的静力计算一般取有代表性的一个开间作为计算单元。该计算单元的结构可简化为屋架或大梁与墙（柱）铰接、下端固接于基础顶面的有侧移平面排架（图 3-13），不考虑结构的空间作用，按平面排架进行内力分析，分析时屋架（或屋面梁）可视作刚度无限大的系杆，在荷载作用下不产生拉伸和压缩变形，即柱顶的水平位移位相等。

2. 内力分析

作用在弹性方案单层房屋墙体上的荷

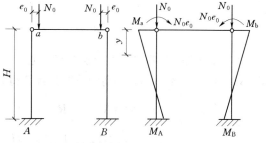

（a）实际荷载作用　　　（b）简化后的荷载作用

图 3-13　弹性方案计算简图

载包括屋面荷载和墙、柱自重等竖向荷载及风荷载等水平荷载，在竖向荷载及水平荷载作用下的内力计算如下：

（1）竖向荷载作用下的内力计算。在竖向荷载作用下，布置、刚度、跨度及荷载对称的单层弹性方案房屋，作用于墙、柱上的竖向力亦对称，平面排架的柱顶没有侧向位移，即柱顶水平位移为零（$\Delta=0$）。因此竖向荷载作用下的弹性方案对称结构房屋的受力特点与刚性方案相同，其内力计算方法也与刚性方案相同。如果房屋不对称，则竖向荷载作用下排架的柱顶将有侧向位移，这时可按下述水平荷载作用下内力的计算方法进行竖向荷载作用下的内力计算。

（2）水平荷载作用下的内力计算。风荷载一部分作用在房屋的屋面，另一部分作用在外墙面。作用于屋面的风荷载一般简化为作用于墙（柱）顶的集中力 F_w；作用于迎风及背风墙面的风荷载一般简化为沿外墙高度均匀分布的线荷载 q_1（q_2）。

单层弹性方案房屋在水平荷载作用下的内力按平面排架进行分析计算，计算简图如图 3-14（a）所示，计算步骤如下：

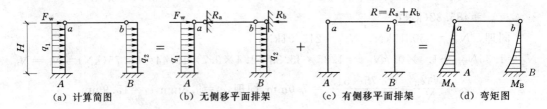

（a）计算简图   （b）无侧移平面排架   （c）有侧移平面排架   （d）弯矩图

图 3-14　弹性方案房屋在风荷载作用下的计算

1）先在排架的梁柱节点施加一个水平不动铰支座，形成无侧移的平面排架［图 3-14（b）］，采用与刚性方案相同的分析方法计算得到墙（柱）顶剪力、墙（柱）弯矩和不动铰支座的反力 R。

$$
\left.
\begin{aligned}
R_a^b &= F_w + \frac{3}{8}q_1 H \\
R_b^b &= \frac{3}{8}q_2 H \\
R &= R_a^b + R_b^b = F_w + \frac{3}{8}(q_1+q_2)H \\
M_A^b &= \frac{1}{8}q_1 H^2 \\
M_B^b &= \frac{1}{8}q_2 H^2
\end{aligned}
\right\}
\tag{3-11}
$$

2）去掉上一步施加的不动铰支座，把上一步求得的不动铰支座反力 R 反方向作用于排架顶端［图 3-14（c）］，用剪力分配法计算得到各墙（柱）顶的剪力及墙（柱）底的弯矩。

$$
\left.
\begin{aligned}
V_a^c = V_b^c &= \frac{1}{2}R \\
M_A^c = M_B^c &= \frac{1}{2}RH = \frac{H}{2}\left[F_w + \frac{3}{8}(q_1+q_2)H\right]
\end{aligned}
\right\}
\tag{3-12}
$$

3）叠加以上两步计算得到的内力计算结果，即得到弹性方案墙（柱）的弯矩［图 3-

14 (d)]。

$$M_A = M_A^b + M_A^c = \frac{1}{2}F_w H + \frac{5}{16}q_1 H^2 + \frac{3}{16}q_2 H^2 \left.\right\}$$

$$M_B = M_B^b + M_B^c = \frac{1}{2}F_w H + \frac{5}{16}q_2 H^2 + \frac{3}{16}q_1 H^2 \left.\right\}$$

(3-13)

3. 控制截面与承载力验算

单层弹性方案房屋的控制截面为柱顶和柱底两个截面，截面承载力验算时应根据使用过程中荷载同时作用的可能性进行组合，并取其最不利者分别按偏心受压构件进行截面承载力验算。墙（柱）顶尚需验算支承处砌体的局部受压承载力。变截面柱尚应验算变阶处截面的承载力。

（二）多层弹性方案房屋的计算

弹性方案的多层房屋空间整体性较差、受力不合理，因此，多层砌体结构房屋应避免设计成弹性方案房屋。

三、刚弹性方案房屋的内力计算

（一）单层刚弹性方案房屋的计算

1. 计算单元与计算简图

单层刚弹性方案房屋的空间刚度介于弹性方案与刚性方案之间。由于房屋的空间作用，墙（柱）顶的水平侧移受到相邻墙（柱）的约束，因此墙（柱）顶的水平侧移比弹性方案房屋墙（柱）顶的水平侧移小，但墙（柱）顶的水平侧移又没有小到可忽略的程度，因此单层刚弹性方案房屋应按考虑空间工作性能的平面排架进行分析。在内力分析时通常在排架柱顶加上一个弹性支座以考虑房屋的空间工作性能，其计算简图是柱顶有弹性支座的平面排架，弹性支座的刚度与房屋的空间性能影响系数有关。计算简图如图 3-15（a）所示。

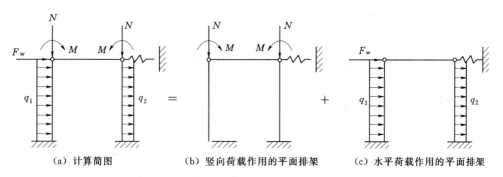

（a）计算简图　　　　　　（b）竖向荷载作用的平面排架　　　　　　（c）水平荷载作用的平面排架

图 3-15　刚弹性方案单层房屋计算简图

2. 内力计算

作用在墙体上的荷载有竖向荷载作用［图 3-15（b）］和水平荷载作用［图 3-15（c）］两部分。

（1）竖向荷载作用下的内力计算。竖向荷载作用下，刚度、跨度及荷载对称的单层刚弹性方案房屋，作用于墙、柱上的竖向力亦对称，平面排架的柱顶没有侧向位移，此时单层刚弹性方案房屋的内力计算方法与刚性方案相同；不对称房屋在竖向荷载作用下的内力计算方法可采用下述水平荷载作用下的内力计算方法进行计算。

（2）水平荷载作用下的内力计算。刚弹性方案房屋的空间作用是不可忽视的，内力分析时通常通过在排架柱顶施加一个弹性支座以考虑屋盖在水平方向对柱顶的约束作用，房屋的空间作用可看作作用在平面排架柱顶的侧向支承力 X，在考虑房屋空间作用后的柱顶水平位移由无空间作用时的 u_p 减小至 ηu_p，即柱顶侧移值减小了 $u_p - \eta u_p = (1-\eta)u_p$。

在水平荷载作用下单层刚弹性方案房屋的受力 ［图3-16（a）］可看作是图3-16（b）和图3-16（c）的叠加，图3-16（b）又可看作是图3-16（d）与图3-16（e）的叠加，即图3-16（a）可看成图3-16（d）、（e）、（f）的叠加。可以看出，图3-16（d）与水平荷载作用下刚性方案的计算图式相同；图3-16（e）、（f）除假设支座反力 R 与弹性支座反力 X 方向相反外，其他都相同。根据位移与力成正比的关系可求得弹性支座反力 X 与不动铰支座反力 R 的关系。

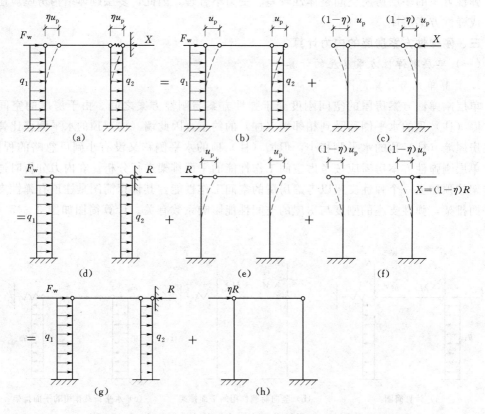

图3-16　刚弹性方案单层房屋在风荷载作用下内力分析简图

$$\frac{u_p}{(1-\eta)u_p} = \frac{R}{X}$$

则

$$X = (1-\eta)R \tag{3-14}$$

图3-19（e）和（f）叠加得到图3-19（h），即柱顶作用力为 $R - X = R - (1-\eta)R = \eta R$。

内力计算步骤如下：

（1）先在平面排架的柱顶端加上一个水平不动铰支座，用求解刚性方案内力的方法求解此无侧移排架［图 3-16（g）］在水平荷载作用下的不动铰支座反力 R 及各柱柱顶的剪力。

（2）将不动铰支座反力 R 与空间性能影响系数 η 的乘积 ηR 反向施加于排架柱顶［图 3-16（h）］，用剪力分配法求解得到各柱柱顶的剪力。

（3）叠加以上两步的内力即为刚弹性方案房屋的内力。

（二）多层刚弹性方案房屋的计算

1. 竖向荷载作用下的内力计算

在竖向荷载作用下，形状较规则的多层多跨房屋产生的水平位移比较小，计算时可忽略水平位移对内力的影响，近似地按多层刚性方案房屋计算其内力。

2. 水平荷载作用下的内力计算

多层房屋与单层房屋的空间作用是不同的，多层房屋的空间作用比单层房屋的空间作用大。单层房屋仅在房屋纵向各开间之间存在着空间作用；多层房屋不仅在房屋纵向各开间之间存在着空间作用，而且各楼层也存在着相互联系、相互制约的空间作用，而且层间的空间作用还相当强。但为了简化计算，《砌体结构设计规范》（GB 50003—2011）规定多层房屋每层的空间性能影响系数仍根据屋盖的类别按表 3-1 选用。

在水平荷载作用下多层刚弹性方案房屋的内力计算步骤如下：

（1）在平面排架的各层横梁与柱的连接处加不动铰支座，按刚性方案计算方法计算在水平荷载 q 作用下的内力和各不动铰支座反力 R_i（$i=1，2，\cdots，n$）［图 3-17（b）］。

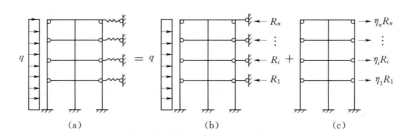

图 3-17 刚弹性方案多层房屋的内力计算

（2）将 R_i 分别乘以空间性能影响系数 η_i，并反向作用于各层横梁与柱的连接处［图 3-17（c）］，计算其内力。

（3）叠加上述两步的计算结果，即可求得刚弹性方案房屋的内力。

【例 3-2】 某车间平、剖面如图 3-18 所示，采用装配式有檩体系钢筋混凝土槽瓦屋盖，墙体采用 MU10 烧结多孔砖、M5 混合砂浆砌筑。计算简图上柱顶集中风荷载为 1.72kN，迎风面和背风面的均布风荷载分别为 1.68kN/m² 和 1.05kN/m²，屋面恒载标准值为 2.0kN/m²（水平投影），屋面活载标准值为 0.7kN/m²（屋面雪荷载小于此值），屋面荷载作用点的偏心距为 80.65mm。屋面出檐 0.5m，屋架支座底面标高为 5.0m，屋架支座底面至屋脊的高度为 3m，室外地坪标高为 -0.200m，基础顶面标高为 -0.500m。

试确定窗间墙的承载力验算时控制截面的内力。

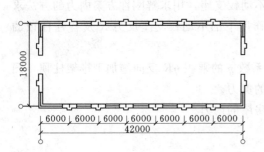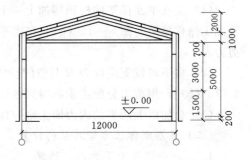

图 3-18　车间平面图、剖面图

解：

（1）确定静力计算方案。此房屋屋盖属第 2 类，横墙间距为 42m，查表 3-2 可知该房屋为刚弹性方案，查表 3-1 得房屋的空间性能影响系数为 $\eta=0.475$。

（2）确定计算简图及荷载。取一个开间（6m）为计算单元，窗宽 3m，墙高 $H=5+0.5=5.5$m。计算简图如图 3-19 所示。

屋面恒载标准值：
$$P_{1K}=2.0\times6\times\frac{18+1}{2}=114\text{（kN）}$$

屋面活载标准值：
$$P_{2K}=0.7\times6\times\frac{18+1}{2}=39.9\text{（kN）}$$

墙体自重标准值（圈梁自重近似按墙体算）。双面粉刷的 240mm 厚砖墙自重 5.24kN/m²，混合砂浆容重 17kN/m²，普通砖的容重 19kN/m²。

1）窗间墙自重标准值。

$g_{1k}=5.24\times(6\times5.5-3\times3)+2\times0.02\times0.38\times5.5\times17+0.37\times0.38\times5.5\times19$
$\quad=141.87\text{（kN）}$

2）窗上墙自重标准值。

$g_{2k}=5.24\times6\times0.6+2\times0.02\times0.38+0.37\times0.38\times0.6\times19=20.62\text{（kN）}$

3）钢框玻璃窗自重。

$$g_{3k}=0.45\times3\times3=4.05\text{（kN）}$$

4）基础顶面以上的墙体自重标准值。

$$Q_{K}=141.87+20.62+4.05=166.54\text{（kN）}$$

（3）排架内力计算。

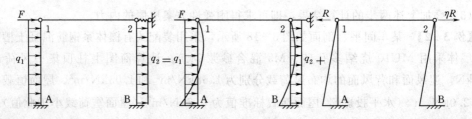

图 3-19　例 3-2 图

1）屋面恒载作用下。

根据横墙间距为 42m，查表 3-1 的空间系数 $\eta_1 = 0.475$

柱顶的弯矩：$M = P_{1k}e = 114 \times 0.08065 = 9.19$（kN·m）

柱底部的弯矩：$M_A = M_B = -\dfrac{M}{2} = -\dfrac{9.19}{2} = -4.60$（kN·m）

2）屋面活载作用下。

柱顶的弯矩：$M = P_{2k}e = 39.9 \times 0.08065 = 3.22$（kN·m）

柱底部的弯矩：$M_A = M_B = -\dfrac{M}{2} = -\dfrac{3.22}{2} = -1.61$（kN·m）

3）风荷载作用下。

以左风为例进行计算。

a. 排架顶部加连杆，其反力 R 为

$$R = 1.72 + \frac{3 \times 1.68 \times 5.5}{8} + \frac{3 \times 1.05 \times 5.5}{8} = 18.56 (\text{kN})$$

柱底部弯矩为

$$M_{A1} = \frac{1.68 \times 5.5^2}{8} = 6.47 (\text{kN·m})$$

$$M_{B1} = = \frac{-1.05 \times 5.5^2}{8} = -3.97 (\text{kN·m})$$

b. 把 R 乘以 η 后反向施加，得

$$\eta R = 0.68 \times 18.56 = 12.62 (\text{kN})$$

由于结构对称，A 柱和 B 柱建立相同，均为 12.62/2 = 6.31（kN）。

所以柱底部弯矩为

$$M_{A2} = 6.31 \times 5.5 = 34.71 (\text{kN·m})$$

$$M_{B2} = -M_{A2} = -34.71 (\text{kN·m})$$

c. 叠加上面两步的结果，得：

$$M_A = M_{A1} + M_{A2} = 6.47 + 34.71 = 41.18 (\text{kN·m})$$

$$M_B = M_{B1} + M_{B2} = -3.97 + (-34.71) = -38.68 (\text{kN·m})$$

（4）内力组合。由于排架对称，A 柱与 B 柱相同，可仅对 A 柱进行组合，控制截面分别为墙顶处截面和基础处截面

1）墙顶处。

a. 由可变荷载控制的组合。

$$N_I = 1.2 \times 114 + 1.4 \times 39.9 = 192.66 (\text{kN})$$

$$M_I = 1.2 \times 9.19 + 1.4 \times 3.22 = 15.54 (\text{kN·m})$$

$$e_I = \frac{M_I}{N_I} = \frac{15.54}{192.66} = 81 (\text{mm})$$

b. 由永久荷载控制的组合。

$$N_I = 1.35 \times 114 + 1.4 \times 0.7 \times 39.9 = 193.00 (\text{kN})$$

$$M_I = 1.35 \times 9.19 + 1.4 \times 0.7 \times 3.22 = 15.56 (\text{kN·m})$$

$$e_I = \frac{M_I}{N_I} = \frac{15.56}{193.00} = 81(\text{mm})$$

2）基础顶面处。

a. 由可变荷载控制的组合。

$$N_{II} = 1.2 \times 280.54 + 1.4 \times 39.9 = 392.51(\text{kN})$$

$$M_{II} = 1.2 \times 4.60 + 1.4 \times (36.68 + 0.7 \times 0.73) = 57.59(\text{kN} \cdot \text{m})$$

（取墙内侧受拉弯矩，有多个可变荷载作用时考虑组合系数）

$$e_I = \frac{M_I}{N_I} = \frac{57.59}{392.51} = 15 \ (\text{mm})$$

b. 由永久荷载控制的组合。

$$N_{II} = 1.35 \times 280.54 + 1.4 \times 0.7 \times 39.9 = 389.90(\text{kN})$$

$$M_{II} = 1.35 \times 4.60 + 1.4 \times (0.6 \times 36.68 + 0.7 \times 0.73) = 37.74(\text{kN} \cdot \text{m})（取墙内侧受拉弯矩）$$

$$e_I = \frac{M_I}{N_I} = \frac{37.74}{389.90} = 10(\text{mm})$$

四、上柔下刚多层房屋的内力计算

上柔下刚多层房屋是指房屋顶层为大空间的会议室、俱乐部等，而下面各层为办公室、宿舍、住宅等的多层房屋，上柔下刚多层房屋的顶层横墙间距较大，不符合刚性方案的要求，只能满足刚弹性或弹性方案的要求，而除顶层外的其他层横墙间距较小，符合刚性方案要求。

上柔下刚多层房屋的顶层可按单层刚弹性或弹性方案进行静力计算，其空间性能影响系数可根据屋盖类别和横墙间距按表 3－1 取用；下面各层仍按刚性方案进行计算。上、下层交接处可不计顶层的柱底弯矩和剪力，仅将顶层的柱底轴力向下传递。

第四节　地下室墙体的计算

多层砌体结构设置地下室时，地下室应作为多层砌体结构的基础进行设计。为了保证上部结构的工作效能，地下室应具有足够的抗剪刚度。因此，地下室的横墙间距较小，横墙数量较多；地下室的顶板应采用刚度较大的现浇钢筋混凝土楼盖或装配整体式钢筋混凝土楼盖；地下室的外墙由于不仅要承受上部墙体传来的荷载，还要承受墙外的土压力、水压力等侧向荷载，因此设计时地下室外墙的墙体厚度一般取值较大。

一、地下室墙体的计算特点

虽然地下室墙体的计算与上部墙体的计算基本类似，但仍有以下一些特点：

（1）地下室墙体一般较厚，故可不进行高厚比验算。

（2）地下室的横墙间距一般较小，故可按刚性方案进行计算。

二、计算简图

地下室墙体的计算简图为两端不动铰支座支承的竖向构件，与刚性方案墙体的计算简图类似，如图 3－20 所示。墙体上端简支于地下室顶板底面处。墙体下端支承点的位置有两种取法：

（1）基础顶面。采用钢筋混凝土条形基础或阀板式钢筋混凝土基础时可认为铰支点的位置在基础顶面处［图 3－20（b）］。

（2）基础底面。采用刚性基础时可将基础底面的摩擦支承作为不动铰支座［图 3－20（b）］。

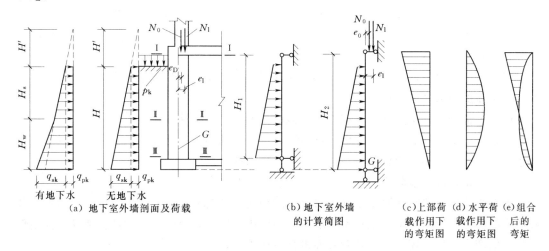

图 3－20　地下室墙的计算简图

三、荷载计算

地下室墙体承受的、由上部墙体和地下室顶板传来的荷载及地下室墙体自重的计算方法与上部墙体相同。地下室外墙承受的墙外土的侧压力、静水压力和室外地面荷载产生的侧压力（图 3－20）按以下方法计算。

（1）土的侧压力。地下室外墙承受的土压力取静止土压力。地下水位以上，距室外地表深度为 H 处的侧压力为

$$q_{sk} = \gamma H \tan^2(45° - \varphi/2) \tag{3-15}$$

式中　γ——回填土的重度；

φ——土的内摩擦角。

地下水位以下的土压力，应考虑水的浮力和压力的影响，土压力应按照饱和土的重度进行计算。作用在墙上的侧压力为

$$q_{sk} = \gamma H_s \tan^2(45° - \varphi/2) + (\gamma - \gamma_w) H_w \tan^2(45° - \varphi/2)$$
$$= (\gamma H - \gamma_w H_w) \tan^2(45° - \varphi/2) \tag{3-16}$$

式中　H_s——历年来可能发生的最高地下水位以上的土层厚度；

H_w——历年来可能发生的最高地下水位以下的土层厚度（$H_w = H - H_s$）；

γ_w——水的重度。

（2）静水压力。地下水位以下的墙体承受的静水压力为

$$q_{wk} = \gamma_w H_w \tag{3-17}$$

（3）室外地面荷载 p_k。室外地面荷载有室外堆积的建筑材料等及车辆荷载。无特殊要求时可取 $10kN/m^2$。室外地面荷载通过土壤传递到地下室外墙的侧压力为

$$q_{pk} = p_k \tan^2(45° - \varphi/2) \tag{3-18}$$

四、内力计算

按照结构力学方法计算地下室外墙在竖向荷载和水平荷载作用下的弯矩分别如图 3-20 (d) 和 (e) 所示，图 3-20 (e) 所示为叠加后的弯矩图。

五、控制截面与承载力计算

根据内力图可见，地下室墙体顶端和墙体中部某处的弯矩最大，下端的轴力最大，因此在进行截面承载力计算时应取这 3 个截面作为控制截面，地下室墙体的 3 个控制截面如下：

（1）地下室墙上端 I—I 截面，该截面除应按偏心受压验算其承载力外，还需验算梁底面下砌体的局部受压承载力。

（2）中部最大弯矩处 II—II 截面，该截面按偏心受压验算其承载力。

（3）地下室墙下端 III—III 截面，该截面可近似按轴心受压计算其承载力，当基础强度低于墙体强度时，还需验算基础顶面的局部受压承载力。

六、施工阶段滑移验算

若在进行地下室室外回填土施工时上部结构还没有全部完成，这时上部结构施加于基础底面的压力还较小，土对地下室外墙产生的侧压力可能导致基础底面产生滑移。为避免基础底面产生滑移破坏，应对基础底面进行滑移验算，即

$$1.2V_{sk} + 1.4V_{qk} \leqslant 0.8\mu N \tag{3-19}$$

式中　V_{sk}——土侧向压力合力标准值；

　　　V_{qk}——室外地面施工活荷载产生的侧向压力合力标准值；

　　　μ——基础底面与土的摩擦系数（按表 3-4 选用）；

　　　N——回填土时基础底面的轴向压力设计值。

表 3-4　　　　　　　　　　　基础与土的摩擦系数 μ

基础底面下土的类别	摩擦面状态	
	干燥	潮湿
黏土	0.5	0.3
砂质黏土	0.55	0.4
砂、卵石	0.6	0.5

本 章 小 结

（1）按竖向荷载传递路径的不同，砌体结构的承重体系分为纵墙承重体系、横墙承重体系和纵、横墙承重体系。墙体的合理布置是保证结构安全可靠、正常使用、避免出现裂缝和相关工程事故的关键。合理的结构布置，直接影响到荷载的传递、承载的状况、墙体的稳定性以及整体刚度等方面的性能。墙体布置时应遵循墙体布置的一般要求，恰当地布置墙体，合理设置圈梁，满足体型简单、传力明确、受力合理、整体性好、刚度均匀的要求，以充分发挥墙体的作用。

（2）砌体结构房屋的各承重构件协同工作形成了空间受力体系。房屋的空间作用性能

用空间性能影响系数 η 表示。η 值越大表示房屋空间刚度越小；反之，房屋空间刚度较好。空间刚度大小是确定房屋静力计算方案的依据。静力计算方案依据空间刚度的大小分为刚性方案、弹性方案和刚弹性方案 3 种。《砌体结构设计规范》（GB 50003—2011）根据横墙的间距、屋盖和楼盖的类别以及横墙本身的刚度确定房屋的静力计算方案。刚性和刚弹性方案房屋要求横墙应有足够的刚度。

（3）刚性方案单层房屋的静力计算时的计算简图可采用墙、柱下端与基础固接，上端与屋面梁铰接的无侧移排架。在竖向荷载作用下和水平向荷载作用下，单层刚性方案房屋的墙按照竖置的下端固接、上端铰接独立简支构件进行内力分析。在竖向荷载作用下，多层刚性方案房屋每层墙体均可简化为沿竖向放置的简支构件，每层墙体可按竖置的简支构件进行内力分析；在水平向荷载作用下，墙体应考虑楼板处的连续性，将墙体看作竖向连续梁，按多跨连续梁进行内力计算。刚性方案房屋中符合一定条件的外墙可不考虑风荷载的影响。多层砌体结构房屋大多设计成刚性方案。

（4）弹性方案单层房屋的静力计算时的计算简图可采用墙、柱下端与基础固接，上端与屋面梁铰接的无水平支承排架。在竖向荷载作用下的对称的弹性方案单层房屋的内力按刚性方案的计算方法进行计算；在水平荷载下弹性方案单层房屋的内力通过叠加法求解，即先在柱顶施加一水平不动铰支座并求该水平不动铰支座反力及结构内力，再将该水平不动铰支座反力反向作用于柱顶并求出结构内力，最后叠加上述两步内力即得弹性方案房屋墙、柱内力。弹性方案多层房屋弹性方案的多层房屋空间整体性较差、受力不合理，因此，多层砌体结构房屋应避免设计成弹性方案房屋。

（5）刚弹性方案单层房屋的静力计算时的计算简图可采用墙、柱下端与基础固接，上端与屋面梁铰接，并有弹性支承的排架，弹性支承的刚度由反映房屋的空间工作性能的空间性能影响系数 η 确定。在水平风荷载作用下的内力计算采用叠加法，即先求出结构顶部加水平连杆约束的排架结构的约束反力及相应内力，然后将约束反力乘以 η 后反向施加于排架结构并求相应内力，叠加上述两种情况的内力即为结构的实际内力。在水平向荷载作用下，刚弹性方案多层房屋的空间作用效果比单层房屋显著，但为了简化计算，可依然采用屋盖类别与本屋楼盖类别相同的单屋房屋的空间性能影响系数。刚弹性方案多层房屋的内力计算方法与单层相似，也采用叠加法。

（6）上柔下刚的多层砌体结构房屋的结构顶层按单层刚弹性或弹性方案进行静力分析，下面各层按刚性方案进行静力分析。

（7）地下室墙体的计算简图为两端不动铰支座铰支的竖向构件，静力计算时应考虑上部墙体与本层楼盖传来的荷载、土侧向压力、水压力及室外地面荷载，应对地下室墙体的上端、中部及下端进行截面承载力验算。

思　考　题

3-1　砌体结构房屋承重体系的种类及优、缺点是什么？

3-2　影响房屋空间工作性能的因素有哪些？

3-3　砌体结构房屋的静力计算方案有哪几种？确定房屋静力计算方案的依据是

什么？

3-4　刚性和刚弹性方案房屋对横墙有哪些要求？

3-5　绘制水平荷载作用下刚性方案单层房屋计算简图和刚性方案多层房屋计算简图。

3-6　为何刚性方案房屋的外墙有时可以不考虑风荷载的影响？

3-7　刚弹性方案房屋在水平荷载作用下的内力计算方法是什么？

3-8　什么是上柔下刚的多层房屋？上柔下刚的多层房屋的内力计算方法是什么？

习　题

3-1　采用装配式整体式钢筋混凝土梁板结构的3层综合楼（图3-21），纵横墙厚均为240mm，双面抹灰，采用 MU10 烧结普通砖和 M5 混合砂浆砌筑。梁截面尺寸为250mm×450mm，梁端伸入墙内240mm。屋面恒载标准值6.4kN/m²，屋面活载（不上人）标准值1.5kN/m²；楼面恒载标准值5.5kN/m²，楼面活载标准值2.5kN/m²，基本雪压为0.3kN/m²，基本风压为0.40kN/m²，试计算该结构的内力。

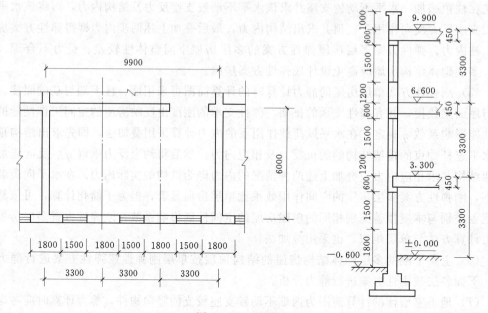

图3-21　习题图

第四章　砌体结构的构造要求

第一节　墙、柱高厚比验算

一、墙、柱的计算高度

砌体结构房屋的计算高度与房屋的静力计算方案、构件两端的约束条件等因素有关。计算高度 H_0 可根据房屋的类别和两端的约束条件，按表 4-1 选用。

表 4-1　　　　　　　　　　　受压构件的计算高度 H_0

房屋类别			柱		带壁柱墙或周边拉接的墙		
			排架方向	垂直于排架方向	$s>2H$	$H<s\leqslant 2H$	$s\leqslant H$
有吊车的单层房屋	变截面柱上段	弹性方案	$2.5H_u$	$1.25H_u$	$2.5H_u$		
		刚性、刚弹性方案	$2.0H_u$	$1.25H_u$	$2.0H_u$		
	变截面柱下段		$1.0H_l$	$0.8H_l$	$1.0H_l$		
无吊车的单层和多层房屋	单跨	弹性方案	$1.5H$	$1.0H$	$1.5H$		
		刚弹性方案	$1.2H$	$1.0H$	$1.2H$		
	多跨	弹性方案	$1.25H$	$1.0H$	$1.25H$		
		刚弹性方案	$1.10H$	$1.0H$	$1.1H$		
	刚件方案		$1.0H$	$1.0H$	$1.0H$	$0.4s+0.2H$	$0.6s$

注　1. 表中 H_u 为变截面柱的上段高度；H_l 为变截面柱的下段高度。

2. 对于上端为自由端的构件，$H_0=2H$。

3. 无柱间支撑时独立砖柱在垂直于排架方向的应按表中数值乘以 1.25 后选用。

4. s 为房屋横墙间距。

5. 自承重墙的计算高度应根据周边支承或拉接条件确定。

表 4-1 中的构件高度 H 应按下列规定确定：

（1）在房屋底层，构件的实际高度 H 为楼板顶面到构件下端支点的距离。下端支点的位置，可取在基础顶面。当基础埋置较深且有刚性地坪时，可取室外地面以下 500mm 处。

（2）在房屋其他层，构件的实际高度 H 为楼板或其他水平支点间的距离。

（3）无壁柱山墙可取层高加山墙尖高度的 1/2；带壁柱山墙可取壁柱处的山墙高度。

（4）对有吊车的房屋，当荷载组合不考虑吊车作用时及无吊车房屋的变截面柱，变截面柱上段的计算高度可按表 4-1 选用。变截面柱下段的计算高度可按下列规定采用：

1）$H_u/H\leqslant 1/3$ 时，取无吊车房屋的 H_0。

2）当 $1/3<H_u/H<1/2$ 时，取无吊车房屋的 H_0 乘以修正系数 μ，即

$$\mu=1.3-0.3I_u/I_l \tag{4-1}$$

式中　I_u、I_l——变截面柱上、下段截面的惯性矩。

　　3）当 $H_u/H \geqslant 1/2$ 时，取无吊车房屋的 H_0。但在计算高厚比 β 时，应根据上柱的截面采用验算方向相应的截面尺寸。

二、墙、柱的允许高厚比

　　墙、柱高厚比的限值称为允许高厚比 $[\beta]$。允许高厚比是根据工程经验确定的保证墙、柱的稳定性的限值，允许高厚比与构件类型、材料强度及施工质量有关。《砌体结构设计规范》（GB 50003—2011）规定的墙、柱允许高厚比 $[\beta]$ 见表 4-2。

表 4-2　　　　　　　　　　　　　　墙、柱的允许高厚比 $[\beta]$

砌体类型	砂浆强度等级	墙	柱
	M2.5	22	15
无筋砌体	M5.0 或 Mb5.0、Ms5.0	24	16
	≥M7.5 或 Mb7.5、Ms7.5	26	17
配筋砌块砌体		30	21

注　1. 毛石墙、柱的允许高厚比应按表中数值降低 20%。
　　2. 带有混凝土或砂浆面层的组合砖砌体构件的允许高厚比，可按表中数值提高 20，但不得大于 28。
　　3. 验算施工阶段砂浆尚未硬化的新砌砌体构件高厚比时，允许高厚比对墙取 14，对柱取 11。

　　影响墙、柱允许高厚比的因素很多，各因素对允许高厚比的影响关系复杂，目前尚没有表明这些关系的理论公式。根据工程经验，各因素对墙、柱允许高厚比的影响如下：

　　（1）砂浆强度等级。砂浆强度等级直接影响砌体的弹性模量，从而直接影响砌体的刚度。对墙柱稳定性和刚度的影响明显，因此砂浆强度是影响允许高厚比的重要因素，随着砂浆强度等级的提高，允许高厚比也相应增大。

　　（2）砌体类型。空斗墙、毛石墙比实心砖墙刚度差，$[\beta]$ 值要降低，组合砖构件比实心砖构件刚度强，$[\beta]$ 值可提高。

　　（3）横墙间距。横墙间距越小，房屋整体刚度越大，墙体刚度和稳定性越好；横墙间距越大，墙体的刚度和稳定性越差。而柱子因与横墙无联系，故对其刚度要求较严格，其允许高厚比较小。

　　（4）构件的重要性。对房屋中的次要墙体，如非承重墙，其 $[\beta]$ 值可以适当加大，由于非承重墙仅承受自重作用，根据弹性稳定理论，在材料、截面及支承情况相同的条件下，构件仅承受自重作用时失稳的临界荷载比上端受集中荷载时要大。故验算非承重墙高厚比时，表 4-2 中的 $[\beta]$ 值可乘以允许高厚比修正系数 μ_1。

　　（5）墙、柱的截面形式。截面惯性矩越大，稳定性越好。墙体上门、窗洞口对墙体削弱越多，墙体稳定性越差，允许高厚比 $[\beta]$ 值越小。考虑门、窗洞口的削弱作用，验算时需对允许高厚比 $[\beta]$ 值加以修正。

　　（6）墙、柱的支承条件。房屋刚度越大，墙、柱在屋（楼）盖支承处的水平位移越小，$[\beta]$ 值因此可以适当提高；反之，$[\beta]$ 值应相对减小。在工程实践中，这一影响因素通过改变墙、柱的计算高度加以考虑。

三、墙、柱的高厚比验算

（1）矩形截面墙、柱的高度比验算矩形截面墙、柱的高厚比应按式（4-2）验算，即

$$\beta = \frac{H_0}{h} \leqslant \mu_1 \mu_2 [\beta] \qquad (4-2)$$

式中　H_0——墙、柱的计算高度，按表 4-1 选用；

$\quad\quad h$——墙厚或矩形柱与 H_0 相对应的边长；

$\quad\quad \mu_1$——自承重墙允许高厚比的修正系数；

$\quad\quad \mu_2$——有门窗洞口墙允许高厚比的修正系数；

$\quad\quad [\beta]$——墙、柱的允许高厚比，按表 4-2 选用。

当与墙连接的相邻横墙的距离 $s \leqslant \mu_1 \mu_2 [\beta] h$ 时，墙的高度可不受式（4-2）的限制。

变截面柱的高厚比可按上、下截面分别验算，其计算高度按表 4-1 及其有关规定确定。当验算上柱高厚比时，墙、柱的允许高厚比 $[\beta]$ 可按表 4-2 的数值乘以 1.3 后选用。

1）修正系数 μ_1。对于厚度 $h \leqslant 240mm$ 的自承重墙，修正系数 μ_1 为：

当 $h = 240mm$ 时，$\mu_1 = 1.2$。

当 $h = 90mm$ 时，$\mu_1 = 1.5$。

当 $90mm < h < 240mm$ 时，μ_1 可按插入法取值。

当自承重墙上端为自由端时，$[\beta]$ 值除按上述规定提高外，尚可再提高 30%。

工程实践表明，厚度小于 90mm 的墙，当双面用不低于 M10 的水泥砂浆抹面，抹面后的墙厚度不小于 90mm 时，墙体的稳定性可满足使用要求。因此，包括抹面层的墙厚不小于 90mm 时，可按墙厚等于 90mm 验算高厚比。

2）修正系数 μ_2。对于开有门窗洞口的墙，其刚度因开洞而降低，其允许高厚比应乘以修正系数 μ_2。

$$\mu_2 = 1 - 0.4 \frac{b_s}{s} \qquad (4-3)$$

式中　b_s——在宽度 s 范围内的门、窗洞口总宽度；

$\quad\quad s$——相邻窗间墙或壁柱之间距离。

当按式（4-3）算得的 μ_2 值小于 0.7 时，应采用 0.7。当洞口高度不大于墙高的 1/5 时，可取 $\mu_2 = 1.0$；当洞口高度不小于墙高的 4/5 时，可按独立墙段验算高厚比。

（2）带壁柱墙的高厚比验算。

带壁柱墙的高厚比验算，除了要验算带壁柱整片墙的高厚比外，还要对壁柱间的墙体进行验算（图 4-1）。

1）横墙间整片墙的高厚比验算。带有壁柱的整片墙，其计算截面应考虑为 T 形截面，在按式（4-3）进行验算时，式中的墙厚 h 应采用 T 形截面的折算厚度 h_T，即

$$\beta = \frac{H_0}{h_T} \leqslant \mu_1 \mu_2 [\beta] \qquad (4-4)$$

式中　h_T——带壁柱墙截面的折算厚度，$h_T = 3.5i$；

$\quad\quad i$——带壁柱墙截面的回转半径，$i = \sqrt{I/A}$；

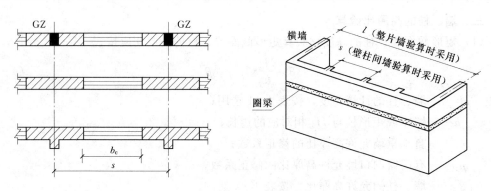

图 4-1　带壁柱的墙

I、A——带壁柱墙截面的惯性矩和面积；

H_0——带壁柱墙的计算高度，按表 4-1 选用。

注意，此时表 4-1 中 s 为该带壁柱墙的相邻横墙间的距离。

在确定截面回转半径时，带壁柱墙计算截面的翼缘宽度 b_f 应按下列规定确定：

对于多层房屋，当有门窗洞口时，可取窗间墙宽度；当无门窗洞口时，每侧翼缘墙的宽度可取壁柱高度（层高）的 1/3，但不应大于相邻壁柱间的距离。对于单层房屋，b_f 可取壁柱宽度加 2/3 墙高，但不大于窗间墙的宽度或相邻壁柱间的距离。计算带壁柱墙的条形基础时，可取相邻壁柱间的距离。

2）壁柱间墙的高厚比验算。验算壁柱间墙的高厚比时，可认为壁柱对壁柱间墙起到了横向拉结的作用，即可将壁柱视为壁柱间墙的不动铰支点。因此，壁柱间墙可根据不带壁柱墙的式（4-2）按矩形截面墙验算。

确定 H_0 时，表 4-1 中的 s 应取相邻壁柱间的距离。而且不论房屋为何种静力计算方案，此时 H_0 一律按表 4-1 中刚性方案一栏选用。

在墙中设置钢筋混凝土圈梁可以增加墙体的刚度和稳定性。设有钢筋混凝土圈梁的带壁柱墙，当圈梁的宽度 b 与相邻壁柱间的距离 s 之比 $b/s \geqslant 1/30$ 时，圈梁可视作壁柱间墙的不动铰支点。即壁柱间墙体的计算高度可取圈梁间的距离或圈梁与其他横向水平支点间的距离。这是因为圈梁的水平刚度较大，可抑制壁柱间墙的侧向变形。如不允许增加圈梁宽度，可按墙体平面外等刚度原则增加圈梁高度，以满足壁柱间墙不动铰支点的要求。此时，墙的计算高度 H_0 可取圈梁之间的距离。

（3）带构造柱墙的高厚比验算。带构造柱墙的高厚比验算同带壁柱墙，除了要验算带构造柱整片墙的高厚比外，还要对构造柱间的墙体进行验算（图 4-1）。

钢筋混凝土构造柱可提高墙体使用阶段的稳定性和刚度。验算带构造柱整片墙的高厚比时允许高厚比 $[\beta]$ 可乘以修正系数 μ_c 予以提高。此时，公式中的 h 取墙厚；确定墙的计算高度时，s 应取相邻横墙间的距离。

墙的允许高厚比的提高系数 μ_c 按式（4-5）计算，即

$$\mu_c = 1 + \gamma \frac{b_c}{l} \tag{4-5}$$

式中　γ——系数，对细料石砌体，$\gamma = 0$；对混凝土砌块、混凝土多孔砖、粗料石、毛料

石及毛石砌体，$\gamma=1.0$；其他砌体，$\gamma=1.5$；

b_c——构造柱沿墙长方向的宽度；

l——构造柱的间距。

当 $b_c/l>0.25$ 时，取 $b_c/l=0.25$；当 $b_c/l<0.25$ 时，取 $b_c/l=0$。

由于施工时是采用先砌筑墙体后浇注构造柱的施工顺序进行施工，因此施工阶段的高厚比验算不能考虑构造柱有利作用，施工阶段应采取可靠措施保证在施工阶段构造柱墙的稳定性。

【例 4-1】 某办公楼平面的一部分如图 4-2 所示，纵、横承重墙厚度均为 240mm，隔断墙厚度 120mm，用 MU10 烧结普通砖、M7.5 混合砂浆砌筑，首层墙高 4.6m，以上各层墙高 3.6m。楼盖和屋盖结构均为装配整体式钢筋混凝土板。要试验算纵墙、横墙和隔断墙的高厚比是否满足要求。

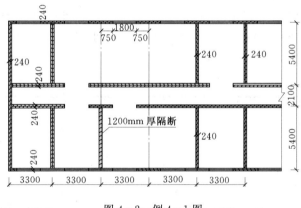

图 4-2 例 4-1 图

解：

(1) 验算纵墙的高厚比。首层墙高 $H=4.6m$，以上各层 $H=3.6m$（小于首层），外纵墙窗洞对墙体的削弱较内纵墙门洞对墙体的削弱多，所以纵墙仅对外墙进行验算。

横墙最大间距 $s=3.3\times3=9.9m<32m$，查表 3-2 知该房屋属于刚性方案。

$H=4.6m$，$2H=9.2m$，$s>2H$，查表 4-1 知：$H_0=1.0H=4.6m$。

$b_s=1.8m$，相邻窗间墙距离 $s=3.3m$，则：

$$\mu_2=1-0.4\times\frac{1.8}{3.3}=0.78>0.7$$

砂浆强度等级为 M7.5，查表 4-2 知：允许高厚比 $[\beta]=26$。

$\beta=\dfrac{H_0}{h}=\dfrac{4.6}{0.24}=19.17<\mu_2[\beta]=26\times0.78=20.28$，满足要求。

(2) 验算横墙的高厚比。墙长 $s=5.4m$，$H<s<2H$，查表 4-1 知：

$$H_0=0.4s+0.2H=0.4\times5.4+0.2\times4.6=3.08(m)$$

横墙上没有门、窗洞口。

高厚比：$\beta=\dfrac{H_0}{h}=\dfrac{3.08}{0.24}=12.83<[\beta]=26$

满足要求。

（3）验算隔断墙的高厚比。由于隔墙上端在砌筑时一般用斜放立砖顶住楼板，所以可按顶端为不动铰支点考虑，设隔墙与纵墙咬槎拉接，则墙长 $s=5.4$ m，$H<s<2H$，查表 4-1 知：

$$H_0=0.4s+0.2H=0.4\times5.4+0.2\times4.6=3.08\text{(m)}$$

隔断墙为非承重墙，则

$$\mu_1=1.2+\frac{1.5-1.2}{240-90}\times(240-120)=1.44$$

高厚比：$\beta=\dfrac{H_0}{h}=\dfrac{3.08}{0.24}=12.83<\mu_1[\beta]=1.44\times26=37.44$

满足要求。

【例 4-2】 某单层单跨仓库，平面尺寸为 42m×15m，柱间距为 6m，每开间有 3.0m 宽的窗洞，屋盖采用钢筋混凝土大型屋面板，屋架下弦标高 5.5m，基础顶面标高 −0.5m，壁柱 370mm×490mm，墙厚 240mm，该车间为刚弹性方案，试验算带壁柱墙的高厚比。

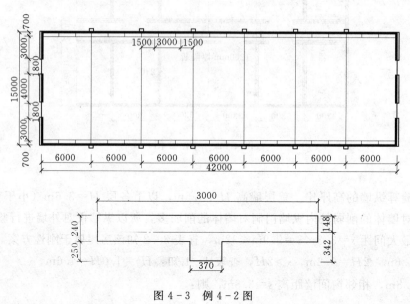

图 4-3 例 4-2 图

解：

带壁柱墙的窗间墙的截面如图 4-3 所示。

面积 $A=3000\times240+370\times250=812500\text{(mm}^2\text{)}$

形心 $y_1=\dfrac{370\times250\times125+3000\times240\times(250+240/2)}{812500}=342$

截面惯性矩 $I=\dfrac{3000\times148^3}{3}+\dfrac{370\times342^3}{3}+\dfrac{(3000-370)\times(240-148)^3}{3}=8.86\times10^9$

回转半径 $i=\sqrt{\dfrac{I}{A}}=\sqrt{\dfrac{8.86\times10^9}{812500}}=104.41\text{(m)}$

折算厚度　　　　　　　$h_T = 3.5i = 3.5 \times 104.41 = 365.4(\text{mm})$

根据 M5 砂浆查表 4-2 得允许高厚比为 $[\beta] = 24$。

1）整片墙高厚比验算。由于采用刚弹性方案，$H_0 = 1.2H = 1.2 \times (4.5 + 0.5) = 6.0$（m）开有门、窗洞的墙的修正系数为

$$\mu_2 = 1 - 0.4 \frac{b_s}{s} = 1 - 0.4 \times \frac{3}{6} = 0.8 > 0.7$$

高厚比：$\beta = \dfrac{H}{h_T} = \dfrac{6.0}{0.365} = 16.44 < \mu_2[\beta] = 0.8 \times 24 = 19.2$

整片纵墙满足要求。

2）壁柱间墙高厚比验算。由于 $H = 4.5\text{m} < s = 6\text{m} < 2H = 9\text{m}$，$H_0 = 0.4s + 0.2H = 0.4 \times 6 + 0.2 \times 4.5 = 3.30\text{m}$。

高厚比：$\beta = \dfrac{H_0}{h} = \dfrac{3.30}{0.24} = 13.75 < \mu_1[\beta] = 0.8 \times 24 = 19.2$，满足要求。

第二节　墙、柱的一般构造要求

为保证房屋的空间刚度和整体性，除了墙、柱必须满足高厚比、设置圈梁的要求外，砌体结构的墙体还必须满足下列构造要求。

（1）块体和砂浆的最低强度等级。地面以下或防潮层以下的砌体、潮湿房间的墙或环境类别 2 的砌体，所用材料的最低强度等级应符合表 4-3 的要求。

表 4-3　　　地面以下或防潮层以下的砌体、潮湿房间墙所用材料的最低强度等级

潮湿程度	烧结普通砖	混凝土普通砖、蒸压普通砖	混凝土砌块	石材	水泥砂浆
稍潮湿的	MU15	MU20	MU7.5	MU30	M5
很潮湿的	MU20	MU20	MU10	MU30	M7.5
含水饱和的	MU20	MU25	MU15	MU40	M10

注　1. 在冻胀地区，地面以下或防潮层以下的砌体，不宜采用多孔砖，如采用时，其孔洞应采用不低于 M10 的水泥砂浆预先灌实。当采用混凝土空心砌块时，其孔应采用强度等级不低于 Cb20 的混凝土预先灌实。

　　2. 对安全等级为一级或设计使用年限大于 50 年的房屋，表中材料强度等级应至少提高一级。

（2）砌体结构的最小截面尺寸应满足表 4-4 的要求。

表 4-4　　　　　　　　　　砌体结构最小截面尺寸

序号	构件名称	截面尺寸/mm
1	承重的独立砖柱	240×370
2	毛石墙	厚度 350
3	毛料石柱	较小边 400

注　有振动荷载时，墙、柱不宜采用毛石砌体。

（3）当梁的跨度不小于表 4-5 所列数值时，梁支承处宜设壁柱或采取其他加强措施。

表 4-5　　　　　　　　　　　　梁端支承处设置壁柱的条件

序号	墙体材料		梁的跨度
1	砖砌体	墙厚 240mm	≥6m
		墙厚 180mm	≥4.8m
2	砌块和料石墙		≥4.8m

（4）梁和屋架的跨度大于表 4-6 所列数值时，在其支承面下应设置混凝土或钢筋混凝土垫块，当墙中设有圈梁时，垫块与圈梁宜浇成整体。

表 4-6　　　　　　　　　　　　梁和屋架设置垫块的条件

序号	构件名称	砖砌体/m	砌块和料石砌体/m	毛石砌体/m
1	钢筋混凝土梁	跨度 4.8	跨度 4.2	跨度 3.9
2	屋架	跨度 6	跨度 6	跨度 6

（5）预制钢筋混凝土板直接支承在砌体墙上时最小支承长度为 100mm；预制钢筋混凝土板支承在梁上或圈梁上时最小支承长度为 80mm，且板端伸出的钢筋应与圈梁可靠连接，同时浇筑。

（6）不应在砌体截面长边小于 500mm 的承重墙体、独立柱内埋设管线；不宜在墙体中穿行暗线或预留、开凿沟槽，无法避免时应采取必要的措施或按削弱后的截面验算墙体的承载力。但对受力较小或未灌孔的砌块砌体，允许在墙体的竖向孔洞中设置管线。

（7）墙、柱的拉结。

1）对于支承在墙、柱上的吊车梁、屋架及跨度不小于 9m（砖砌体）或 7.2m（对砌块和料石砌体）的预制梁的端部，应采用锚固件与墙、柱上的垫块锚固（图 4-4）。

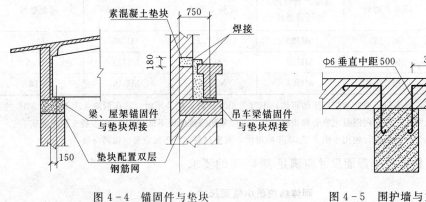

图 4-4　锚固件与垫块　　　　　　　图 4-5　围护墙与主体结构构件
连接（单位：mm）　　　　　　　　拉结（单位：mm）

2）围护墙、填充墙及隔墙，应分别采用拉结条或其他措施与周边主体结构构件可靠连接。一般是在钢筋混凝土骨架中预埋拉结筋，砌砖时嵌入墙的水平灰缝内（图 4-5）。这种柔性拉结可防止墙体与柱子间的沉降等变形差异引起连接处的开裂。

3）山墙处的壁柱或构造柱宜砌至山墙顶部，且屋面构件应与山墙可靠拉结。

4）墙体的转角处、纵横墙交接处应沿竖向每隔 400～500mm 设拉结钢筋。拉结钢筋的数量每120mm墙厚不少于1Φ6；或采用焊接钢筋网片，埋入长度从墙的转角或交接处算起，对实心砖墙每边不小于500mm，对多孔砖墙和砌块墙不少于700mm。

（8）砌块砌体的补充构造。砌块砌体除应符合其他有关构造要求外，还应符合下列构造规定：

1）砌块砌体应分皮错缝搭砌，上下皮搭砌长度不应小于90mm。当搭砌长度不满足上述要求时，应在水平灰缝内设置不少于2Φ4的焊接钢筋网片（横向钢筋的间距不应大于200mm），网片每端应伸出该垂直缝不小于300mm。

2）砌块墙与后砌隔墙交接处，应沿墙高每400mm在水平灰缝内设置不少于2Φ4、横筋的间距不大于200mm的焊接钢筋网片（图4-6）。

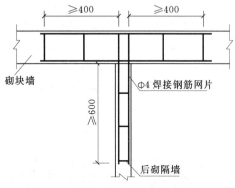

图4-6　砌块墙与后砌隔墙交接处钢筋网片（单位：mm）

3）混凝土砌块房屋，宜将纵横墙交接处，距墙中心段每边不少于300mm范围内的孔洞，采用不低于Cb20混凝土沿全墙高灌实。

4）混凝土砌块墙体，在表4-7所指出的部位如未设圈梁或混凝土垫块，应采用不低于Cb20混凝土将孔洞灌实。

表4-7　　　　　　　　　　混凝土砌块墙体应灌实部位

墙　体　部　位	灌实范围/mm
搁栅、檩条和钢筋混凝土楼板的支承面下	高度不小于200
屋架、梁等构件的支承面下	长度不小于600，高度不小于600
挑梁支承面以下	距墙中心线每边不小于300，高度不小于600

第三节　防止和减轻墙体开裂的主要措施

砌体结构房屋中，由于结构布置或构造处理不当，往往会在墙体中产生各种裂缝，使房屋的整体性、耐久性以及使用性能受到很大的影响，严重时会危及结构的安全。

一、墙体开裂原因分析

引起砌体结构墙体开裂的原因有很多，不同的原因引发不同类型的裂缝，有些墙体裂缝是由于一个单一因素导致的，有些裂缝则是多种因素共同作用的结果。墙体上的裂缝不仅影响美观，还影响着房屋的使用功能，影响着墙体的整体性、承载力和稳定性，甚至引起倒塌。因此在进行砌体结构房屋设计时，应采取有效措施，防止或减轻墙体裂缝的发生。对于已经存在的墙体裂缝，要认真分析裂缝产生的原因，并进行妥善处理。砌体中产生裂缝的主要原因有两个：一是由于地基不均匀沉降产生的墙体裂缝，二是由于温度变化和收缩变形引起的墙体裂缝。

1. 地基不均匀沉降引起的裂缝

地基土软弱或地基土分布不均匀、建筑物高差较大、荷载分布不均匀、体型复杂、结构布置不当时都可能产生过大的不均匀沉降而导致墙体开裂。不均匀沉降在墙体中产生弯曲应力和剪应力，当墙体内的主拉应力超过砌体的强度时，墙体中便出现斜裂缝。地基不均匀沉降引起的斜裂缝大多发生在房屋的下部，裂缝沿大约45°线由上向下指向沉降较小的部位，裂缝宽度下面大，上部逐渐减少。

一般说来，当地基中部沉降大时，墙体裂缝呈八字形分布，如图4-7（a）所示；当地基中部沉降小时，墙体裂缝呈倒八字形分布，如图4-7（b）所示；当由于地基土分布或荷载分布不均匀而在房屋的一端产生较大的沉降时，斜裂缝主要集中在沉降曲率较大的部位，如图4-7（c）、（d）所示。

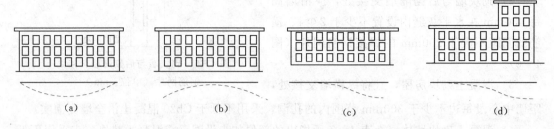

（a）　　　　　　　（b）　　　　　　　（c）　　　　　　　（d）

图4-7　地基不均匀沉降引起的墙体开裂

减少地基不均匀沉降的主要措施是合理设置沉降缝、布置墙体和圈梁。

2. 温度变化和收缩变形引起的裂缝

当环境温度变化引起的墙体温度变形受到约束，或由于房屋地下和地上、室内和室外的温度差异而使墙体各部分具有不同的温度变形时，都会在墙体中产生温度应力。温度变化不均匀或砌体的伸缩变形受到约束时均可引起墙体的开裂。温度变化引起的墙体裂缝形式有八字形裂缝和水平裂缝两种。当室外气温高于房屋施工期间的气温时，钢筋混凝土屋盖，特别是现浇屋盖和有刚性面层的装配式屋盖受热而伸长，由于砖砌体的线胀系数（为5×10^{-5}）与混凝土的线胀系数（1×10^{-5}）差异较大，其温度变形受到墙体的约束，在屋盖中引起压应力，在墙体中引起拉应力和剪应力。当墙体中的主拉应力或剪应力超过砌体的抗拉或抗剪强度时，就会在墙体中产生斜裂缝和水平裂缝。最常见的裂缝有内、外纵墙和横墙的八字形裂缝，八字形裂缝大多集中出现在平屋顶房屋顶层纵墙的两端1~2个开间的范围内，严重时可发展至房屋1/3长度范围内，有时在横墙上也可能发生。裂缝多沿窗口对角线方向产生，如图4-8所示；外纵墙在屋盖下缘附近的水平裂缝、包角裂缝及由弯曲引起的水平裂缝（图4-9），水平裂缝一般发生在平屋顶屋檐下或顶屋圈梁下2~3皮砖的灰缝位置，裂缝一般沿外墙顶部断断续续地分布，裂缝深度有时会贯通墙厚，两端较中间严重。在转角处，因纵、横墙水平裂缝相交而形成包角裂缝。

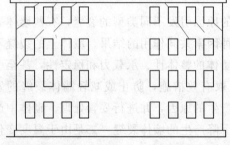

图4-8　温差引起的八字形裂缝示意图

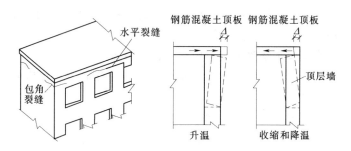

图 4-9 温差引起的外墙包角和水平裂缝示意图

此外，由于房屋温度区段过长，因温度及墙体干缩的原因也会引起墙体竖向裂缝。

二、防止、减轻墙体开裂的措施

（1）为防止墙体产生竖向裂缝，在正常使用条件下，应在墙体中设置伸缩缝。伸缩缝应设置在因温度和收缩变形可能引起应力集中、砌体产生裂缝可能性最大的地方。温度伸缩缝的间距可按表 4-8 选用。

表 4-8　　　　　　　　　砌体房屋伸缩缝的最大间距

屋盖或楼盖类别		间距/m
整体式或装配整体式钢筋混凝土结构	有保温层或隔热层的屋盖、楼盖	50
	无保温层或隔热层的屋盖	40
装配式无檩体系钢筋混凝土结构	有保温层或隔热层的屋盖、楼盖	60
	无保温层或隔热层的屋盖	50
装配式有檩体系钢筋混凝土结构	有保温层或隔热层的屋盖	75
	无保温层或隔热层的屋盖	60
瓦材层盖、木屋盖或楼盖、轻钢屋盖		100

注　1. 对烧结普通砖、烧结多孔砖、配筋砌块砌体房屋取表中数值；对石砌体、蒸压灰砂普通砖、蒸压粉煤灰普通砖、混凝土砌块、混凝土普通砖和混凝土多孔砖房屋，取表中数值乘以 0.8 的系数。当墙体有可靠外保温措施时，其间距可取表中数值。
　　2. 在钢筋混凝土屋面上挂瓦的屋盖应按钢筋混凝土屋盖采用。
　　3. 层高大于 5m 的烧结普通砖、烧结多孔砖、配筋砌块砌体结构单层房屋，其伸缩缝间距可按表中数值乘以 1.3 计算。
　　4. 温差较大且变化频繁地区和严寒地区不采暖的房屋及构筑物墙体的伸缩缝的最大间距，应按表中数值予以适当减小。
　　5. 墙体的伸缩缝应与结构的其他变形缝相重合，缝宽度应满足各种变形缝的变形要求；在进行立面处理时，必须保证缝隙的变形作用。

（2）房屋底层墙体，宜根据情况采取下列措施：

1）增大基础圈梁的刚度。

2）在底层的窗台下墙体灰缝内设置 3 道焊接钢筋网片或两根直径 6mm 钢筋，并应伸入两边窗间墙内不小于 600mm。

（3）防止顶层墙体因温度变化及砌体干缩变形以及其他原因引起的开裂现象可采取以下措施：

1）采用混凝土屋盖时，应在屋盖结构层上设置保温层、隔热层。屋面保温（隔热）

层或屋面刚性面层及砂浆找平层应设置分隔缝，分隔缝间距不宜大于 6m，其缝宽不小于 30mm，并与女儿墙隔开。

2）采用装配式有檩体系钢筋混凝土屋盖和瓦材屋盖。

3）顶层屋面板下设置现浇钢筋混凝土圈梁，并沿内外墙拉通，房屋两端圈梁下的墙体内宜设置水平钢筋。

4）顶层墙体有门窗等洞口时，在过梁上的水平灰缝内设置 2～3 道焊接钢筋网片或两根直径 6mm 钢筋，焊接钢筋网片或钢筋应伸入洞口两端墙内不小于 600mm。

5）顶层及女儿墙砂浆强度等级不低于 M7.5（Mb7.5、Ms7.5）；女儿墙应设置构造柱，构造柱间距不宜大于 4m，构造柱应伸至女儿墙顶，并与现浇钢筋混凝土压顶整浇在一起。

6）对顶层墙体施加竖向预应力。

（4）在每层门、窗过梁上方的水平灰缝内及窗台下第一道和第二道水平灰缝内，宜设置焊接钢筋网片或两根直径 6mm 钢筋，焊接钢筋网片或钢筋应伸入两边窗间墙内不小于 600mm。当实体墙长超过 5m 时，砌体的干缩变形影响较大，往往在墙体中部出现竖向收缩裂缝，为防止或减轻这类裂缝的出现，宜在每层墙高度中部设置 2～3 道焊接钢筋网片或 3 根直径为 6mm 的通长水平钢筋，竖向间距为 500mm。

（5）房屋两端和底层第一、第二开间门窗洞处这些易出现裂缝的部位，可采取下列措施：

1）在门窗洞口两边墙体的水平灰缝中，设置长度不小于 900mm、竖向间距为 400mm 的两根直径 4mm 的焊接钢筋网片。

2）在顶层和底层设置通长钢筋混凝土窗台梁，窗台梁高宜为块材高度的模数，梁内纵筋不少于 4 根，直径不小于 10mm，箍筋直径不小于 6mm，间距不大于 200mm，混凝土强度等级不低于 C20。

3）在混凝土砌块房屋门窗洞口两侧不少于一个孔洞中设置直径不小于 2mm 的竖向钢筋，竖向钢筋应在楼层圈梁或基础内锚固，孔洞用不低于 Cb20 混凝土灌实。

（6）填充墙砌体与梁、柱或混凝土墙体结合的界面处（包括内、外墙），宜在粉刷前设置钢丝网片，网片宽度可取 400mm，并沿界面缝两侧各延伸 200mm，或采取其他有效的防裂、盖缝措施。

（7）当房屋刚度较大时，可在窗台下或窗台角处墙体内、在墙体高度或厚度突然变化处设置竖向控制缝。竖向控制缝宽度不宜小于 25mm，缝内填以压缩性能好的填充材料，且外部用密封材料密封，并采用不吸水的、闭孔发泡聚乙烯实心圆棒（背衬）作为密封膏的隔离物（图 4-10）。

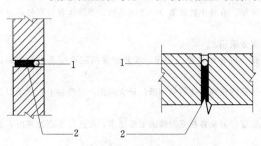

图 4-10　控制缝构造
1—不吸水的、闭孔发泡聚乙烯实心圆棒；
2—柔软、可压缩的填充物

本　章　小　结

（1）为了保证房屋具有足够的空间刚度和整体性，并满足耐久性的要求，墙、柱等构件除应满足承载力外，还应满足高厚比验算的要求，以及规范规定的一般构造要求。高厚比验算是为了保证施工阶段和使用阶段墙、柱的稳定性。影响高厚比的因素有砂浆强度等级、砌体类型、横墙间距、构件的重要性、墙及柱的截面形式和墙及柱的支承条件等。一般构造要求包括块体和砂浆的最低强度等级、砌体结构的最小截面尺寸、壁柱设置及墙柱的拉结等。

（2）墙体开裂的原因主要有地基不均匀沉降、温度变化及收缩变形。为防止因地基不均匀沉降而引起墙体的裂缝，设计时要根据地基土及房屋各部分的高差等情况合理设置沉降缝，控制房屋的长高比，通过正确布置墙体和设置圈梁，有效地控制地基的不均匀沉降。为防止因温度变化和收缩变形引起墙体的裂缝，设计时应在屋盖结构层上设置保温层、隔热层，合理留置房屋的伸缩缝，顶层屋面板下设置现浇钢筋混凝土圈梁并沿内外墙拉通，在可能出现较大拉应力的墙体处采取局部配筋，在墙体高度或厚度突然变化处设置竖向控制缝的方法，避免墙体出现裂缝。

思　考　题

4-1　砌体结构中受压构件的计算高度如何确定？

4-2　影响墙、柱高厚比的因素有哪些？墙、柱允许高厚比如何确定？

4-3　简述带壁柱墙的高厚比验算步骤。

4-4　砌体墙体开裂原因主要有哪些？

习　　题

4-1　某砌体结构综合楼底层平面尺寸如图4-11所示，采用装配整体式钢筋混凝土楼盖。纵墙及横墙厚均为240mm，采用MU10烧结普通砖和M5混合砂浆砌筑，从基础顶面算起的底层墙高为4.5m，窗高为2.1m。试验算底层纵墙及横墙的高厚比。

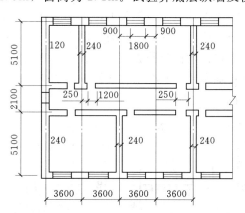

图4-11　砌体结构综合楼底层平面图

第五章 无筋砌体构件设计

第一节 受 压 构 件

砌体因其抗压强度高而主要被用作受压构件，如墙体、柱等。

砌体受压时有轴心受压和偏心受压两种情况。偏心受压又分为单向偏心受压和双向偏心受压。

一、单向偏心受压构件

砌体轴心受压可以看作是砌体偏心受压的特殊情况，因此在砌体结构受压构件的设计中将砌体轴心受压与砌体偏心受压合并为一个设计计算公式。砌体受压构件的承载力不仅与砌体的抗压强度、截面面积有关，还受到构件高厚比及荷载作用的偏心距影响，《砌体结构设计规范》（GB 50003—2011）采用影响系数来反映构件高厚比和荷载的偏心距对承载力的影响。

1. 偏心距的影响

研究偏心距对构件受力性能及承载力的影响通常采用高厚比 $\beta = H_0/h \leqslant 3$ 的构件，高厚比 $\beta \leqslant 3$ 的柱称为短柱，这里 H_0 为构件的计算长度，h 为墙厚或矩形截面柱的短边长度。无筋砌体短柱在荷载作用下截面应力分布有图 5-1 所示 4 种状态。

在轴心荷载的作用下无筋砌体受压短柱截面中的应力分布均匀，当达到短柱极限承载力 N_a 时，截面中的应力达到砌体的抗压强度 f［图 5-1（a）］。

在偏心荷载作用下砌体的受力特性与轴心受压时明显不同。当偏心距较小时，虽然短柱截面各点处的应力不相同，呈曲线分布，但仍为全截面受压，达到短柱极限承载力 N_b 时，截面近轴力侧边缘的压应力 σ_b 大于砌体的轴心抗压强度 f［图 5-1（b）］；偏心距继续增大，截面远离轴力侧边缘的压应力将随偏心距的增大而减小，并由受压逐渐过渡到受拉，达到短柱极限承载力 N_c 时，受拉边未开裂［图 5-1（c）］；偏心距较大时，荷载将使受拉区边缘的应力大于砌体的弯曲抗拉强度，受拉区出现沿截面通缝的水平裂缝，砌体受压区面积由于裂缝的开展而减小，达到短柱极限承载力 N_d 时，受压区边缘压应力 σ_d 达到砌体的弯曲抗压强度［图 5-1（d）］。

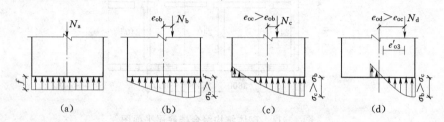

图 5-1　砌体受压时截面应力变化

由图 5-1 可以看出，随着轴向力偏心距的增大，砌体的压应力分布愈加不均匀。由于压应力不均匀的加剧和受压面积的减小，截面所能承担的轴向力随偏心距的加大而明显降低。因此，砌体截面破坏时的极限承载力与偏心距的大小有关，图 5-1 中短柱的承载力大小为 $N_a > N_b > N_c > N_d$。

根据大量试验的资料统计分析，得到短柱受压时偏心影响系数 φ 的计算公式为

$$\varphi = \frac{1}{1 + (e/i)^2} \tag{5-1}$$

式中　　i——截面的回转半径，$i = \sqrt{I/A}$；

　　　　e——荷载设计值产生的轴向力偏心距，$e = M/N$；

　　M、N——荷载设计值产生的弯矩和轴向力。

对矩形截面砌体，有

$$\varphi = \frac{1}{1 + 12(e/h)^2} \tag{5-2}$$

式中　　h——矩形截面沿轴向力偏心方向的边长，当轴心受压时为截面较小边长。

计算 T 形或十字形截面的砌体的偏心影响系数时应采用折算厚度 h_T 代替 h，可取 $h_T = 3.5i$。

图 5-2 所示为短柱偏心影响系数的试验值与式（5-1）计算值的对比曲线。

偏心距较大的受压构件在荷载较大时，往往在使用阶段砌体边缘就产生较宽的水平裂缝，致使构件刚度降低，纵向弯曲的影响增大，构件的承载能力显著下降，这样的结构既不安全也不够经济。对于偏心距超过限值的构件，应优先考虑采取适当的措施来减小偏心距，如采用垫块来调整偏心距. 也可采取修改构件截面尺寸的方法来调整偏心距。《砌体结构设计规范》（GB 50003—2011）规定，按荷载设计值计算轴向力的偏心距 e 不应超过 $0.6y$，即

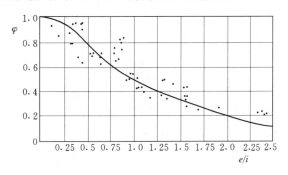

图 5-2　砌体的偏心影响系数

$$e < 0.6y \tag{5-3}$$

式中　　y——截面重心到轴向力所在偏心方向截面边缘的距离。

2. 长细比的影响

对轴心受压砌体柱的试验研究表明，在整个加载过程中，可能的初始偏心对短柱的承载力无明显影响，但对长柱承载力的影响不能忽略，长柱即使在轴心压力作用下也会产生侧向变形，最后发生轴向力和弯矩共同作用下的偏压破坏。由于水平砂浆缝削弱了砌体的整体性，长细比的影响较钢筋混凝土构件明显。计算时采用轴心受压稳定系数 φ_0 来反映承载力随长细比增大而降低的现象。

轴心受压柱的稳定系数为

$$\varphi_0 = \frac{1}{1+\frac{1}{\pi^2 \xi}\lambda^2} \qquad\qquad (5-4)$$

式中　$\lambda = H/i$；

　　　ξ——砌体弹性特征值，建议 $\xi = 460\sqrt{f_m}$。

　　　当为矩形截面时，$\lambda^2 = 12\beta^2$，则简化为

$$\varphi_0 = \frac{1}{1+\frac{1}{\pi^2 \xi}\lambda^2} = \frac{1}{1+\alpha\beta^2} \qquad\qquad (5-5)$$

式中　β——构件高厚比，$\beta = H_0/h$；当 $\beta \leqslant 3$ 时，取 $\varphi_0 = 1$；

　　　α——与砂浆强度等级有关的系数，$\alpha = \dfrac{12}{\pi^2 \xi}$。

　　　当砂浆强度等级不小于 M5 时，$\alpha = 0.0015$；当砂浆强度等级等于 M2.5 时，$\alpha = 0.002$；当砂浆强度等级等于 0 时，$\alpha = 0.009$。

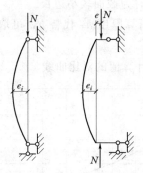

（a）轴心受压柱　（b）偏心受压柱

图 5-3　受压构件的纵向弯曲

高厚比 $\beta > 3$ 的细长柱，在偏心压力的作用下产生的纵向弯曲变形使柱高中部的实际偏心距由原来的 e 增加至 $e+e_i$（图 5-3），e_i 为由纵向弯曲变形产生的附加偏心距。以偏心距 $e+e_i$ 代替式（5-1）中的偏心距 e，可得受压长柱考虑纵向弯曲附加偏心距影响的系数为

$$\varphi = \frac{1}{1+\left(\dfrac{e+e_i}{i}\right)^2} \qquad\qquad (5-6)$$

附加偏心距 e_i 按式（5-7）计算，即

$$e_i = \frac{h}{\sqrt{12}}\sqrt{\frac{1}{\varphi_0}-1} \qquad\qquad (5-7)$$

把式（5-7）代入式（5-6）中得到高厚比和轴向力偏心距对矩形截面受压构件承载力的影响系数为

$$\varphi = \frac{1}{1+12\left[\dfrac{e}{h}+\sqrt{\dfrac{1}{12}\left(\dfrac{1}{\varphi_0}-1\right)}\right]^2} \qquad\qquad (5-8)$$

式中　φ_0——轴心受压构件的稳定系数，按式（5-5）计算。

　　　在计算截面形状为 T 形或十字形的构件的承载力影响系数时，应以折算厚度 $h_T = 3.5i$ 代替式（5-8）中的 h。

　　　式（5-2）满足当 $e=0$（轴心受压）时 $\varphi = \varphi_0$，以及当 $\beta < 3$（短柱）时 $\varphi_0 = 1$ 的条件，而且试验值与式（5-2）的计算值能较好符合。因此，式（5-2）可全面反映轴压和偏压、长柱和短柱的情况。

　　　用式（5-2）计算 φ 值比较繁琐，在应用时可以根据砂浆强度等级、构件高厚比 β 及 e/h 或 e/h_T 直接查表 5-1～表 5-3，得到 φ 值。

表 5-1 　　　　　　　　　影响系数 φ（砂浆强度等级不小于 M5）

β	e/h 或 e/h_T												
	0	0.025	0.05	0.075	0.1	0.125	0.15	0.175	0.2	0.225	0.25	0.275	0.3
≤3	1	0.99	0.97	0.94	0.89	0.84	0.79	0.73	0.68	0.62	0.57	0.52	0.48
4	0.98	0.95	0.90	0.85	0.80	0.74	0.69	0.64	0.58	0.53	0.49	0.45	0.41
6	0.95	0.91	0.86	0.81	0.75	0.69	0.64	0.59	0.54	0.49	0.45	0.42	0.38
8	0.91	0.86	0.81	0.76	0.70	0.64	0.59	0.54	0.50	0.46	0.42	0.39	0.36
10	0.87	0.82	0.76	0.71	0.65	0.60	0.55	0.50	0.46	0.42	0.39	0.36	0.33
12	0.82	0.77	0.71	0.66	0.60	0.55	0.51	0.47	0.43	0.39	0.36	0.33	0.31
14	0.77	0.72	0.66	0.61	0.56	0.51	0.47	0.43	0.40	0.36	0.34	0.31	0.29
16	0.72	0.67	0.61	0.56	0.52	0.47	0.44	0.40	0.37	0.34	0.31	0.29	0.27
18	0.67	0.62	0.57	0.52	0.48	0.44	0.40	0.37	0.34	0.31	0.29	0.27	0.25
20	0.62	0.57	0.53	0.48	0.44	0.40	0.37	0.34	0.32	0.29	0.27	0.25	0.23
22	0.58	0.53	0.49	0.45	0.41	0.38	0.35	0.32	0.30	0.27	0.25	0.24	0.22
24	0.54	0.49	0.45	0.41	0.38	0.35	0.32	0.30	0.28	0.26	0.24	0.22	0.21
26	0.50	0.46	0.42	0.38	0.35	0.33	0.30	0.28	0.26	0.24	0.22	0.21	0.19
28	0.46	0.42	0.39	0.36	0.33	0.30	0.28	0.26	0.24	0.22	0.21	0.19	0.18
30	0.42	0.39	0.36	0.33	0.31	0.28	0.26	0.24	0.22	0.21	0.20	0.18	0.17

表 5-2 　　　　　　　　　影响系数 φ（砂浆强度 M2.5）

β	e/h 或 e/h_T												
	0	0.025	0.05	0.075	0.1	0.125	0.15	0.175	0.2	0.225	0.25	0.275	0.3
≤3	1	0.99	0.97	0.94	0.89	0.84	0.79	0.73	0.68	0.62	0.57	0.52	0.48
4	0.97	0.94	0.89	0.84	0.78	0.73	0.67	0.62	0.57	0.52	0.48	0.44	0.40
6	0.93	0.89	0.84	0.78	0.73	0.67	0.62	0.57	0.52	0.48	0.44	0.40	0.37
8	0.89	0.84	0.78	0.72	0.67	0.62	0.57	0.52	0.48	0.44	0.40	0.37	0.34
10	0.83	0.78	0.72	0.67	0.61	0.56	0.52	0.47	0.43	0.40	0.37	0.34	0.31
12	0.78	0.72	0.67	0.61	0.56	0.52	0.47	0.43	0.40	0.37	0.34	0.31	0.29
14	0.72	0.66	0.61	0.56	0.51	0.47	0.43	0.40	0.36	0.34	0.31	0.29	0.27
16	0.66	0.61	0.56	0.51	0.47	0.43	0.40	0.36	0.34	0.31	0.29	0.26	0.25
18	0.61	0.56	0.51	0.47	0.43	0.40	0.36	0.33	0.31	0.29	0.26	0.24	0.23
20	0.56	0.51	0.47	0.43	0.39	0.36	0.33	0.31	0.28	0.26	0.24	0.23	0.21
22	0.51	0.17	0.43	0.39	0.36	0.33	0.31	0.28	0.26	0.24	0.23	0.21	0.20
24	0.46	0.43	0.39	0.36	0.33	0.31	0.28	0.26	0.24	0.23	0.21	0.20	0.18
26	0.42	0.39	0.36	0.33	0.31	0.28	0.26	0.24	0.22	0.21	0.20	0.18	0.17
28	0.39	0.36	0.33	0.30	0.28	0.26	0.24	0.22	0.21	0.20	0.18	0.17	0.16
30	0.36	0.33	0.30	0.28	0.26	0.24	0.22	0.21	0.20	0.18	0.17	0.16	0.15

表 5-3　　　　　　　　　　　影响系数 φ（砂浆强度为 0）

β	e/h 或 e/h_T												
	0	0.025	0.05	0.075	0.1	0.125	0.15	0.175	0.2	0.225	0.25	0.275	0.3
≤3	1	0.99	0.97	0.94	0.89	0.84	0.79	0.73	0.68	0.62	0.57	0.52	0.48
4	0.87	0.82	0.77	0.71	0.66	0.60	0.55	0.51	0.46	0.43	0.39	0.36	0.33
6	0.76	0.70	0.65	0.59	0.54	0.50	0.46	0.42	0.39	0.36	0.33	0.30	0.28
8	0.63	0.58	0.54	0.49	0.45	0.41	0.38	0.35	0.32	0.30	0.28	0.25	0.24
10	0.53	0.48	0.44	0.41	0.37	0.34	0.32	0.29	0.27	0.25	0.23	0.22	0.20
12	0.44	0.40	0.37	0.34	0.31	0.29	0.27	0.25	0.23	0.21	0.20	0.19	0.17
14	0.36	0.33	0.31	0.28	0.26	0.24	0.23	0.21	0.20	0.18	0.17	0.16	0.15
16	0.30	0.28	0.26	0.24	0.22	0.21	0.19	0.18	0.17	0.16	0.15	0.14	0.13
18	0.26	0.24	0.22	0.21	0.19	0.18	0.17	0.16	0.15	0.14	0.13	0.12	0.12
20	0.22	0.20	0.19	0.18	0.17	0.16	0.15	0.14	0.13	0.12	0.12	0.11	0.10
22	0.19	0.18	0.16	0.15	0.14	0.14	0.13	0.12	0.12	0.11	0.10	0.10	0.09
24	0.16	0.15	0.14	0.13	0.13	0.12	0.11	0.11	0.10	0.10	0.09	0.09	0.08
26	0.14	0.13	0.13	0.12	0.11	0.11	0.10	0.10	0.09	0.09	0.08	0.08	0.07
28	0.12	0.12	0.11	0.11	0.10	0.10	0.09	0.09	0.08	0.08	0.08	0.07	0.07
30	0.11	0.10	0.10	0.09	0.09	0.09	0.08	0.08	0.07	0.07	0.07	0.07	0.06

3. 受压构件的承载力计算

根据以上分析，受压构件的承载力应按式（5-9）计算，即

$$N = \varphi f A \tag{5-9}$$

式中　N——轴向力设计值；

　　　φ——构件高厚比 β 和轴向力的偏心距 e 对受压构件承载力的影响系数，按式（5-8）计算或查表 5-1～表 5-3；

　　　f——砌体的抗压强度设计值；

　　　A——截面面积，对各类砌体均应按毛截面计算。

确定影响系数 φ 时，构件高厚比 β 应按下列公式计算，即

对矩形截面，有

$$\beta = \gamma_\beta \frac{H_0}{h} \tag{5-10}$$

对 T 形截面，有

$$\beta = \gamma_\beta \frac{H_0}{h_T} \tag{5-11}$$

式中　γ_β——不同材料砌体构件的高厚比修正系数，按表 5-4 采用；

　　　H_0——受压构件的计算高度，按表 5-2 确定；

　　　h——矩形截面轴向力偏心方向的边长，轴心受压时为截面较小边长；

　　　h_T——T 形截面的折算厚度，可近似按 $3.5i$ 计算，i 为截面回转半径，$i = \sqrt{I/A}$。

确定 φ 时应按偏心荷载所作用方向的截面尺寸或相应的回转半径采用。对矩形截面的构件，当轴向力偏心方向的边长大于另一方向的边长时，有可能出现 $\varphi_0 < \varphi$ 的情况，因此除应按偏心受压计算外，还应对较小边长方向按轴心受压进行验算，计算公式为 $N_u = \varphi_0 f A$，其中 φ_0 可在表 5-1～表 5-3 中偏心距为 0 的栏内查得，或按式（5-5）进行计算。

砌体的类型对构件的承载力有较大的影响，采用砌体材料的高厚比修正系数 γ_β 考虑砌体种类对受力性能的影响，砌体材料的高厚比修正系数 γ_β 见表 5-4。

表 5-4　　　　　　　　高 厚 比 修 正 系 数 γ_β

砌体材料类别	γ_β
烧结普通砖、烧结多孔砖	1.0
混凝土普通砖、混凝土多孔砖、混凝土及轻集料混凝土砌块	1.1
蒸压灰砂普通砖、蒸压粉煤灰普通砖、细料石	1.2
粗料石、毛石	1.5

注　对灌孔混凝土砌块砌体，$\gamma_\beta = 1.0$。

二、双向偏心受压构件

轴向压力在矩形截面的两个主轴方向都有偏心距，或同时承受轴心压力及两个方向弯矩的构件，即为双向偏心受压构件。

双向偏心受压构件截面的承载力计算比单向偏心受压构件复杂，目前尚无精确的理论求解方法，《砌体结构设计规范》（GB 50003—2011）建议仍采用附加偏心距法。

如图 5-4 所示，轴向力在截面边长 b 方向的偏心距为 e_b，h 方向的偏心距为 e_h，并记截面两个边长方向的附加偏心距为 e_{ib}、e_{ih}。

承载力仍按单向偏心受压公式（5-9）计算。

无筋砌体矩形截面双向偏心受压构件承载力的影响系数 φ，可按式（5-12）计算，即

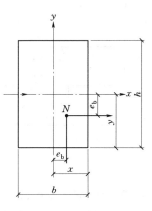

图 5-4　双向偏心受压

$$\varphi = \frac{1}{1 + 12\left[\left(\dfrac{e_b + e_{ib}}{b}\right)^2 + \left(\dfrac{e_h + e_{ih}}{h}\right)^2\right]} \qquad (5-12)$$

其中，轴向力在截面重心 x 轴、y 轴方向的附加偏心距 e_{ib}、e_{ih} 为

$$e_{ib} = \frac{h}{\sqrt{12}}\sqrt{\frac{1}{\varphi_0} - 1}\left(\frac{e_b/b}{e_b/b + e_h/h}\right) \qquad (5-13)$$

$$e_{ih} = \frac{h}{\sqrt{12}}\sqrt{\frac{1}{\varphi_0} - 1}\left(\frac{e_h/h}{e_b/b + e_h/h}\right) \qquad (5-14)$$

试验表明，当偏心距 $e_b > 0.3b$ 和 $e_h > 0.3h$ 时，随着荷载的增加，砌体内水平裂缝和竖向裂缝几乎同时发生，甚至水平裂缝早于竖向裂缝出现，因而设计双向偏心受压构件时，规定偏心距限值为 $e_b \leqslant 0.5x$ 和 $e_h \leqslant 0.5y$。x 和 y 分别为自截面重心沿 x 轴和 y 轴至

轴向力所在偏心方向截面边缘的距离。

当一个方向的偏心率（e_b/b）不大于另一方向偏心率（e_h/h）的 5％ 时，可简化按另一方向的单向偏心受压（e_h/h）计算。

上述计算方法既与单向偏心受压承载力计算相衔接，又与试验结果符合较好。

【例 5－1】 砖柱采用强度等级为 MU10 的烧结普通砖及 M5 的混合砂浆砌筑，截面尺寸为 370mm×490mm，砖柱的计算高度为 4.5m，两端为不动铰支点，试确定该柱受压承载力。

解：

查表 2－4 得 MU10 烧结普通砖、M5 混合砂浆的砖砌体抗压强度设计值 f ＝1.50MPa。

因为 $A=0.37\times0.49=0.1813\text{m}^2<0.3\text{m}^2$

砌体强度设计值应乘以调整系数：$\gamma_a=A+0.7=0.1813+0.7=0.8813$

则修正后的 $f'=0.8813\times1.5=1.322$

$$\beta=\gamma_\beta\frac{H_0}{b}=1.0\times\frac{4500}{370}=12.16$$

查表得：$\varphi=0.82-\dfrac{(0.82-0.77)}{2}\times0.16=0.816$

则 $N_u=\varphi f'A=0.816\times1.322\times0.1813\times10^6=195.6$（kN）

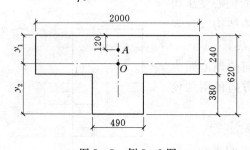

图 5－5 例 5－2 图

【例 5－2】 单层单跨无吊车工业房屋的窗间墙截面如图 5－5 所示，计算高度 H_0＝5.5m，墙用 MU10 烧结普通砖，M7.5 混合砂浆砌筑，施工质量等级为 B 级，试确定荷载作用于 O 点及 A 点时该窗间墙的受压承载力。

解：

（1）截面几何特征。

面积 $A=2000\times240+490\times380=666200$（mm²）$=0.66\text{m}^2>0.3\text{m}^2$，取 $\gamma_a=1.0$。

由于采用 M7.5 混合砂浆砌筑，$f=1.69\text{MPa}$。

截面重心为：

$$y_1=\frac{2000\times240\times120+490\times380\times(240+190)}{666200}=206.6\text{(mm)}$$

$$y_2=620-206.6=413.4\text{(mm)}$$

截面惯性矩：

$$I=\frac{2000\times240^3}{12}+2000\times240\times(206.6-120)^2+\frac{490\times380^3}{12}+490\times380\times(413.4-190)^2$$
$$=1.744\times10^{10}\text{(mm}^5)$$

回转半径：

$$i=\sqrt{\frac{I}{A}}=\sqrt{\frac{1.744\times10^{10}}{666200}}=161.8(\text{mm})$$

截面折算高度：　　　　$h_\text{T}=3.5i=3.5\times161.8=566.2(\text{mm})$

（2）轴向力作用于截面重心 O 点时的承载力计算。

$$\beta=\gamma_\beta\frac{H_0}{h_\text{T}}=1.0\times\frac{5500}{466.2}=9.71>3$$

$$\varphi_0=\frac{1}{1+\alpha\beta^2}=\frac{1}{1+0.0015\times9.71^2}=0.88$$

$$\varphi=\frac{1}{1+12\left[\frac{e}{h_\text{T}}+\sqrt{\frac{1}{12}\left(\frac{1}{\varphi_0}-1\right)}\right]^2}=\frac{1}{1+12\times\left[0+\sqrt{\frac{1}{12}\times\left(\frac{1}{0.88}-1\right)}\right]^2}=0.88$$

则 $N_\text{u}=\varphi\gamma_\text{a}fA=0.88\times1.0\times1.69\times0.66\times10^6=977.20$ （kN）

（3）轴向力作用在 A 点时的承载力。

$$e=206.6-120=86.6<0.6y_1=124\text{mm},\frac{e}{h_\text{T}}=\frac{86.6}{566.2}=0.153$$

$$\beta=\gamma_\beta\frac{H_0}{h_\text{T}}=1.0\times\frac{5500}{566.2}=9.71>3$$

$$\varphi_0=\frac{1}{1+\alpha\beta^2}=\frac{1}{1+0.0015\times9.71^2}=0.88$$

$$\varphi=\frac{1}{1+12\left[\frac{e}{h_\text{T}}+\sqrt{\frac{1}{12}\left(\frac{1}{\varphi_0}-1\right)}\right]^2}=\frac{1}{1+12\times\left[0.153+\sqrt{\frac{1}{12}\times\left(\frac{1}{0.88}-1\right)}\right]^2}=0.517$$

则 $N_\text{u}=\varphi\gamma_\text{a}fA=0.517\times1.0\times1.69\times0.66\times10^6=576.73$ （kN）

第二节　局部受压构件

砌体结构中，当竖向压力作用在砌体的局部面积上的情况称为局部受压。砌体局部受压时，作用在局部承压面上的压应力可能是均匀分布的，也可能是不均匀分布的。局部压力均匀分布时称为局部均匀受压，如承受上部柱或墙体传来压力的砌体基础；局部压力不均匀分布时称为局部不均匀受压，如钢筋混凝土楼（屋）盖大梁或屋架支承面下的砌体。

竖向压力作用在砌体的局部面积 A_l 上时，随着 A_l 周围砌体的面积的大小以及局部压力作用的位置不同，砌体的局部抗压强度都有着不同程度的提高。砌体局部受压时抗压强度的提高是由于局部面积 A_l 周围砌体所提供的应力扩散和变形约束程度而产生的，在局部压力作用下，不仅直接承受压力的砌体发生纵向与横向的变形，其周围一定范围内未直接承受压力的砌体也发生纵向与横向的变形，与直接承压面下的砌体共同工作，由于局部压应力的扩散，从而提高了直接承压面下砌体局部受压的抗压强度。此外，由于直接承压面下砌体的横向变形受到周围未直接受荷砌体的约束，使一定高度范围内的砌体处于三向或双向受压状态，也极大地提高了砌体的局部抗压强度。砌体的局部抗压强度大于一般情况下的抗压强度，这就是"套箍强化"作用的结果。局部荷载作用的位置对"套箍强化"作用有明显的影响，对于边缘及端部局部受压，"套箍强化"作用很不明显，甚至没有。

一、砌体局部受压破坏形态

砌体局部均匀受压时的破坏状态一般包括 3 种类型。

1. 竖向裂缝发展引起的破坏［图 5-6（a）］

图 5-6 所示中部局部受压的墙体，当砌体局部受压面积与砌体面积之比较大时，在局部压力作用下，第一批裂缝首先在加载垫板以下 1～2 皮砖的砌体内出现，裂缝细小，呈竖向分布，随着局部压力的增大，裂缝数量不断增多，宽度持续加大，并在加载板两侧开始出现斜向裂缝，这些裂缝随着局部压力的增大而逐渐向上、下延伸，破坏前形成一条明显的主裂缝，最终砌体丧失承载力而破坏。这种破坏形式是砌体局部受压破坏中最常见的形式。

2. 劈裂破坏［图 5-6（b）］

当砌体局部受压面积与砌体面积之比很小时，在局部压力作用下，竖向裂缝一出现就很快形成主裂缝，发生劈裂破坏，砌体的初裂荷载与极限荷载很接近。这种破坏具有明显的脆性性质，破坏前没有明显的征兆，设计时应避免这种破坏发生。

3. 砌体局部压碎破坏［图 5-6（c）］

当砌体强度很低时，会出现加载板下的砌体被压碎，加载板下陷而产生砌体局部压碎破坏的情况。这种破坏可以通过限制砌体的最低强度而避免。

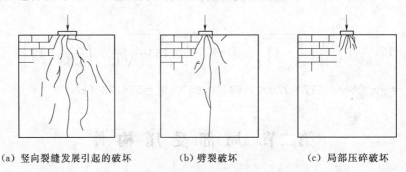

（a）竖向裂缝发展引起的破坏　　　（b）劈裂破坏　　　（c）局部压碎破坏

图 5-6　砌体局部均匀受压破坏

二、局部均匀受压

1. 砌体局部抗压强度提高系数

砌体承受局部均匀受压时，由于砌体内部的应力扩散和周围砌体的约束作用，局部受压砌体的抗压强度将有所提高。试验表明，局部受压强度主要取决于砌体原存的抗压强度 f 与周围砌体对局部受压区的约束程度。当砌体材料相同而四周约束情况不同时，局部受压强度的提高也有所不同。图 5-7（a）～（d）分别为局部受压砌体受四面、三面、二面和一面约束的情况。局部抗压强度随着影响砌体局部抗压强度的计算面积 A_0 与局部受压面积 A_l 比值的增大而增大。

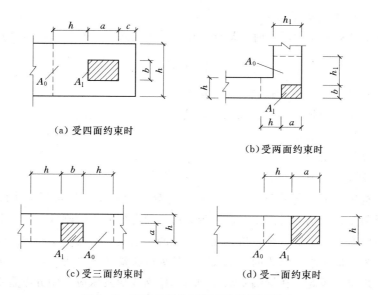

（a）受四面约束时

（b）受两面约束时

（c）受三面约束时

（d）受一面约束时

图 5-7 影响局部抗压强度的计算面积 A_0

若砌体的抗压强度为 f，则砌体的局部抗压强度可取为 γf，γ 为砌体局部抗压提高系数，$\gamma \geqslant 1.0$。为简化计算，不论砌体处于图 5-7 所示的何种受压情况以及在局部受压面积 A_1 内是否均匀受压，γ 均可按式（5-15）计算，即

$$\gamma = 1 + 0.35 \sqrt{\frac{A_0}{A_1} - 1} \tag{5-15}$$

式（5-15）中的第二项可视为由于应力扩散及局部受压区周围的砌体所提供的约束效应而增加的抗压强度。为避免因 A_0/A_1 较大时可能在砌体内产生纵向裂缝的劈裂破坏，按式（5-13）算得的 γ 值应作以下限制：

1）图 5-7（a）所示情况下，$\gamma \leqslant 2.5$。

2）图 5-7（b）所示情况下，$\gamma \leqslant 2.0$。

3）图 5-7（c）所示情况下，$\gamma \leqslant 1.5$。

4）图 5-7（d）所示情况下，$\gamma \leqslant 1.25$。

5）按规定要求灌孔的混凝土砌块砌体，$\gamma \leqslant 1.5$；未灌孔的混凝土的砌块砌体 $\gamma = 1.0$。

6）多孔砖砌体孔洞难以灌实时，取 $\gamma = 1.0$。

式（5-13）中影响砌体局部抗压强度的计算面积 A_0 可按下列规定采用：

1）图 5-7（a）所示情况下，$A_0 = (a + c + h)h$。

2）图 5-7（b）所示情况下，$A_0 = (b + 2h)h$。

3）图 5-7（c）所示情况下，$A_0 = (a + h)h + (b + h_1 - h)h_1$。

4）图 5-7（d）所示情况下，$A_0 = (a + h)h$。

式中　a、b——矩形局部受压面积 A_1 的边长；

　　　　h、h_1——墙厚或柱的较小边长、墙厚；

　　　　c——矩形局部受压面积的外边缘至构件边缘的较小距离，当 $c > h$ 时，取为 h。

2. 砌体截面中受到局部均匀压力时的承载力

砌体截面受到局部均匀压力时，局部承压承载力按式（5-16）计算，即

$$N_1 \leqslant \gamma f A_1 \qquad (5-16)$$

式中 N_1——局部受压面积上轴向力设计值；

   γ——砌体局部抗压强度提高系数，按式（5-15）计算；

   A_1——局部受压面积。

三、梁端局部受压

1. 梁端有效支承长度 a_0

在砌体结构房屋中，支承于砌体上的钢筋混凝土梁将荷载传递到砌体截面的局部范围，砌体支承面受到梁端的局部压力。由于普通钢筋混凝土梁的刚度小，在荷载作用下梁产生明显的挠曲变形，梁端产生转角，支座部位的压缩变形不同，支座内边缘处最大，越靠近梁端，压缩变形越小，当梁的支承长度 a 较大或梁端转角较大时，甚至可能出现梁端与砌体脱离的现象。因此，在梁端支承处砌体的压缩变形及压应力的分布是不均匀的，为不均匀局部受压状态。梁端底面没有与砌体脱离的长度称为有效支撑长度 a_0。若梁端底面与砌体脱离，则有效支承长度 a_0 小于实际支承长度 a（图5-8）。

梁端的有效支承长度 a_0 与梁的刚度、梁端压力及砌体强度、梁上荷载、砌体的变形性能及局部受压面积等因素有关。由于砌体的塑性性能，梁下局部压应力沿有效支承长度方向的分布是曲线形状。设砌体边缘的压缩变形为：$y_{max} = a_0 \tan\theta$（θ 为梁端转角），并假定此压缩变形与该点处的压应力成正比，则砌体边缘处的压应力为 $\sigma_{max} = k y_{max}$（k 为梁端支承处砌体的压缩刚度系数）。取压应力图形的完整系数为 η（当应力均匀分布时，$\eta = 1.0$；当为三角形分布时，$\eta = 0.5$），则有效支承长度范围内的平均压应力为 $\eta\sigma_{max}$。按竖向力的平衡可得

$$N_1 = \eta\sigma_{max} a_0 b = \eta k y_{max} a_0 b = \eta k a_0^2 b \tan\theta \qquad (5-17)$$

根据试验结果，可取 $\eta k = 0.7 f$（MPa/mm）。当 N_1 的单位取 kN、f 的单位取 MPa、a_0 与 b 以 mm 计，代入式（5-17）可得

$$a_0 = \sqrt{\frac{1000 N_1}{0.69 b f \tan\theta}} = 38\sqrt{\frac{N_1}{b f \tan\theta}} \qquad (5-18)$$

式中 a_0——梁端有效支承长度，mm，$a_0 > a$ 时，应取 $a_0 = a$；

   a——梁端实际支承长度，mm；

   N_1——梁端荷载设计值产生的支承压力，kN；

   b——梁的截面宽度，mm；

   $\tan\theta$——梁变形时，梁端轴线倾角的正切，对于承受均布荷载的简支梁，当梁的最大挠度 ω 与跨度 l_0 之比 $w/l_0 = 1/250$ 时，可近似取 $\tan\theta = 1/78$。

对跨度小于6m、承受均布荷载的钢筋混凝土简支梁试验，取 $N_1 = ql/2$，$\tan\theta \approx \theta = ql^3 / (24 B_1)$（$B_1$ 为钢筋混凝土梁的长期刚度），$h_c/l \approx 1/11$（h_c 为梁的截面高度），并近似地取 $B_1 = 0.3 E_c I_c$（I_c 为梁的截面惯性矩；E_c 为混凝土的弹性模量，当采用强度等级为 C20 的混凝土时，$E_c = 26.5 \text{kN/mm}^2$），代入式（5-18）可得简化的有效支承长度计算

式为

$$a_0 = 10 \sqrt{\frac{h_c}{f}} \tag{5-19}$$

式中 h_c——梁的截面高度，mm；

f——砌体的抗压强度设计值，MPa。

式（5-19）是在式（5-18）的基础上经过上述简化后得到的近似公式，它适用于跨度小于 6m 的钢筋混凝土梁的梁端有效支承长度的计算。

2. 上部荷载对局部抗压的影响

当梁支承于墙、柱顶时，梁端为无约束支承，此时砌体支承面上只承受梁端传来的局部压力，如图 5-8 所示；当梁支承面以上还有墙或柱时，梁端为有约束支承，此时支承面上除了作用有梁传来的局部压力外，还应考虑上部砌体传递下来的压应力，如图 5-9 所示。

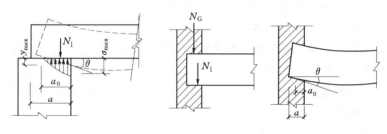

图 5-8 梁端变形　　　　图 5-9 梁端有约束支承

当梁端支承面以上还有墙柱时，作用在梁端支承处砌体局部受压面上的压力，包括梁端传来的 N_1 和上部墙、柱传来的轴向力 N_0 两部分。如果梁端上未作用有荷载 N_1 时，梁端上部墙内的压应力 σ_0 通过梁端上表面传到梁端底面并作用在砌体承压面上［图 5-10（a）］。当梁上作用的荷载 N_1 较大时，梁端底部砌体的压缩变形也大，甚至会在梁端顶面与上部砌体间产生水平缝隙，相互脱开［图 5-10（b）］。这时上部砌体传来的压力只能通过上部砌体的内拱作用传至梁端两侧的砌体。试验表明，上部荷载传来的压应力 σ_0 较小且 $A_0/A_1 > 2$ 时，梁端上部砌体的"内拱卸荷"会增大对梁端下局部受压砌体的横向约束作用，有利于砌体的局部受压。A_0/A_1 较小时"内拱卸荷"引起的有利作用减弱；上部砌体传来的压力较大时梁端顶面与砌体紧密接触，"内拱卸荷"的有利作用将会消失。因

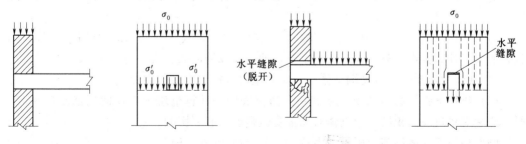

（a）梁端顶面与上部砌体间未脱开时　　　　（b）梁端顶面与上部砌体间脱开时

图 5-10 上部荷载对局部抗压强度的影响

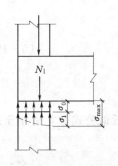

图 5-11 梁端支承处
砌体的应力

此《砌体结构设计规范》(GB 50003—2011) 规定,当 $A_0/A_1 \geqslant 3$ 时不考虑上部荷载的影响。

3. 梁端支承处砌体局部受压承载力

当 $A_0/A_1 < 3$ 时,梁端支承处砌体局部受压面的应力分布如图 5-11 所示,其内边缘的应力 σ_{max} 是由经梁端传递的上部墙体轴向压力与梁上荷载的支座压力 N_1 共同引起的。

考虑到"内拱卸荷"对梁端下砌体局部受压的有利作用,对梁端上部墙体传来的荷载进行折减,即墙体传至局部承压面下的压力为 ψN_0。因此,可得梁端支承处砌体的局部受压承载力为

$$\psi N_0 + N_1 \leqslant \eta \gamma f A_1 \qquad (5-20)$$

式中 ψ——上部荷载的折减系数,$\psi = 1.5 - 0.5 \dfrac{A_0}{A_1}$,当 $\dfrac{A_0}{A_1} \geqslant 3$ 时,取 $\psi = 0$;

N_0——局部受压面积内上部轴向力设计值,$N_0 = \sigma_0 A_1$;

σ_0——上部平均压应力设计值;

η——梁端底面压应力图形的完整系数,一般可取 0.7,对于过梁和墙梁可取 1.0;

A_1——局部受压面积,$A_1 = a_0 b$;

a_0——梁端有效支承长度,当 $a_0 > a$ 时,应取 a_0 等于 a,a 为梁端实际支承长度,mm;

b——梁的截面宽度。

四、梁端下设有刚性垫块时的砌体局部受压

当梁端支承处砌体的局部受压承载力不足,即局部受压承载力不能满足式 (5-20) 的要求时,通常可采用在梁端下部设置刚性垫块的方法增大局部受压面积。刚性垫块可以采用预制的,也可以采用现浇的。

1. 设置预制刚性垫块

刚性垫块增大了砌体局部受压的面积,更均匀地将梁端压力传到砌体承压面上。试验研究表明,刚性垫块下砌体的局部受压接近于偏心受压,垫块底面积以外的砌体对局部受压强度能产生有利的影响。

(1) 刚性垫块的构造要求。刚性垫块的构造应符合下列规定:

1) 刚性垫块的高度 $t_b \geqslant 180mm$,自梁边缘算起的垫块挑出长度不宜大于垫块的高度 t_b。

2) 在带壁柱墙的壁柱内设刚性垫块时 (图 5-12),其计算面积应取壁柱范围内的面积,而不应计算翼缘部分,同时壁柱上垫块伸入翼缘墙内的长度不应小于 120mm。

3) 现浇的刚性垫块与梁端整体浇筑时,垫块可在梁高范围内设置。

(2) 垫块下砌体的局部受压承载力。研究表明,计算垫块下砌体的局部受压承载力时,应考虑垫块底面积以外的砌体对局部受压强度的有利影响。

刚性垫块下砌体局部受压承载力按式 (5-21) 计算,即

$$N_0 + N_1 \leqslant \varphi \gamma_1 f A_b \qquad (5-21)$$

式中 N_0——垫块面积 A_b 内上部轴向力设计值,$N_0 = \sigma_0 A_b$;

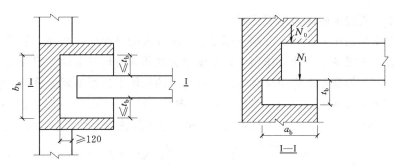

图 5-12 壁柱上设有垫块时梁端局部受压

φ——垫块上 N_0 及 N_1 合力的影响系数，按 $\beta \leqslant 3$ 在表 5-1～表 5-3 取值或式（5-8）确定；

γ_1——垫块外砌体面积的有利影响系数，$\gamma_1 = 0.8\gamma$，但不小 1.0；

γ——砌体局部抗压强度提高系数，按式（5-13）以 A_b 代替 A_l 计算得出；

A_b——垫块面积，$A_b = a_b b_b$；

a_b——垫块伸入墙内的长度；

b_b——垫块的宽度。

（3）梁端有效支承长度 a_0。研究表明，设刚性垫块时，梁端的有效支承长度较小，增大了荷载的偏心距，对其下的墙体受力不利。《砌体结构设计规范》（GB 50003—2011）规定：设刚性垫块时梁端压力设计值 N_1 的作用点与墙边缘的距离可取 $0.4a_0$，梁端有效支承长度 a_0 应按下式计算，即

$$a_0 = \delta_1 \sqrt{\frac{h_c}{f}} \qquad (5-22)$$

式中 δ_1——刚性垫块的影响系数，按表 5-5 选用，表中其间的数值可采用插入法求得。

表 5-5 刚性垫块的影响系数 δ_1 值

σ_0/f	0	0.2	0.4	0.6	0.8
δ_1	5.4	5.7	6.0	6.9	7.8

2. 设置与梁端现浇成整体的垫块

与梁端现浇成整体的垫块虽然也增大了梁端的支承面积（图 5-13），但梁受力后垫块部分将随梁端一起转动，梁下砌体的受力状态与未设垫块时梁的受力状态相同。但为了简化计算，仍可按设置预制刚性垫块的方法计算。

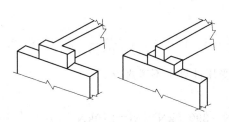

图 5-13 与梁端现浇成整体的垫块

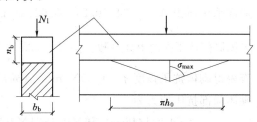

图 5-14 垫梁局部受压

五、梁下设置垫梁的砌体局部受压

为了扩散梁端的压力，可在梁端下部设置长度较大的垫梁代替垫块，如采用钢筋混凝土圈梁作垫梁。在梁端集中荷载作用下，垫梁受力如同弹性地基上的无限长梁，通过沿自身轴线方向的不均匀变形将集中荷载传至一定范围的砌体上。根据理论分析，垫梁下的压应力分布可简化为分布宽度为 πh_0 的三角形（图 5-14），考虑到压应力的不均匀分布，应力峰值 σ_{max} 可取 $1.5f$。在梁端支座压力 N_l 和垫梁上部轴力设计值 N_0 的作用下，有

$$N_0 + N_l \leqslant \frac{\pi b_b h_0}{2} \times 1.5f = 2.356 f b_b h_0 \approx 2.4 f b_b h_0 \qquad (5-23)$$

在考虑荷载沿墙厚方向分布不均匀的影响后，垫梁长度大于 πh_0 的垫梁下砌体的局部受压承载力按下式计算，即

$$N_0 + N_l \leqslant 2.4 \delta_2 f b_b h_0 \qquad (5-24)$$

$$N_0 = \frac{\pi b_b h_0 \sigma_0}{2} \qquad (5-25)$$

式中　　N_0——垫梁范围内上部轴向力设计值，N；

σ_0——上部荷载设计值产生的平均压应力，N/mm²；

δ_2——当荷载沿墙厚方向均匀分布时 δ_2 取 1.0，不均匀分布时 δ_2 可取 0.8；

b_b——垫梁宽度，mm；

h_0——垫梁折算高度，mm，$h_0 = 2 \sqrt[3]{\dfrac{E_b I_b}{Eh}}$；

E_b、I_b——垫梁的混凝土弹性模量和截面惯性矩；

E——砌体的弹性模量；

h——墙体的厚度，mm。

垫梁上梁端有效支承长度 a_0 可按式（5-22）计算。

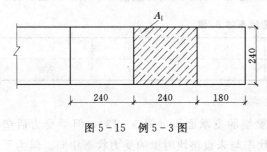

图 5-15　例 5-3 图

【例 5-3】　截面尺寸为 240mm × 240mm 的钢筋混凝土轴心受压柱，支承在厚 240mm 的砖墙上，砖墙为采用 MU10 烧结普通砖、M7.5 混合砂浆砌筑的砌体，柱传来的轴向压力设计值为 70kN，试验算柱下砌体的局部受压承载力。

解：

影响砌体局部抗压强度的计算面积 $A_0 = 0.24 \times (0.24 + 0.24 + 0.18) = 0.1584 (\text{m}^2)$。

局部承压面积 $A_l = 0.24 \times 0.24 = 0.0576 (\text{m}^2)$。

砌体局部抗压强度提高系数：$\gamma = 1 + 0.35 \sqrt{\dfrac{A_0}{A_l} - 1} = 1 + 0.35 \sqrt{\dfrac{0.1584}{0.0576} - 1} = 1.46 < 2.5$。

查表得砌体抗压强度 $f = 1.69 \text{N/mm}^2$（局部受压计算中不考虑 γ_a）。

砌体局部抗压能力为

$$\gamma f A_l = 1.46 \times 1.69 \times 0.1584 \times 10^6 \text{N} = 390.8 \text{kN} > N_l = 270 \text{kN}$$

砌体的局部承载力满足要求。

【例 5－4】 已知墙上支承截面尺寸为 $250mm×550mm$ 的钢筋混凝土梁，梁端支承长度为 $240mm$，荷载设计值产生的梁端支承反力设计值为 $N_l=80kN$，上部轴向力设计值为 $N_a=145kN$，窗间墙截面为 $1500mm×370mm$，采用 MU10 烧结普通砖和 M5 混合砂浆砌筑，验算梁下砌体局部受压承载力。

解：

由表查得抗压强度设计值 $f=1.50N/mm^2$（局部受压计算中不考虑 γ_a）

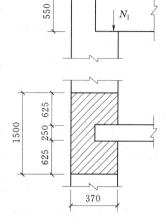

梁端有效支承长度

$$a_0=10\sqrt{\frac{h_0}{f}}=10\sqrt{\frac{550}{1.50}}=191.5(mm)<a=240mm$$

取 $a_0=191.5mm$

梁端局部受压面积

图 5-16　例 5-4 图

$$A_1=a_0b=191.5×250=47875(mm^2)$$

影响砌体局部抗压强度的计算面积 $A_0=(250+2×370)×370=347800(mm^2)$

由于 $\dfrac{A_0}{A_1}=\dfrac{347800}{47875}=7.65>3$，故取影响砌体局部抗压强度提高系数 $\psi=0$

则　　　　　　　　　　　　$\psi N_0+N_1=80kN$

则　　$\gamma=1+0.35\sqrt{\dfrac{A_0}{A_1}-1}=1+0.35×\sqrt{7.65-1}=1.90<2.0$，取 $\gamma=1.90$

$\eta\gamma fA_1=0.7×1.90×1.5×47875=95510.6(N)=95.5kN>\psi N_0+N_1=80kN$

经验算，梁下砌体局部受压符合局部抗压强度的要求。

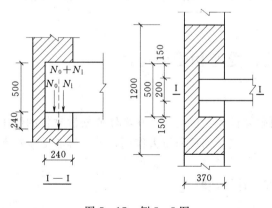

图 5-17　例 5-5 图

【例 5－5】 已知钢筋混凝土梁截面尺寸为 $200mm×500mm$，梁端支承长度为 $240mm$，梁下设预制钢筋混凝土垫块，垫块的截面尺寸为 $500mm×240mm×240mm$，梁端支承反力为 $N_1=95kN$，上部传来作用在梁底窗间墙截面上的荷载设计值为 $0.5N/mm^2$，窗间墙截面为 $1200mm×370mm$，采用 MU10 烧结普通砖和 M5 混合砂浆砌筑，试验算墙体的局部受压承载力。

解：

梁下的预制钢筋混凝土垫块高度为 $240mm$，平面尺寸为 $240mm×500mm$，垫块自梁边两侧各挑出了 $150mm$，符合刚性垫块的要求。

$$A_1=A_b=a_a×b_b=500×240mm^2=120000mm^2$$

因为 $b+2h=500+2×370=1200mm>1200mm$（房间墙宽度），按 $b_0=1200mm$ 计

算，所以

$$A_0 = b_0 \times h = 1200 \times 370 = 444000$$

$$\frac{A_0}{A_1} = \frac{444000}{120000} = 3.70$$

$$\gamma = 1 + 0.35 \sqrt{\frac{A_0}{A_1} - 1} = 1 + 0.35 \times \sqrt{3.70 - 1} = 1.58 < 2.0$$

故取 $\gamma = 1.58$ 则 $\gamma_1 = 0.8\gamma = 0.8 \times 1.58 = 1.26 > 1$

故取 $\gamma_1 = 1.26$

上部荷载产生的平均压应力为 0.5，$A = 1.2 \times 0.37 = 0.444\text{m}^2 > 0.3\text{m}^2$，不考虑抗压强度的调整，取 $f = 1.50\text{N/mm}^2$。

$$\frac{\sigma_0}{f} = \frac{0.5}{1.50} = 0.33，查表得 \delta_1 = 5.88。$$

刚性垫块上表面处梁端的有效支承长度为

$$a_0 = \delta_1 \sqrt{\frac{h}{f}} = 5.88 \times \sqrt{\frac{500}{1.50}} = 107.4\text{mm} < 240\text{mm}，取 a_0 = 107.4\text{mm}$$

合力点至墙边的位置：$0.4a_0 = 0.4 \times 107.4 = 42.9$（mm）

对垫块重心的偏心距：$e_1 = 120 - 42.9 = 77.1$（mm）

垫块承受的上部荷载：$N_0 = \sigma_0 A_b = 0.5 \times 120000 = 60000$（N）$= 60.0\text{kN}$

作用在垫块上的轴向力：$N = N_0 + N_1 = 60.0 + 95 = 155.0\text{kN}$

轴心力对垫块地面型心的偏心距为

$$e = \frac{N_1 e_1}{N_0 + N_1} = \frac{95 \times 77.1}{155} = 47.19(\text{mm})，\frac{e}{h} = \frac{47.19}{240} = 0.197$$

查表得 $\varphi = 0.68$，则

$$\varphi\gamma_1 f A_b = 0.68 \times 1.26 \times 1.5 \times 120000 = 154224\text{N} = 154\text{kN} > N = N_0 + N_1 = 140.0\text{kN}$$

墙体的局部受压承载力符合要求。

第三节   轴心受拉、受弯和受剪构件

一、轴心受拉构件

砌体的抗拉能力很弱，工程上很少采用砌体作为受拉构件。在液体或松散材料的侧压力作用下，圆形砌体水池或砌体筒仓的池（仓）壁受到环向拉力作用，处于轴心受拉状态（图 5 - 18）。

砌体轴心受拉构件承载力应按式（5 - 26）计算，即

$$N_t \leqslant f_t A \tag{5 - 26}$$

式中 N_t——轴心拉力设计值；

f_t——砌体的轴心抗拉强度设计值，按表 2 - 11 选用。

二、受弯构件

如图 5 - 19 所示，砖砌平拱过梁及砌体挡土墙在荷载作用下均是受弯构件。根据弯矩作用的方向不同，砌体会产生不同的弯曲破坏形态：沿齿缝截面破坏［图 5 - 19（a）、

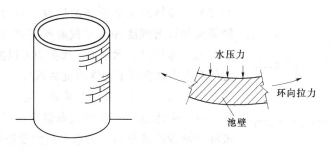

图 5-18 圆形水池池壁受拉

(b)]；沿通缝截面破坏 ［图 5-19 （c)]。受弯构件中通常同时存在着弯矩和剪力，因此受弯构件设计时既应计算正截面受弯承载力，还应计算斜截面受剪承载力。

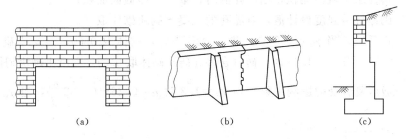

图 5-19 砌体构件受弯

1. 正截面受弯承载力

砌体受弯构件的正截面受弯承载力应按式（5-27）计算，即

$$M \leqslant f_{tm}W \tag{5-27}$$

式中 M——弯矩设计值；

f_{tm}——砌体的弯曲抗拉强度设计值，根据破坏的形态在表 2-11 中选取相应的强度指标值；

W——截面抵抗矩。

2. 斜截面受剪承载力

砌体受弯构件的斜截面受剪承载力应按式（5-28）计算，即

$$V \leqslant f_v bz \tag{5-28}$$

其中

$$z = \frac{S}{I}$$

式中 V——剪力设计值；

f_v——砌体的抗剪强度设计值，应按表 2-11 选用；

b——截面宽度；

z——内力臂，当截面为矩形时取 $z = 2h/3$（h 为矩形截面高度）；

I——截面惯性矩；

S——截面面积矩。

三、受剪构件

无拉杆拱的支座处拱的推力使支座的水平截面受剪，常出现沿通缝截面受剪破坏（图

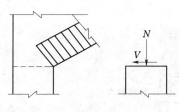

图 5-20 无拉杆拱支座处受剪

5-20)。砌体沿通缝截面的抗剪承载力取决于砌体沿灰缝截面的抗剪强度和水平截面所受到的垂直压力。当有垂直压力作用时，水平面上摩擦力可以抵抗部分剪力，压力的存在明显提高了构件的抗剪承载力。研究表明，沿通缝截面破坏的砌体构件受剪承载力可采取剪摩理论进行计算。由于砌体竖向灰缝的抗剪强度很低，沿阶梯形截面破坏时可按阶梯形截面的水平截面投影面积近似计算。

沿通缝或沿阶梯形截面破坏时受剪构件的承载力应按式（5-29）计算，即

$$V \leqslant (f_v + \alpha\mu\sigma_0)A \tag{5-29}$$

式中　V——水平截面剪力设计值；

A——构件水平截面面积，当有孔洞时，取构件净截面面积；

f_v——砌体抗剪强度设计值，对灌孔的混凝土砌块砌体取 f_{vg}；

α——正系数，当 $\gamma_G = 1.2$ 时，砖（含多孔砖）砌体取 0.60，混凝土砌块砌体取 0.64，当 $\gamma_G = 1.35$ 时，砖（含多孔砖）砌体取 0.64，混凝土砌块砌体取 0.66；

μ——剪压复合受力影响系数，当 $\gamma_G = 1.2$ 时 $\mu = 0.26 - 0.082\dfrac{\sigma_0}{f}$，当 $\gamma_G = 1.35$ 时 $\mu = 0.23 - 0.065\dfrac{\sigma_0}{f}$；

σ_0——永久荷载设计值产生的水平截面平均压应力，其值不应大于 $0.8f$；

f——砌体的抗压强度设计值。

【例 5-6】　一圆形砖砌水池，壁厚 370mm，采用 MU10 烧结普通砖、M7.5 的水泥砂浆砌筑，池壁承受 $N = 55\text{kN/m}$ 的环向拉力。试验算池壁的受拉承载力。

解：

采用水泥砂浆砌筑，由于砌体采用强度等级大于 M5 的水泥砂浆砌筑，故而不用折减取单位宽度池壁进行承载力计算，单位宽度池壁的截面面积为 $A = 1 \times 0.37 = 0.37$（m²）

由 M7.5 的水泥砂浆查得池壁的抗拉强度设计值为：$f_t = 0.16$

则　　　　　$Af_t = 0.37 \times 0.16 \times 10^6 = 59200(\text{N}) = 59.20\text{kN} > N = 55\text{kN}$

满足受拉承载力要求。

【例 5-7】　如图 5-21 所示，某悬壁式水池池壁的壁高 $H = 1.2\text{m}$，壁厚 490mm，采用 MU10 烧结普通砖、M7.5 水泥砂浆砌筑，池壁自重可忽略不计，试验算悬壁式池壁的承载力。

解：

池壁为固定于基础上的悬臂板，在竖直方向切取单位宽度的竖向板带作为计算单元，此板带在三角形水压力作用下可按上端自由、下端固定的悬臂梁进行计算。

池壁底端产生的弯矩 $M = \dfrac{1}{6}\gamma H^3 = \dfrac{1}{6} \times 10 \times 1.2^3 = 2.4(\text{kN·m})$

$$W = \frac{1}{6}bh^2 = \frac{1}{6} \times 1.0 \times 0.49^2 = 0.04(\text{m}^3)$$

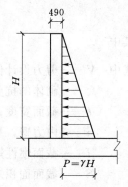

图 5-21　例 5-7 图

由 M7.5 水泥砂浆查表得砌体沿通缝的弯曲抗拉强度设计值为 $f_{tm}=0.14kN/m^2$

则 $Wf_{tm}=0.04\times0.14\times10^3=5.6(kN\cdot m)>M=2.4kN\cdot m$

所以，池壁受弯承载力满足要求。

池壁底端产生的剪力 $V=\dfrac{1}{2}\gamma H=\dfrac{1}{2}\times10\times1.2=6$ （kN）

由 M7.5 水泥砂浆查表得砌体的抗剪强度设计值为 $f_v=0.14kN/m^2$

则 $bzf_v=1\times\dfrac{2}{3}\times0.49\times0.14\times10^3=45.7(kN)>V=6kN$

池壁抗剪承载力符合要求。

【例 5-8】 已知拱支座处的水平推力的设计值 $V=16kN$，受剪截面尺寸为 $A=370mm\times490mm$，作用在 1—1 截面上由永久荷载设计值产生的竖向压力为 $N_k=50kN$，永久荷载分项系数 $\gamma_G=1.35$，墙体采用 MU10 烧结普通砖和 M5 混合砂浆砌筑。试验算拱支座截面的抗剪承载力。

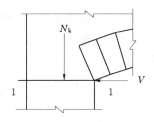

图 5-22 例 5-8 图

解：

采用 MU10 烧结普通砖、M5 混合砂浆砌筑，由表查得砌体抗压强度设计值为 $f=1.50MPa$，抗剪强度设计值为 $f_v=0.14MPa$

水平截面面积 $A=370\times490=181300$ （mm^2）$=0.1813m^2<0.3m^2$

考虑砌体强度调整系数 $\gamma_a=A+0.7=0.1813+0.7=0.8813$，于是有

$$f=1.50\times0.8813=1.32(N/mm^2),f_v=0.14\times0.8813=012(N/mm^2)$$

$$\sigma_0=\frac{N}{A}=\frac{50\times10^3}{0.1813\times10^6}=0.276,\frac{\sigma_0}{f}=\frac{0.276}{1.32}=0.209<0.8$$

按 $\gamma_G=1.35$ 计算则

$$\mu=0.23-0.065\frac{\sigma_0}{f}=0.216$$

$$V_a=(f_v+\alpha\mu\sigma_0)A=(0.12+0.64\times0.216\times0.276)\times0.1813\times10^3$$
$$=28.76(kN)>V=16kN$$

拱支座截面受剪承载力满足要求。

本 章 小 结

（1）影响无筋砌体受压构件承载力的因素有截面尺寸、材料强度、施工质量等级、高厚比和相对偏心距。无筋砌体受压构件的承载力随偏心距、高厚比的增大而明显降低，规范采用偏心影响系数 φ 来反映承载力受偏心距和高厚比的影响。φ 值与砂浆强度等级、构件高厚比以及偏心程度（e/h 或 e/h_T）有关。确定偏心影响系数 φ 时高厚比 β 必须考虑不同砌体材料的高厚比修正系数 γ_β。公式 $N\leq\varphi fA$ 式适用于偏心距 $e\leq0.6y$ 的受压构件，过大的偏心距容易在使用阶段就产生较宽的水平裂缝，使得刚度下降，承载力显著降低。

（2）局部受压分为局部均匀受压和局部非均匀受压两种。局部承压面下的砌体横向变形受到周边砌体的约束作用及局部承压面下力的扩散作用，使得砌体局部抗压强度得以提高。规范采用砌体局部抗压提高系数 γ 来考虑砌体抗压强度 f 的提高，局部抗压提高系数 γ 值随局部受压约束程度的增强而提高。为了防止砌体劈裂破坏，规范限制局部抗压提高系数 γ 值不能过大。

(3) 由于梁在荷载作用下的变形，梁下砌体承受的局部压力是非均匀的。梁变形后的有效支承长度 a_0 与砌体的压缩刚度、梁的翘曲变形有关。梁端未设垫块时，考虑到"内拱卸荷"的有利作用而对上部墙体传来的轴向力 N_0 作折减。当梁端与垫块整体浇筑时，砌体的受力状态可看作未设梁垫而梁端加宽时的受力情况。梁端设有预制刚度垫块时，垫块砌体的局部受压接近于偏心受压。在梁端下部设置长度较大的垫梁可扩散梁端的压力。在梁端集中荷载作用下，垫梁通过沿自身轴线方向的不均匀变形将集中荷载传至一定范围的砌体上。垫梁下的压应力分布可简化为分布宽度为 πh_0 的三角形，应力峰值 σ_{max} 可取 $1.5f$。

思 考 题

5-1 影响无筋砌体受压构件承载力的主要因素有哪些？

5-2 无筋砌体受压构件计算公式的适用范围是什么？当轴向力偏心距超过限值时应采取哪些措施进行调整？

5-3 为何要对无筋砌体受压构件进行两个方向的承载力验算？

5-4 砌体局部受压的破坏形态有哪几种？设计时应采取什么措施以避免这些破坏形态的发生？

5-5 为何砌体的局部抗压强度大于其全截面受压时的抗压强度？

5-6 影响砌体局部抗压强度提高系数的因素有哪些？为何限定砌体局部抗压强度提高系数不能太大？

5-7 影响梁端有效支承长度的因素有哪些？

5-8 上部荷载对局部抗压强度有何影响？设计时如何考虑上部荷载对局部抗压强度？

5-9 刚性垫块应满足哪些条件？

5-10 影响垫梁折算高度的因素有哪些？影响垫梁下应力分布宽度的因素有哪些？

习 题

5-1 截面尺寸为 $490mm \times 370mm$ 的无筋砌体轴心受压柱，计算高度为 4.5m，承受纵向力设计值 $N = 120kN$（包括自重），柱采用 MU10 烧结普通砖、M5 混合砂浆砌筑，试验算该柱受压承载力。

5-2 截面尺寸为 $370mm \times 490mm$ 的无筋砌体矩形截面柱，计算高度为 5.0m，承受纵向力设计值 $N = 110kN$（包括自重），沿长边的偏心距为 190mm，柱采用 MU10 砖及 M5 混合砂浆砌筑。试验算该矩形截面无筋砌体偏心受压柱的承载能力。

5-3　单层厂房纵墙窗间墙截面尺寸如图 5-23 所示，计算高度 $H_0=5.4\mathrm{m}$，轴向力设计值 $N=450\mathrm{kN}$（包括自重），弯矩设计值 $M=30\mathrm{kN\cdot m}$（偏心荷载作用在翼缘一侧），采用 MU10 砖及 M5 混合砂浆砌筑。试验算该窗间墙。

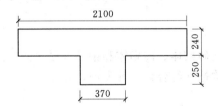

图 5-23　窗间墙截面尺寸（单位：mm）

5-4　截面尺寸为 200mm×240mm 的矩形钢筋混凝土柱支承在砖墙上，砖墙厚 240mm，采用 MU10 烧结普通砖及 M5 混合砂浆砌筑，柱底轴向力设计值 $N=100\mathrm{kN}$，试验算柱底砌体的局部受压承载力。

5-5　截面尺寸为 1500mm×370mm 的窗间墙上支承着一个钢筋混凝土梁，梁截面尺寸 $b\times h=200\mathrm{mm}\times550\mathrm{mm}$，支承长度为 240mm，梁端支座反力设计值为 130kN，上部墙体传来的荷载设计值为 180kN，如图 5-24 所示。采用 MU10 烧结普通砖，M5 混合砂浆砌筑。试验算房屋大梁端部下砌体局部受压承载力。如砌体局部受压承载力不满足要求，试设置刚性垫块，并重新进行验算。

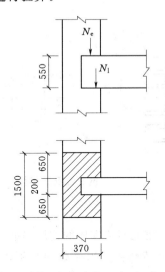

图 5-24　窗间墙截面尺寸（单位：mm）

第六章 配筋砖砌体构件

配筋砖砌体有网状配筋砖砌体、砖砌体和钢筋混凝土面层（钢筋砂浆面层）的组合砌体及砖砌体和钢筋混凝土构造柱组合墙 3 种类型。

第一节 网状配筋砖砌体构件

无筋砖砌体受压时，由于砂浆层的非均匀性及砖与砂浆横向变形的差异性，砖处于压、弯、剪、拉的复杂应力状态下，使抗拉、抗折强度低的单砖较早出现裂缝，在砖砌体中形成与竖向灰缝贯通的裂缝，这些裂缝将砌体分割成许多砌体小柱，最后由于某个砌体小柱的压屈或破坏而导致整个砌体的破坏。人们常在砌筑砖砌体时将钢筋网片放置在砌体水平灰缝内约束砂浆的横向变形，通过钢筋网减小砖与砂浆横向变形的差异，避免裂缝将砌体分割为一系列独立的砌体小柱，从而避免由砌体小柱的压屈或破坏而导致的砌体破坏，以提高砖砌体的承载力。这种在水平灰缝中配置钢筋网片的砌体称为网状配筋砖砌体（图 6-1）。

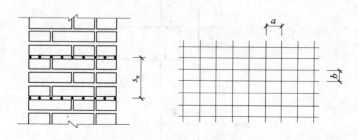

图 6-1 网状配筋砖砌体

一、适用范围

网状配筋砖砌体的抗压强度较无筋砖砌体的抗压强度高，当砖砌体受压构件的截面尺寸受到限制时，可采用网状配筋砖砌体；当荷载偏心距较大时，截面上的应力分布不均匀，网状钢筋的作用效果降低，砌体的承载能力提高的程度有限。因此，网状配筋砖砌体受压构件的偏心距不应超过截面核心范围，对矩形截面即应 $e/h \leqslant 0.17$，并且构件高厚比应 $\beta \leqslant 16$。

二、受压性能

在砖砌体水平灰缝中配置钢筋网片后，由于在钢筋和砂浆以及砂浆和块材之间存在黏结作用，灰缝中的钢筋网片与砌体共同工作。在竖向荷载作用下，砖砌体产生纵向压缩，同时也产生横向膨胀。灰缝中的钢筋网片因砌体的横向膨胀而受拉，砖砌体的横向膨胀受到钢筋的约束，阻止了砖砌体横向膨胀变形的发展，使砌体处于三向应力状态。在纵向裂缝出现后，网状钢筋阻止了砖砌体中纵向裂缝的延伸，砖砌体中的裂缝仅能在两个网状钢筋之间出现，且这些裂缝宽度较小且数量较多，不能形成贯通的竖向裂缝，被竖向裂缝分开的小砖柱不至于过早失稳而引起整个结构的破坏，从而提高了砌体承担竖向荷载的能力。

　　试验表明，网状配筋砖砌体从加载到破坏的过程可按照裂缝的出现和发展分为 3 个受力阶段。从开始加载到个别砖内出现裂缝为第一阶段，产生第一批裂缝时的荷载为破坏荷载的 60%～75%，这一阶段砖砌体的横向变形很小，钢筋的应力也很小，网状配筋砖砌体的受力与无筋砌体基本相同。继续加载时，由于钢筋的约束作用，砖砌体中的裂缝发展缓慢，纵向裂缝受横向钢筋网的约束而不能沿砌体高度方向形成连续裂缝，仅在横向钢筋网之间形成较小的纵向裂缝和斜裂缝，这些裂缝宽度小而数目较多。第二阶段的受力性能与无筋砌体有明显的不同。继续加载至接近极限荷载时，外表部分破坏严重的砖开始脱落，随之受压面积减小，截面中压应力不断提高，个别砖完全被压碎，最终砌体完全破坏，破坏时没有形成无筋砌体破坏时那样的半砖小柱。

三、承载力计算

1. 计算公式

网状配筋砖砌体受压构件的承载力应按式（6-1）计算，即

$$N \leqslant \varphi_{n} f_{n} A \tag{6-1}$$

式中　N——轴向力设计值；

　　　φ_{n}——高厚比和配筋率以及轴向力的偏心距对网状配筋砖砌体受压构件承载力的影响系数，可按表 6-1 采用或按式（6-2）计算；

　　　f_{n}——网状配筋砖砌体的抗压强度设计值，按式（6-4）确定；

　　　A——截面面积。

2. 承载力影响系数 φ_{n}

与无筋砖砌体受压构件相同，网状配筋砖砌体的高厚比 β 和轴向力的偏心距 e 也影响其承载力，考虑高厚比 β 和轴向力的偏心距 e 对承载力的影响，网状配筋砖砌体的承载力计算也引入承载力影响系数 φ_{n}。

$$\varphi_{n} = \frac{1}{1 + 12\left[\dfrac{e}{h} + \sqrt{\dfrac{1}{12}\left(\dfrac{1}{\varphi_{0n}} - 1\right)}\right]^{2}} \tag{6-2}$$

其中

$$\varphi_{0n} = \frac{1}{1 + (0.0015 + 0.45\rho)\beta^{2}} \tag{6-3}$$

式中　ρ——体积配筋率；

　　　φ_{0n}——网状配筋砖砌体构件的稳定系数；

　　　β——高厚比。

表 6 - 1 网状配筋砖砌体影响系数 φ_n

ρ /%	β	e/h 0	0.05	0.10	0.15	0.17
0.1	4	0.97	0.89	0.78	0.67	0.63
	6	0.93	0.84	0.73	0.62	0.58
	8	0.89	0.78	0.67	0.57	0.53
	10	0.84	0.72	0.62	0.52	0.48
	12	0.78	0.67	0.56	0.48	0.44
	14	0.72	0.61	0.52	0.44	0.41
	16	0.67	0.56	0.47	0.40	0.37
0.3	4	0.96	0.87	0.76	0.65	0.61
	6	0.91	0.89	0.69	0.59	0.55
	8	0.84	0.74	0.62	0.53	0.49
	10	0.78	0.67	0.56	0.47	0.44
	12	0.71	0.60	0.51	0.43	0.40
	14	0.64	0.54	0.46	0.38	0.36
	16	0.58	0.49	0.41	0.35	0.32
0.5	4	0.94	0.85	0.74	0.63	0.59
	6	0.88	0.77	0.66	0.56	0.52
	8	0.81	0.69	0.59	0.50	0.46
	10	0.73	0.62	0.52	0.44	0.41
	12	0.65	0.55	0.46	0.39	0.36
	14	0.58	0.49	0.41	0.35	0.32
	16	0.51	0.43	0.36	0.31	0.29
0.7	4	0.93	0.83	0.72	0.61	0.57
	6	0.86	0.75	0.63	0.53	0.50
	8	0.77	0.66	0.56	0.47	0.43
	10	0.68	0.58	0.49	0.41	0.38
	12	0.60	0.50	0.42	0.36	0.33
	14	0.52	0.44	0.37	0.31	0.30
	16	0.46	0.38	0.33	0.28	0.26
0.9	4	0.92	0.82	0.71	0.60	0.56
	6	0.83	0.72	0.61	0.52	0.48
	8	0.73	0.63	0.53	0.45	0.42
	10	0.64	0.54	0.46	0.38	0.36
	12	0.55	0.47	0.39	0.33	0.31
	14	0.48	0.40	0.34	0.29	0.27
	16	0.41	0.35	0.30	0.25	0.24
1.0	4	0.91	0.81	0.70	0.59	0.55
	6	0.82	0.71	0.60	0.51	0.47
	8	0.72	0.61	0.52	0.43	0.41
	10	0.62	0.53	0.44	0.37	0.35
	12	0.54	0.45	0.38	0.32	0.30
	14	0.46	0.39	0.33	0.28	0.26
	16	0.39	0.34	0.28	0.24	0.23

3. 网状配筋砖砌体的抗压强度

网状配筋可以约束砖砌体的横向变形，间接提高砖砌体的抗压强度。研究表明，网状配筋砖砌体的抗压强度可按式（6-4）及式（6-5）确定，即

$$f_n = f + 2\left(1 - \frac{2e}{y}\right)\rho f_y \tag{6-4}$$

$$\rho = \frac{(a+b)A_s}{abs_n} \tag{6-5}$$

式中 e——轴向力的偏心距，按荷载设计值计算；

ρ——体积配筋率；

a、b——钢筋网的网格尺寸；

A_s——钢筋的截面面积；

s_n——钢筋网的竖向距离；

f_y——钢筋的抗拉强度设计值，当 $f_y > 320$MPa 时，仍采用 320MPa，即 $f_y \leqslant 320$MPa。

与无筋砌体受压构件一样，对于矩形截面网状配筋砖砌体构件，当轴向力偏心方向的截面边长大于另一方向的边长时，除按偏心受压计算外，还应对较小边长方向按轴心受压进行验算。

当网状配筋砖砌体构件下端与无筋砌体交接时，尚应验算交接处无筋砌体的局部受压承载力。

四、构造要求

为了使网状配筋砖砌体受压构件能安全可靠地工作，除需要进行承载力计算外，还应满足以下构造要求：

（1）网状配筋砖砌体中的体积配筋率不应小于 0.1%，并不应大于 1%。若配筋率过小，砌体强度提高有限；若配筋率过大，砌体强度可能接近砖的强度，钢筋的强度不能得到进一步发挥。施工中常将钢筋网中一根钢筋的末端伸出砌体表面 5mm，以便及时检查钢筋网是否错放或漏放。

（2）钢筋网的钢筋不能过细，但也不能过大。钢筋直径增大，则灰缝加厚，对砌体受力不利，钢筋网一般采用直径为 3~4mm 的钢筋制作。

（3）若钢筋网的钢筋间距过小则灰缝中的砂浆难以均匀密实；若间距过大则钢筋网的横向约束效应不明显，因此钢筋网的间距不应大于 120mm，也不应小于 30mm。

（4）钢筋网的竖向间距不应大于五皮砖，并不应大于 400mm。

（5）为了保证有效地发挥材料的强度并避免钢筋的锈蚀、提高钢筋与砂浆的黏结力，网状配筋砌体所用的砂浆强度等级不应低于 M7.5。钢筋网设置在水平灰缝中应保证钢筋上下至少各有 2mm 厚的砂浆层。

【例 6-1】 砖柱的截面尺寸为 370mm×490mm，计算高度为 4.44m，用 MU10 烧结普通砖和 M5 混合砂浆砌筑，承受轴向心压力设计值 $N = 408$kN，沿长边方向的弯矩设计值为 10kN·m，试验算其承载力。若承载力不足，采用 4mm 冷拔低碳钢丝，钢丝间距 40mm，钢丝网竖向间距 120mm 的网状配筋加强，并重新验算其承载力。

解：

（1）按无筋砌体验算：

$$\beta = \gamma_\beta \frac{H_0}{h} = 1.0 \times \frac{4440}{370} = 12, e = \frac{M}{N} = \frac{10 \times 10^6}{408 \times 10^3} = 24.5, \frac{e}{h} = \frac{24.5}{490} = 0.05$$

查表 6-1 有 $\varphi = 0.71$，$f = 1.5\text{MPa}$

但由于 $A = 0.37 \times 0.49 = 0.1813\text{m}^2 < 0.3\text{m}^2$，故而应考虑到调整系数：

$$\gamma_a = 0.7 + A = 0.7 + 0.1813 = 0.8813$$

调整后的砌体抗压强度为：$\gamma_a f = 0.8813 \times 1.5 = 1.32$（MPa）

砖柱承载力为：$\varphi A \gamma_a f = 0.71 \times 370 \times 490 \times 0.8813 \times 1.5 = 170.17(\text{kN}) < N = 408\text{kN}$

不满足要求。

（2）采用网状配筋加强，选用 $\Phi^b 4$ 冷拔低碳钢丝方格网，其配筋率为

$$则 \rho = \frac{2A_n}{\alpha s_n} \times 100\% = \frac{2 \times 12.6}{40 \times 120} \times 100\% = 0.525\%（大于 0.1\% 且小于 1\%）$$

$\Phi^b 4$ 冷拔的低碳钢丝抗拉强设计值为 $f_y = 430\text{MPa} > 320\text{MPa}$，取 $f_y = 320\text{MPa}$

$$f_n = f + 2\left(1 - \frac{2e}{y}\right)\rho f_y = 1.32 + 2\left(1 - \frac{2 \times 24.5}{450/2}\right) \times 0.00525 \times 320 = 3.95(\text{MPa})$$

由 e/h、β 及 ρ 查表 6.1 有 $\varphi_n = 0.64$。

则 $\varphi_n f_n A = 0.64 \times 3.95 \times 370 \times 490 = 458.33(\text{kN}) > 408(\text{kN})$

满足要求。

第二节　砖砌体和钢筋混凝土面层（钢筋砂浆面层）的组合砌体构件

在砖砌体内配置纵向钢筋外抹混凝土或砂浆面层的配筋砖砌体，称为砖砌体和钢筋混凝土面层（钢筋砂浆面层）的组合砌体。图 6-2 所示为几种常见的砖砌体和钢筋混凝土面层（钢筋砂浆面层）的组合砌体构件截面形式。

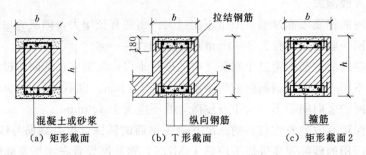

图 6-2　砖砌体和钢筋混凝土面层（钢筋砂浆面层）的组合砌体构件截面

当无筋砌体受压构件的轴向压力偏心距超过限值（$e > 0.6y$）或截面尺寸受到限制以及采用无筋砌体不经济时，宜采用砖砌体和钢筋混凝土面层或钢筋砂浆面层组成的组合砖砌体构件。

砖墙与组合砌体一同砌筑的 T 形截面构件［图 6-2（b）］可按矩形截面组合砌体构

件进行承载力和高厚比计算［图 6 - 2 (c)］。

一、受压性能

在轴心压力作用下，组合砌体中的砌体、钢筋和混凝土 3 种不同材料具有相同的变形，组合砌体的第一批裂缝大多在砌体与钢筋混凝土或砌体与钢筋砂浆的连接处出现。随着荷载的增加，砖砌体上逐渐产生竖直方向的裂缝。受两侧的钢筋混凝土面层或钢筋砂浆面层的套箍约束作用，裂缝发展较为缓慢，开展的宽度比无筋砌体小。由于这种材料在达到各自强度时的压应变不同，钢筋达到屈服时的压应变最小，混凝土次之，砖砌体达到抗压强度时的压应变最大。因此在轴向力作用下，纵向钢筋首先屈服，然后混凝土达到抗压强度，最后砖砌体才破坏，达承载力时混凝土面层或砂浆面层被压碎，钢筋被压屈，组合砌体完全破坏。在构件破坏时，砖砌体的强度不能充分利用。

根据荷载偏心矩的大小及受拉钢筋的多少不同，组合砌体可能发生大偏心受压破坏和小偏心受压破坏两种类型的破坏。在偏心压力作用下，组合砌体达到极限承载力时受压较大边的混凝土或砂浆面层可以达到抗压强度，受压钢筋达到抗压强度，而远离压力一侧的受拉钢筋只有在大偏心受压时才能达到抗拉强度。

二、承载力计算

1. 轴心受压构件

组合砖砌体轴心受压构件的承载力按式（6 - 6）计算，即

$$N \leqslant \varphi_{\text{com}}(fA + f_c A_c + \eta_s f'_y A'_s) \tag{6 - 6}$$

式中　φ_{com}——组合砖砌体构件的稳定系数，与高厚比 β 及配筋率 ρ 有关，按表 6 - 2 采用；

A——砖砌体的截面面积；

f_c——混凝土或面层水泥砂浆的轴心抗压强度设计值，砂浆的轴心抗压强度设计值可取为相同强度等级混凝土的轴心抗压强度设计值的 70%，当砂浆为 M15 时其值为 5.0MPa，当砂浆为 M10 时其值为 3.4MPa，当砂浆为 M7.5 时其值为 2.5MPa；

A_c——混凝土或砂浆面层的截面面积；

η_s——受压钢筋的强度系数，当为混凝土面层时可取 1.0，当为砂浆面层时可取 0.9；

f'_y——钢筋的受压强度设计值；

A'_s——受压钢筋的截面面积。

表 6 - 2　　　　　　　　　　　　组合砖砌体构件的稳定系数 φ_{com}

高厚比 β	配筋率 ρ/%					
	0	0.2	0.4	0.6	0.8	>1.0
8	0.91	0.93	0.95	0.97	0.99	1.00
10	0.87	0.90	0.92	0.94	0.96	0.98
12	0.82	0.85	0.88	0.91	0.93	0.95
14	0.77	0.80	0.83	0.86	0.89	0.92

高厚比	配筋率 $\rho/\%$					
β	0	0.2	0.4	0.6	0.8	>1.0
16	0.72	0.75	0.78	0.81	0.84	0.87
18	0.67	0.70	0.73	0.76	0.79	0.81
20	0.62	0.65	0.68	0.71	0.73	0.75
22	0.58	0.61	0.64	0.66	0.68	0.70
24	0.54	0.57	0.59	0.61	0.63	0.65
26	0.50	0.52	0.54	0.56	0.58	0.60
28	0.46	0.48	0.50	0.52	0.54	0.56

注 组合砖砌体构件截面的配筋率 $\rho = A'_s/bh$。

2. 偏心受压构件的承载力计算

组合砖砌体偏心受压构件的承载力应按下列公式计算，即

$$N \leqslant fA' + f_c A'_c + \eta_s f'_y A'_s - \sigma_s A_s \tag{6-7}$$

或

$$Ne_N \leqslant fS_s + f_c S_{c,s} + \eta_s f'_y A'_s (h_0 - a'_s) \tag{6-8}$$

此时受压区的高度 x 可按式（6-9）确定，即

$$fS_N + f_c S_{c,N} + \eta_s f'_y A'_s e'_N - \sigma_s A_s e_N = 0 \tag{6-9}$$

式中　A_s——距轴向力 N 较远侧钢筋的截面面积；

　　　A'_s——受压钢筋的截面面积；

　　　A'——砖砌体受压部分的面积；

　　　A'_c——混凝土或砂浆面层受压部分的面积；

　　　σ_s——钢筋 A_s 的应力；

　　　S_s——砖砌体受压部分的面积对钢筋 A_s 重心的面积矩；

　　$S_{c,s}$——混凝土或砂浆面层受压部分的面积对钢筋 A_s 重心的面积矩；

　　　S_N——砖砌体受压部分的面积对轴向力 N 作用点的面积矩；

　　$S_{c,N}$——混凝土或砂浆面层受压部分的面积对轴向力 N 作用点的面积矩；

e_N、e'_N——钢筋 A_s 和 A'_s 重心至轴向力 N 作用点的距离（图 6-3）。

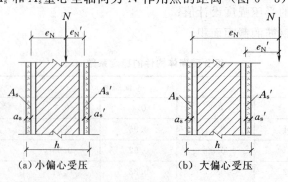

图 6-3　组合砖砌体偏心受压构件

$$e_N = e + e_a + \left(\frac{h}{2} - a_s \right) \tag{6-10}$$

$$e'_N = e + e_a - \left(\frac{h}{2} - a'_s \right) \tag{6-11}$$

式中 e——轴向力的初始偏心距，按荷载设计值计算，当 $e<0.05h$ 时应取 $e=0.05h$；

a_s、a'_s——钢筋 A_s 和 A'_s 重心至截面较近边的距离；

e_a——组合砖砌体构件在轴向力作用下的附加偏心距，e_a 按式（6-12）确定，即

$$e_a = \frac{\beta^2 h}{2200}(1 - 0.022\beta) \tag{6-12}$$

组合砖砌体钢筋 A_s 的应力 σ_s（单位为 MPa，正值为拉应力，负值为压应力）可按下列规定计算，即

小偏心受压时，即 $\xi > \xi_b$ 时，有

$$\sigma_s = 650 - 800\xi \tag{6-13}$$

$$-f'_y \leqslant \sigma_s \leqslant f_y \tag{6-14}$$

大偏心受压时，即 $\xi \leqslant \xi_b$ 时，有

$$\sigma_s = f_y \tag{6-15}$$

式中 ξ——组合砖砌体构件截面受压区的相对高度，$\xi = x/h_0$；

f_y——钢筋的抗拉强度设计值；

ξ_b——组合砖砌体构件受压区相对高度的界限值，采用 HPB300 级钢筋配筋时应取 0.47，采用 HRB335 级钢筋配筋时应取 0.44，采用 HRB400 级钢筋配筋时应取 0.36。

三、构造要求

组合砖砌体由砌体和面层（混凝土或砂浆）两种材料组成，它们之间的良好整体性和共同工作能力是组合砖砌体可靠受力的基础。

（1）为了防止钢筋锈蚀，并保证钢筋和砌体与砂浆面层、混凝土面层有足够的黏结强度，面层混凝土强度等级宜采用 C20，面层水泥砂浆强度等级不宜低于 M10。砌筑砂浆的强度等级不宜低于 M7.5。

（2）砂浆面层的厚度过薄则钢筋受力后面层易产生纵向裂缝，不能保证钢筋与砂浆的黏结，且钢筋易于锈蚀；太厚则施工困难且易产生干缩裂缝。因此，砂浆面层的厚度可采用 30～45mm。当面层厚度大于 45mm 时，其面层宜采用混凝土。

（3）竖向受力钢筋宜采用 HPB300 级钢筋。对于混凝土面层，因受力和变形性能较好，亦可采用 HRB335 级钢筋。受压钢筋一侧的配筋率，对于砂浆面层，不宜小于 0.1%；对于混凝土面层，不宜小于 0.2%。受拉钢筋的配筋率不应小于 0.1%。竖向受力钢筋的直径不应小于 8mm。钢筋的净间距不应小于 30mm。

（4）箍筋的直径，不宜小于 4mm 及 0.2d（d 为受压钢筋直径），并不宜大于 6mm。箍筋的间距，不应大于 20d 及 500mm，并不应小于 120mm。

（5）当组合砖砌体构件一侧的受力钢筋多于 4 根时，应设置附加箍筋或拉结钢筋。对于截面长短边相差较大的构件，如墙体等，应采用穿通墙体的拉结钢筋作为箍筋，同时设置水平分布钢筋，以形成封闭的箍筋体系。水平分布钢筋的竖向间距及拉结钢筋的水平间

距，均不应大于 500mm（图 6-4）。

（6）组合砖砌体构件的顶部、底部及牛腿部位是直接承受或传递荷载的主要部位，在这些部位必须设置钢筋混凝土垫块，以保证构件安全可靠地工作。竖向受力钢筋伸入垫块的长度，必须满足锚固要求。

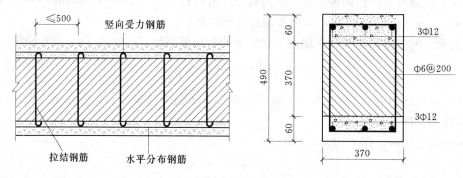

图 6-4　混凝土或砂浆面层的组合墙　　　　图 6-5　组合砖柱截面配筋图

【例 6-2】　组合砖柱如图 6-5 所示，截面尺寸为 370mm×490mm，柱两个方向的计算高度均为 3.9m，承受轴心压力设计值 $N=700kN$，面层混凝土强度等级为 C20，MU10 烧结普通砖、M7.5 混合砂浆砌筑，混凝土内共配有 6 根Φ12 的 HPB300 钢筋，试验算该柱的受压承载力。

解：

砌体的截面面积：$A=0.37×0.37=0.137$（m^2）

混凝土面层截面面积：$A_c=2×0.06×0.37=0.044$（m^2）

钢筋截面面积：$A_s'=678mm^2$

总面积：$A+A_e=0.137+0.044=0.181$（m^2）$<0.2m^2$

得砌体强度调整系数为：$\gamma_c=0.181+0.8=0.981$

调整后强度 $f=0.981×1.69=1.66$（N/mm^2）

C20 混凝土 $f_c=9.6N/mm^2$

HPB300 级钢筋，$f_y=f_y'=270N/mm^2$

$$\beta=\gamma_\beta\frac{H_0}{h}=1.0×\frac{3900}{370}=10.5$$

配筋率 $\rho=\dfrac{A_s'}{bh_0}=\dfrac{6×113}{370×490}=0.37\%$

查表得 $\varphi_{com}=0.91$，混凝土面层 $\eta_s=1.0$，柱承载力为

$\varphi_{com}(fA+f_cA+\eta_s f_y'A_s')$

$=0.91×(1.66×0.137×10^6+9.6×0.044×10^6+1.0×270×678)×10^{-3}$

$=758.17$（kN）$>700kN$

满足承载力要求。

【例 6-3】　如图 6-6 所示，组合砖柱的截面为 490mm×620mm，柱子高度 $H=5.5m$，承受轴向压力 $N=430kN$，采用 MU10 烧结普通砖、M7.5 混合砂浆砌筑，C20 混凝土面层，HRB335 级钢筋对称配置 6Φ18（$A_s=A_s'=763mm^2$），$a_s=a_s'=40mm$，试分

别验算当该轴向压力作用于轴心、偏心距为 100mm 时柱的受压承载力。

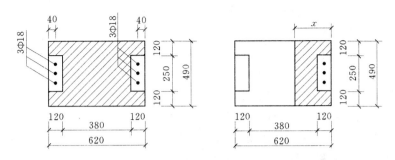

图 6-6　组合砖柱的截面尺寸及配筋

解：

砌体截面面积：$A=0.490\times0.620-2\times(0.250\times0.120)=0.244(\text{m}^2)>0.2\text{m}^2$，所以 $\gamma_a=1.0$

混凝土截面面积：$A_c=2\times(0.250\times0.120)=0.06(\text{m}^2)$

查表得 $f=1.69\text{N/mm}^2$，强度调整后 $f=1.0\times1.69=1.69\ (\text{N/mm}^2)$

$$f_c=9.6\text{N/mm}^2,f_y=f_y'=300\text{N/mm}^2$$

（1）轴心受压。

截面配筋率：$\rho=\dfrac{A_s'}{bh_0}=\dfrac{6\times254.5}{620\times490}=0.503\%$

排架方向：$\beta_1=\gamma_\beta\dfrac{H_0}{h}=\dfrac{1.25H}{h}=\dfrac{1.25\times5500}{620}=11.1$

垂直排架方向：$\beta_2=\gamma_\beta\dfrac{H_0}{h}=\dfrac{H}{h}=\dfrac{5500}{490}=11.2$

取 $\beta=\max\{\beta_1,\beta_2\}=11.2$。查表 6.3 得 $\varphi_{\text{com}}=0.899$

混凝土面层 $\eta_s=1.0$，验算得

$$\varphi_{\text{com}}(fA+f_cA_c+\eta_sf_y'A_s')=0.899\times(1.69\times243800+9.6\times6000+300\times1526)$$
$$=833.75(\text{kN})>430\text{kN}$$

安全

（2）偏心受压。

$$A_s=A_s'>\rho_{\min}bh=0.2\%\times490\times620=608(\text{mm}^2)$$

偏心矩：$e=0.01\text{m}>0.05h=0.05\times0.62=0.031\ (\text{m})$

$$\beta=\gamma_\beta\dfrac{H_0}{h}=\dfrac{1.25H}{h}=\dfrac{1.25\times5500}{620}=11.1$$

附加偏心距：$e_a=\dfrac{\beta^2h}{2200}(1-0.022\beta)=\dfrac{11.1^2\times620}{2200}(1-0.022\times11.1)=26.24(\text{mm})$

$$e_N=e+e_a+\left(\dfrac{h}{2}-a_s\right)=100+26.24+(310-40)=396(\text{mm})$$

由于偏心矩 e_N 较大，先假定该柱为大偏心受压，又由于 $A_s=A_s'$，$\eta_s=1.0$，则有 $N=fA'+f_cA_c'$

设受压区高度为 x（$x>120\text{mm}$），则砌体受压区面积 A' 为：
$$A'=490x-120\times250=490x-30000$$
混凝土受压面积为：$A'_c=120\times250=30000$
$$430000=1.69\times(490x-30000)+9.6\times30000$$
解方程得 $x=233\text{mm}<\xi_b h_0=0.44\times580=255$（mm），假定成立。

$x=233\text{mm}>120\text{mm}$，符合前面混凝土面层受压的假定。

混凝土受压面层对钢筋 A_s 重心的面积矩：
$$S_{c,s}=250\times120\times(h_0-120/2)=250\times120\times(580-60)=15.6\times10^6(\text{mm}^2)$$
砌体受压部分的面积对钢筋 A_s 重心的面积矩：
$$S_s=x\times490\times(h_0-x/2)-S_{c,s}=233\times490\times(580-233/2)-15.6\times10^6$$
$$=37.32\times10^6(\text{mm}^2)$$
由 $Ne_N=fS_s+f_cS_{c,s}+\eta_s f'_y A'_s(h_0-a'_s)$
得出 $N=\dfrac{1.69\times37.32\times10^6+9.6\times15.6\times10^6+1.0\times300\times763\times(620-40-40)}{396}$
$$=849.59(\text{kN})>430\text{kN}$$

第三节　砖砌体和钢筋混凝土构造柱组合墙

　　砌体结构房屋设置钢筋混凝土构造柱一般有两个目的：一是加强房屋的空间刚度和整体性，提高房屋的抗震性能；二是当荷载较大或墙体截面尺寸较小而不宜加厚或不宜设置突出墙外的壁柱的情况下，可采用设置构造柱提高墙体的抗压性能，用砖砌体和钢筋混凝土构造柱组合墙以提高墙体的承载能力。砌体结构房屋墙体中按照构造要求设置的钢筋混凝土构造柱与砌体共同工作，形成砖砌体和钢筋混凝土构造柱组合墙，如图 6-7 所示。

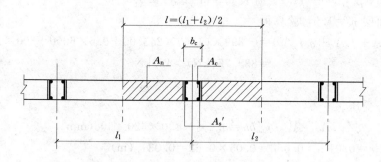

图 6-7　砖砌体和构造柱组合墙截面

一、受压性能

　　设置构造柱的砖墙与组合砖砌体构件的受力性能较为类似。试验及有限元分析表明，在均布荷载作用下，当竖向荷载小于极限荷载的 40% 时，砖砌体和构造柱组合墙体基本上处于弹性阶段；继续加载，构造柱附近及构造柱之间的砌体首先出现竖向裂缝。由于组合墙的整体作用，随后砌体内裂缝沿着指向构造柱柱脚的方向逐渐缓慢发展，直到荷载达到极限荷载的 90% 左右。由于钢筋混凝土构造柱和砖墙的刚度不同，在荷载作用下砖砌体和钢筋混凝土构造柱组合墙内的竖向应力将产生明显的内力重分布。最后砖砌体和构造柱组合墙破坏。柱与墙体在临近破坏时都未出现相互脱离现象，表明组合墙具有很好的整体工作性能，在构造柱与周边砌体有效连接的前提下，二者在受力过程中能够共同工作。构造柱通过内力重分布，分担砖墙上的荷载及与圈梁形成"弱框架"约束砌体提高墙体的承载能力。

在影响设置构造柱砖墙承载力的诸多因素中，构造柱间距的影响最为显著。理论分析和试验表明，位于中间的构造柱对柱每侧砌体的影响长度约为 1.2m；位于墙体端部的构造柱对柱每侧砌体的影响长度约为 1m。当构造柱间距为 2m 左右时，柱的作用能得到充分发挥；当构造柱间距大于 4m 时，柱对墙体受压承载力的影响很小。

二、轴心受压承载力计算

砖砌体与构造柱组合墙的受力性能与组合砖砌体构件类似。试验研究表明，可采用稳定系数反映墙高厚比及配筋率的影响。引入强度系数来反映构造柱间距对墙体的轴心受压承载力的影响。

砖砌体与构造柱组合墙的轴心受压承载力计算式为

$$N \leqslant \varphi_{\mathrm{com}} \left[fA + \eta (f_c A_c + f'_y A'_s) \right] \tag{6-16}$$

$$\eta = 1 \Big/ \left(\frac{l}{b_c} - 3 \right)^{\frac{1}{4}} \tag{6-17}$$

式中 φ_{com} ——组合砖墙的稳定系数，可按表 6-2 选用；

η ——强度系数，当 $l/b_c < 4$ 时，取 $l/b_c = 4$；

l ——沿墙长方向构造柱的间距；

b_c ——沿墙长方向构造柱的宽度；

A ——扣除孔洞和构造柱的砖砌体净截面面积；

A_c ——构造柱的截面面积。

三、平面外的偏心受压承载力计算

砖砌体和构造柱组合墙的平面外的偏心受压承载力可按砖砌体和钢筋混凝土面层（钢筋砂浆面层）的组合砌体构件偏心受压承载力的计算方法计算，通过计算确定构造柱纵向钢筋，但截面宽度应改为构造柱间距 l；大偏心受压时，可不计受压区构造柱混凝土和钢筋的作用，构造柱的计算配筋不应小于构造要求。

四、构造要求

（1）砌筑体和构造柱组合墙的砂浆强度等级不应低于 M5，构造柱的混凝土强度等级不宜低于 C20。

（2）构造柱的截面尺寸不宜小于 240mm×240mm，且厚度不应小于墙厚，边柱、角柱的截面宽度宜适当加大。构造柱内受力钢筋的直径不宜大于 16mm。对于中柱，不宜少于 4Φ12；对于边柱、角柱，不宜少于 4Φ14。构造柱内的箍筋，在楼层上下 500mm 范围内宜采用 Φ6@100；在一般部位宜采用 Φ6@200。竖向钢筋在基础梁和楼层圈梁中的锚固，应符合受拉钢筋的锚固要求。

（3）组合砖墙砌体结构房屋，应在纵横墙交接处、墙端部和较大洞口的洞边设置构造柱，其间距不宜大于 4m。各层洞口宜设置在相应位置，上下对齐。

（4）组合砖墙砌体结构房屋应在基础顶面、有组合墙的楼层处设置现浇钢筋混凝土圈梁。圈梁的截面高度不宜小于240mm；其纵向钢筋不宜少于4Φ12，纵向钢筋应伸入构造柱内，并符合受拉钢筋的锚固要求；圈梁的箍筋宜采用Φ6@200。

（5）组合砖墙按先砌墙后浇混凝土构造柱的程序施工。砖砌体与构造柱的连接处应砌成马牙槎，并应沿墙高每隔500mm设2Φ6的拉结钢筋，且每边伸入墙内不宜小于600mm。

（6）构造柱可不单独设置基础，但应伸入室外地坪下500mm，或与埋深小于500mm的基础梁相连。

（7）组合砖墙的施工顺序应为先砌墙后浇混凝土构造柱。

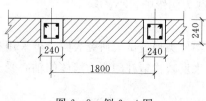

图6-8 例6-4图

【例6-4】 已知砖砌体和钢筋混凝土构造柱组合墙如图6-8所示，组合墙墙厚为240mm，墙长3.6m，构造柱尺寸为240mm×240mm，构造柱间距为1.8m，组合墙的计算高度为3.3m，墙采用MU10烧结普通砖、M5混合砂浆砌筑，构造柱采用C25混凝土，构造柱中纵筋为4Φ12的HRB335钢筋，试计算该组合墙的轴向受压承载力。

解：

砌体截面面积：$A = 3.6 \times 0.24 - 3 \times (0.24 \times 0.24) = 0.691(\text{m}^2) > 0.2\text{m}^2$，所以$\gamma_a = 1.0$

混凝土截面面积：$A_c = 3 \times (0.24 \times 0.24) = 0.173(\text{m}^2)$

查表2-4得$f = 1.5\text{N/mm}^2$，强度调整后$f = 1.0 \times 1.69 = 1.69$（$\text{N/mm}^2$）

$$f_c = 11.9\text{N/mm}^2, f_y = f_y' = 300\text{N/mm}^2, A_s' = 3 \times 4 \times 113.1 = 1357.2(\text{mm}^2)$$

$$l/b_c = 1800/240 = 7.5 > 4$$

$$\eta = \left(\frac{1}{l/b_c - 3}\right)^{\frac{1}{4}} = \left(\frac{1}{7.5 - 3}\right)^{\frac{1}{4}} = 0.687$$

$$\beta = \gamma_\beta \frac{H_0}{h} = 1.0 \times \frac{3300}{240} = 13.75$$

$$\rho = \frac{A_s'}{h \times l} = \frac{4 \times 113.1}{240 \times 1800} = 0.10\%$$

查表6-2得$\varphi_{\text{com}} = 0.787$

$$N = \varphi_{\text{com}}[fA + \eta(f_c A_c + f_y' A_s')]$$
$$= 0.787 \times [1.5 \times 691000 + 0.687 \times (11.9 \times 173000 + 300 \times 1357.2)]$$
$$= 2149(\text{kN})$$

第四节 配筋砌块砌体构件

配筋砌块砌体是在普通混凝土小型空心砌块砌体芯柱和水平灰缝中配置一定数量的钢筋，并采用混凝土灌孔而形成的砌体。

配筋砌块砌体克服了无筋砌体结构强度低、延性差的缺点，在灌孔混凝土和钢筋的共同作用下，增强了砌体的抗压、抗拉及抗剪能力，增大了砌体的变形能力，配筋砌块砌体

具有较高的抗压和抗剪强度。配筋砌块砌体不
仅具有无筋砌体结构良好的耐久性能、保温性
能、隔音性能、防火性能等优点，同时，配筋
砌块砌体还有利于节约土地资源和环境保护，
具有施工速度快、整体性好、延性好和抗震性
能好等优点，如图6-9所示。与钢筋混凝土结
构相比，它们具有类似的受力性能和应用范围，
但工程造价低于钢筋混凝土结构。

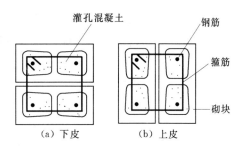

图6-9　配筋砌块砌体柱截面示意图

一、正截面受压承载力计算

研究和工程实践表明，配筋砌块砌体受压构件的力学性能与钢筋混凝土受压构件的力
学性能非常相近，在正截面承载力的设计中，配筋砌体可以采用与钢筋混凝土完全相同的
基本假定和计算模式。

1. 基本假定

配筋砌块砌体受压构件的正截面承载力计算公式是在下列基本假定的基础上建立的：

（1）截面应变分布保持平面（即平截面假定）。

（2）竖向钢筋与其毗邻的砌体、灌孔混凝土的应变相同。

（3）不考虑砌体、灌孔混凝土的抗拉强度。

（4）根据材料选择砌体、灌孔混凝土的极限拉应变：当轴心受压时不应大于0.002，
偏心受压时的极限压应变不应大于0.003。

（5）根据材料选择钢筋的极限拉应变，且不应大于0.01。

（6）纵向受拉钢筋屈服与受压区砌体破坏同时发生时的相对界限受压区高度应按式
（6-18）计算，即

$$\xi_b = \frac{0.8}{1 + \dfrac{f_y}{0.003E_s}} \tag{6-18}$$

式中　ξ_b——相对界限受压区高度，即界限受压区高度与截面有效高度的比值；

　　　f_y——钢筋的抗拉强度设计值。

（7）大偏心受压时受拉钢筋考虑在$h_0 - 1.5x$范围内屈服并参与工作。

2. 轴心受压承载力

配筋混凝土砌块砌体在轴心压力作用下，经历裂缝出现、裂缝发展及最终破坏3个受
力阶段。与无筋砌体相比，不仅强度有很大程度的提高，破坏时即使砌块有部分被压碎，
墙体仍可保持良好的整体性。

配有箍筋或水平分布钢筋的配筋砌块砌体构件的轴心受压承载力可按下式计算：

$$N \leqslant \varphi_{og}(f_g A + 0.8 f_y' A_s') \tag{6-19}$$

$$\varphi_{og} = \frac{1}{1 + 0.001\beta^2} \tag{6-20}$$

$$f_g = f + 0.6\alpha f_c \tag{6-21}$$

$$\alpha = \delta\rho \tag{6-22}$$

式中　N——轴向力设计值；

φ_{og}——轴心受压构件的稳定系数；

f_g——灌孔混凝土砌块砌体的抗压强度设计值，该值不应大于未灌孔砌体抗压强度
设计值的 2 倍；

f'_y——钢筋的抗压强度设计值；

A——构件的毛截面面积；

A'_s——全部竖向钢筋的截面面积；

β——构件的高厚比；

f——未灌孔混凝土砌块砌体的抗压强度设计值；

f_c——灌孔混凝土的轴心抗压强度设计值；

α——混凝土砌块砌体中灌孔混凝土面积和砌体毛面积的比值；

δ——混凝土砌块的孔洞率；

ρ——混凝土砌块砌体的灌孔率，系截面灌孔混凝土面积和截面孔洞面积的比值，
灌孔率应根据受力或施工条件确定，且不应小于 33%。

未配置箍筋或水平分布钢筋的砌块砌体抗震墙、柱的轴心受压承载力按式（6-19）
计算时不能考虑竖向钢筋作用，即 $f'_y A'_s = 0$。

配筋砌块砌体构件，当竖向钢筋仅配在中间时，其平面外偏心受压承载力可按式（3
-9）进行计算，但应采用灌孔砌体的抗压强度设计值。

3. 矩形截面配筋砌块砌体偏心受压承载力

试验结果表明，配筋混凝土砌块砌体偏心受压时的受力性能和破坏形态与钢筋混凝土
偏心受压构件类似。

大偏心受压时，截面部分受压、部分受拉。受拉区砌体较早地出现水平裂缝，受拉主
筋的应力增长较快，首先达到屈服。随着水平裂缝的开展，受压区高度减小，最后受压主
筋屈服，受压区砌块砌体达到极限抗压应变而压碎。小偏心受压时，截面部分受压、部分
受拉，亦可能全截面受压，破坏时受压主筋屈服，受压区砌块砌体达到极限抗压应变而压
碎，而另一侧的主筋无论受拉还是受压，均未达到屈服强度。

大小偏心受压的界限，可按式（6-23）计算，即

$$\xi_b = 0.8 \frac{\varepsilon_{mc}}{\varepsilon_{mc} + \varepsilon_s} = \frac{0.8}{1 + \frac{\varepsilon_s}{\varepsilon_{mc}}} = \frac{0.8}{1 + \frac{f_y}{0.003 E_s}} \qquad (6-23)$$

式中 ξ_b——界限相对受压区高度；

ε_{mc}——砌块砌体的极限压应变，可取 0.003；

ε_s——钢筋的屈服拉应变，$\varepsilon_s = f_y/E_s$。

当 $\xi \leqslant \xi_b$ 时，为大偏心受压；当 $\xi > \xi_b$ 时，为小偏心受压。其中，ξ 为截面相对受压区
高度；ξ_b 为截面相对界限受压区高度，配置 HPB300 级钢筋时 $\xi_b = 0.57$，配置 HRB335
级钢筋时 $\xi_b = 0.55$，配置 HRB400 级钢筋时 $\xi_b = 0.52$。

（1）大偏心受压承载力计算。图 6-10（a）所示为配筋砌块砌体大偏心受压破坏时
截面上的应力状态。根据图 6-10（a）所示内力，按力平衡和弯矩平衡可得到矩形截面配
筋砌块砌体构件大偏心受压时的正截面受压承载力计算公式，即

$$N \leqslant f_g bx + f'_y A'_s - f_y A_s - \sum f_{si} A_{si} \tag{6-24}$$

$$Ne_N \leqslant f_g bx(h_0 - 0.5x) + f'_y A'_s(h_0 - a'_s) - \sum f_{si} S_{si} \tag{6-25}$$

式中　N——轴向力设计值；

　　f_g——灌孔砌体的抗压强度设计值；

　f_y、f'_y——竖向受拉、受压主筋的强度设计值；

　　b——截面宽度；

　　f_{si}——竖向分布钢筋的抗拉强度设计值；

A_s、A'_s——竖向受拉、受压主筋截面面积；

　　A_{si}——单根竖向分布钢筋的截面面积；

　　S_{si}——第 i 根竖向分布钢筋对竖向受力主筋的面积矩；

　　e_N——轴向力作用点到竖向受拉主筋合力点之间的距离，可按式（6-10）计算；

　　h_0——截面有效高度，$h_0 = h - a_s$；

　　h——截面高度；

　　a_s——受拉区纵向钢筋合力点至截面受拉区边缘的距离，对 T 形、L 形、I 形截面，当翼缘受压时取 300mm，其他情况取 100mm；

　　a'_s——受压区纵向钢筋合力点至截面受压区边缘的距离，对 T 形、I 形、工形截面，当翼缘受压时取 100mm，其他情况取 300mm。

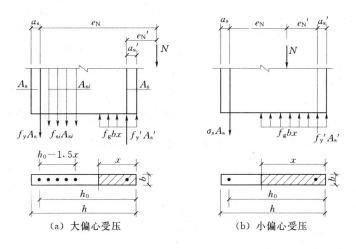

图 6-10　配筋混凝土砌块砌体抗震墙偏心受压计算简图

当受压区高度 $x < 2a'_s$ 时，受压钢筋不能屈服，此时假定受压区压力的合力作用点位于受压钢筋处，对受压区压力合力作用点取矩得到正截面承载力计算式为

$$Ne'_N \leqslant f_y A_s(h_0 - a'_s) \tag{6-26}$$

式中　e'_N——轴向力作用点至竖向受压主筋合力点之间的距离，可按式（6-11）及相应的规定计算。

（2）小偏心受压承载力计算。图 6-10（b）所示为配筋砌块砌体小偏心受压破坏时截面上的应力状态。根据图 6-10（b）所示内力，按力平衡与弯矩平衡可得到矩形截面

配筋砌块砌体构件小偏心受压时的正截向受压承载力计算公式，即

$$N \leqslant f_g bx + f'_y A'_s - \sigma_s A_s \tag{6-27}$$

$$Ne_N \leqslant f_g bx(h_0 - 0.5x) + f'_y A'_s(h_0 - a'_s) \tag{6-28}$$

$$\sigma_s = \frac{f_y}{\xi_b - 0.8}(\xi - 0.8) \tag{6-29}$$

小偏心受压时截面受压区大，竖向分布钢筋的应力小，因此公式中未计入竖向分布钢筋的作用。当受压区竖向受压主筋无箍筋或无水平钢筋约束时，可不考虑受压主筋的作用，即应取 $f'_y A'_s = 0$。

此外，小偏心受压构件还应对垂直于弯矩作用平面按轴心受压构件进行计算，即按式 (6-19) 计算。

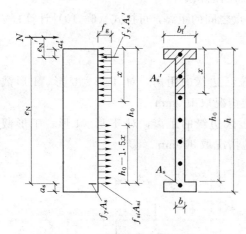

图 6-11 T 形截面偏心受压构件
承载力计算简图

4. T 形、L 形、I 形截面配筋砌块砌体偏心受压构件承载力

T 形（图 6-11）、倒 L 形、I 形截面偏心受压配筋砌块砌体构件，当翼缘和腹板的相交处采用错缝搭接砌筑，同时设置间距不大于 1.2m 的水平配筋带（截面高度不小于 60mm，钢筋不少于 2Φ12）时，可考虑翼缘的共同工作。

构件翼缘的计算宽度按表 6-3 中的最小值采用。T 形、L 形、I 形截面偏心受压抗震墙，当 $x < h'_f$ 时，仍按宽度为 b'_f 的矩形截面计算；当 $x > h'_f$ 时，则应考虑腹板的受压作用。T 形、L 形、I 形截面偏心受压构件根据偏心距的大小按大、小偏压分别进行计算。

表 6-3   **T 形、L 形、I 形截面偏心受压构件翼缘计算宽度 b'_f**

考虑情况	T 形、I 形截面	L 形截面
按构件计算高度 H_0 考虑	$H_0/3$	$H_0/6$
按腹板间距 L 考虑	L	$L/2$
按翼缘厚度 h'_f 考虑	$b + 12h'_f$	$b + 6h'_f$
按翼缘的实际宽度 b'_f 考虑	b'_f	b'_f

（1）当受压区高度 $x \leqslant h'_f$ 时（$x \leqslant h'_f$），应按宽度为 b'_f 的矩形截面计算。

（2）当受压区高度 $x > h'_f$ 时（$x > h'_f$），则应考虑腹板的受压作用。

1）大偏心受压承载力。T 形截面偏心受压构件破坏时截面应力如图 6-11 所示，根据平衡原理，T 形截面配筋砌块砌体构件大偏心受压时，正截面受压承载力应按下式计算，即

$$N \leqslant f_g[bx + (b'_f - b)h'_f] + f'_y A'_s - f_y A_s - \sum f_{si} A_{si} \tag{6-30}$$

$$Ne_N \leqslant f_g[bx(h_0 - 0.5x) + (b'_f - b)h'_f(h_0 - 0.5h'_f)] + f'_y A'_s(h_0 - a'_s) - \sum f_{si} S_{si} \tag{6-31}$$

式中 b'_f ——T 形、L 形、I 形截面受压区的翼缘计算宽度；

h_f'——T 形、L 形、I 形截面受压区的翼缘高度。

2）小偏心受压承载力。T 形截面配筋砌块砌体构件小偏心受压时，正截面受压承载力应按下式计算，即

$$N \leqslant f_g[bx + (b_f'-b)h_f'] + f_y'A_s' - \sigma_s A_s \qquad (6-32)$$

$$Ne_N \leqslant f_g[bx(h_0-0.5x) + (b_f'-b)h_f'(h_0-0.5h_f')] + f_y'A_s'(h_0-a_s') \qquad (6-33)$$

二、受剪承载力计算

配筋砌块砌体抗震墙的抗剪受力性能与钢筋混凝土抗震墙接近。在水平剪力和竖向压力的共同作用下，配筋砌块砌体抗震墙斜截面破坏有剪拉、剪压和斜压 3 种形态。影响配筋砌块砌体抗震墙破坏形态及抗震承载力的主要因素有材料强度、竖向压应力、抗震墙的剪跨比与水平钢筋的配筋率。配筋砌块砌体抗震墙斜截面受剪承载力，应按下述方法进行计算。

1. 抗震墙的截面尺寸

为确保墙体不产生斜压破坏，抗震墙的截面尺寸应满足

$$V \leqslant 0.25 f_g b h_0 \qquad (6-34)$$

式中　V——抗震墙的剪力设计值；

　　　f_g——灌孔砌体的抗压强度设计值；

　　　b——抗震墙的截面宽度或腹板宽度；

　　　h_0——抗震墙的截面有效高度。

2. 偏心受压时的斜截面受剪承载力

偏心受压时抗震墙的斜截面受剪承载力应按下式计算，即

$$V \leqslant \frac{1}{\lambda - 0.5}\left(0.6 f_{vg} b h_0 + 0.12 N \frac{A_w}{A}\right) + 0.9 f_{yh} \frac{A_{sh}}{s} h_0 \qquad (6-35)$$

$$\lambda = \frac{M}{V h_0} \qquad (6-36)$$

$$f_{vg} = 0.2 f_g^{0.55} \qquad (6-37)$$

式中　M、N、V——计算截面的弯矩、轴向力和剪力设计值，当 $N > 0.25 f_g b h$ 时取 $N = 0.25 f_g b h$；

　　　λ——计算截面的剪跨比，当 $\lambda < 1.5$ 时取 1.5，当 $\lambda \geqslant 2.2$ 时取 2.2；

　　　f_{vg}——灌孔砌体的抗剪强度设计值；

　　　f_g——灌孔砌体的抗压强度设计值；

　　　h_0——抗震墙截面的有效高度；

　　　f_{yh}——水平钢筋的抗拉强度设计值；

　　　A_{sh}——配置在同一截面内的水平分布钢筋的全部截面面积；

　　　A——抗震墙的截面面积；

　　　A_w——T 形或倒 L 形截面腹板的截面面积，对矩形截面取 $A_w = A$；

　　　s——水平分布钢筋的竖向间距。

3. 偏心受拉时的斜截面受剪承载力

偏心受拉时抗震墙的斜截面受剪承载力应按式（6-38）计算，即

$$V \leqslant \frac{1}{\lambda - 0.5}\left(0.6 f_{vg} b h_0 - 0.22 N \frac{A_w}{A}\right) + 0.9 f_{yh} \frac{A_{sh}}{s} h_0 \qquad (6-38)$$

三、连梁的受剪承载力

配筋砌块砌体抗震墙中的配筋砌块砌体连梁,其受力性能与钢筋混凝土连梁基本相同,且配筋砌块砌体连梁的承载力计算与钢筋混凝土连梁基本相同。

混凝土连梁和配筋砌块砌体连梁的正截面受弯承载力均应按现行国家标准《混凝土结构设计规范》(GB 50010—2010)中受弯构件的有关规定进行计算,配筋砌块砌体连梁应采用配筋砌块砌体的计算参数和指标。配筋砌块砌体连梁斜截面受剪承载力计算应符合下列规定。

1. 连梁截面尺寸应满足的条件

$$V_b \leqslant 0.25 f_g b h_0 \tag{6-39}$$

式中 V_b——连梁的剪力设计值;

b、h_0——连梁的截面宽度和有效高度。

2. 连梁斜截面受剪承载力计算公式

$$V_b \leqslant 0.8 f_{vg} b h_0 + f_{yv} \frac{A_{sv}}{s} h_0 \tag{6-40}$$

式中 f_{yv}——箍筋的抗拉强度设计值;

A_{sv}——配置在同一截面内箍筋各肢的全部截面面积;

s——沿构件长度方向箍筋的间距。

四、构造要求

1. 钢筋

(1) 钢筋的布置与规格应满足以下要求:

1) 钢筋的直径不宜大于 25mm,当设置在灰缝中时,不宜大于灰缝厚度的 1/2,且不应小于 4mm;其他部位不应小于 10mm。

2) 配置在孔洞或空腔中的钢筋面积不应大于孔洞或空腔面积的 6%。

3) 两平行的水平钢筋间的净距不宜小于 50mm,柱和壁柱中的竖向钢筋的净距不宜小于 40mm(包括接头处钢筋间的净距)。

(2) 竖向受力钢筋在灌孔混凝土中、水平受力钢筋在凹槽混凝土中及在砌体灰缝中的锚固长度和搭接长度应符合表 6-4 的规定。钢筋的直径大于 22mm 时宜采用机械连接接头。

表 6-4　钢筋的锚固长度与搭接长度

钢筋所在位置		锚固长度 l_a	搭接长度 l_l
钢筋在灌孔混凝土中	受拉	30d (HRB335)、35d (HRB400 和 RRB400),且不小于 300mm,截断后延伸不小于 20d	1.1l_a,且不小于 300mm
	受压	截断后延伸不小于 20d,对绑扎骨架中末端无弯钩的钢筋不应小于 25d	0.7l_a,且不小于 300mm
水平钢筋在凹槽混凝土中		30d,且弯折段不小于 15d 和 200mm	35d
水平钢筋在水平灰缝中		50d,且弯折段不小于 20d 和 250mm	55d,隔皮或错缝搭接时为 50d+2h

注　1. d 为受力钢筋直径;h 为水平灰缝间距。

2. 当相邻接头钢筋的间距不大于 75mm 时,其搭接长度应为 1.2l_a。当钢筋间的接头错开 20d 时,搭接长度可不增加。

2. 配筋砌块砌体抗震墙、连梁的构造要求

（1）砌体抗震墙材料砌块不应低于 MU10；砌筑砂浆不应低于 Mb7.5；灌孔混凝土不应低于 Cb20。对安全等级为一级或设计使用年限大于 50 年的配筋砌块砌体房屋，所用材料的最低强度等级应至少提高一级。

（2）配筋砌块砌体抗震墙、连梁的截面宽度不应小于 190mm，截面内的构造钢筋应符合下列规定：

1）应在墙的转角、端部和孔洞的两侧配置竖向连续的钢筋，其直径不宜小于 12mm。

2）应在洞口的底部和顶部设置不小于 2Φ10 的水平钢筋，伸入墙内的长度不宜小于 $40d$ 和 600mm。

3）应在楼（屋）盖的所有纵横墙处设置现浇钢筋混凝土圈梁，圈梁的宽度和高度应等于墙厚和块高，圈梁主筋不应少于 4Φ10，圈梁的混凝土强度等级不应低于同层混凝土砌体强度等级的 2 倍，或该层灌孔混凝土的强度等级也不应低于 C20。

4）抗震墙其他部位的竖向与水平钢筋的间距不应大于墙长、墙高的 1/3，也不应大于 900mm。

5）抗震墙沿竖向和水平方向的构造钢筋配筋率不应小于 0.07%。

（3）在抗震墙的端部、转角、丁字或十字交接处，应设置配筋砌块砌体或钢筋混凝土边缘构件。

1）当利用抗震墙端的砌体受力时，应在一字墙的端部不小于 3 倍墙厚范围内的孔中设置不小于 Φ12 通长竖向钢筋。应在 L 形、T 形或十字形墙交接处 3 或 4 个孔中设置不小于 Φ12 通长竖向钢筋。当剪力墙的轴压比大于 $0.6f_g$ 时，除按上述规定设置竖向钢筋外，尚应设置间距不大于 200mm、直径不小于 6mm 的钢箍。

2）当在抗震墙墙端设置混凝土边缘构件时，柱的截面宽度宜不小于墙厚，柱的截面高度宜为 1～2 倍的墙厚，并不应小于 200mm。柱的混凝土强度等级不宜低于该墙体块体强度等级的 2 倍，或该墙体灌孔混凝土的强度等级也不应低于 Cb20。柱的竖向钢筋不宜小于 4Φ12，箍筋宜为 Φ6、间距不宜大于 200mm。墙体的水平钢筋应在柱中锚固，并应满足钢筋的锚固要求。柱的施工顺序宜为先砌砌块墙体，后浇捣混凝土。

（4）配筋砌块砌体抗震墙中当连梁采用钢筋混凝土时，连梁混凝土的强度等级不宜低于同层墙体块体强度等级的 2 倍，或同层墙体灌孔混凝土的强度等级也不应低于 C20；其他构造尚应符合现行国家标准《混凝土结构设计规范》（GB 50010—2010）的有关规定要求。

（5）配筋砌块砌体抗震墙中，当连梁采用配筋砌块砌体时，连梁的截面及配筋应符合下列要求：

1）连梁的高度不应小于两皮砌块的高度和 400mm。

2）连梁应采用 H 形砌块或凹槽砌块组砌，孔洞应全部浇灌混凝土。

3）连梁上、下水平受力钢筋宜对称、通长设置，在灌孔砌体内的锚固长度不应小于 $40d$ 和 600mm；连梁水平受力钢筋的含钢率不宜小于 0.2%，也不宜大于 0.8%。

4）箍筋的直径不应小于 6mm，间距不宜大于 1/2 梁高和 600mm，在距支座等于梁高范围内的箍筋间距不应大于 1/4 梁高，距支座表面第一根箍筋的间距不应大于 100mm；

箍筋的面积配筋率不宜小于 0.15%。

5）箍筋宜为封闭式，双肢箍末端弯钩为 135°；单肢箍末端的弯钩为 180°，或弯 90° 加 12 倍箍筋直径的延长段。

3. 配筋砌块砌体柱的构造要求

（1）柱截面边长不宜小于 400mm，柱高度与截面短边之比不宜大于 30。

（2）柱的纵向钢筋的直径不宜小于 12mm，数量不应少于 4 根，全部纵向受力钢筋的配筋率不宜小于 0.2%。

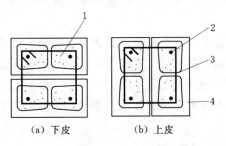

图 6-12　配筋砌块砌体柱截面示意
1—灌孔混凝土；2—钢筋；
3—箍筋；4—砌块

（3）柱中箍筋的设置应根据下列情况确定：

1）当纵向钢筋的配筋率大于 0.25%，且柱承受的轴向力大于受压承载力设计值的 25% 时，柱应设箍筋；当配筋率不大于 0.25% 时，或柱承受的轴向力小于受压承载力设计值的 25% 时，柱中可不设置箍筋。

2）箍筋应设置在灰缝或灌孔混凝土中，直径不宜小于 6mm，间距不应大于 16 倍的纵向钢筋直径、48 倍的箍筋直径及柱截面短边尺寸中较小者，并应封闭，且端部应弯钩或绕纵筋水平弯折 90°，弯折段长度不小于 $10d$ （图 6-12）。

【例 6-5】 配筋混凝土砌块抗震墙的墙肢高 4.2m，截面尺寸为 190mm×4500mm，采用 MU15 混凝土砌块（孔洞率为 45%）、Mb10 砂浆砌筑，Cb30 混凝土灌孔，灌孔率 50%，纵向钢筋采用 HRB335，水平分布钢筋采用 HPB300，纵向配筋如图 6-13 所示，水平分布钢筋采用 2Φ12@600，墙肢承受的内力设计值为 $N=1800$kN，$M=180$kN·m，$V=300$kN，试验算该墙肢的承载力。

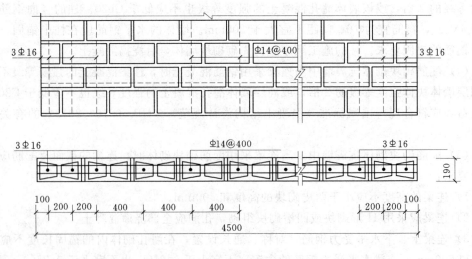

图 6-13　例 6-5 图

解：

（1）确定强度设计值。

Cb30 混凝土轴心抗压强度设计值：$f_c = 14.3\text{MPa}$

未灌孔的空心砌块砌体抗压强度设计值：$f = 4.02\text{MPa}$

因竖向分布钢筋间距为 400mm，灌孔率：$\rho = 50\%$，则 $\alpha = \delta\rho = 0.45 \times 0.5 = 0.225$

灌孔砌体的抗压强度设计值：$f_g = f + 0.6\alpha f_c = 4.02 + 0.6 \times 0.225 \times 14.3 = 5.95$ （MPa）

灌孔砌体的抗剪强度设计值：$f_{vg} = 0.2 \times f_g^{0.55} = 0.2 \times 5.95^{0.55} = 0.53$ （MPa）

钢筋强度设计值：$f_y = f_y' = 300\text{MPa}$，$f_{yh} = 270\text{MPa}$

剪力墙端部设置 $3 \oplus 16$ 竖向受力主筋，配筋率 0.53%；竖向分布筋 $\oplus 16@400$，配筋率为 0.26%；水平分布筋 $2 \oplus 12@600$，配筋率为 0.15%。

（2）正截面承载力验算。

暗柱按构造取 600mm，则 $a_c = 300\text{mm}$，$h_0 = h - 300 = 4500 - 300 = 4200\text{mm}$

则有：$x = \dfrac{N + f_y b h_0 \rho_w}{f_g b + 1.5 f_y b \rho_w} = \dfrac{1800 \times 10^3 + 300 \times 190 \times 4200 \times 0.0026}{5.95 \times 190 + 1.5 \times 300 \times 190 \times 0.00135} = 1944$ （mm）

$< \xi_b h_0 = 0.55 \times 4200 = 2310$（mm）

按大偏心受压构件验算

$$e_0 = \frac{M}{N} = \frac{180}{1800} \times 1000 = 100(\text{mm})$$

$$\beta = \frac{4200}{4500} = 0.93$$

$$e_a = \frac{\beta^2 h}{2200}(1 - 0.22\beta) = \frac{0.93^2 \times 4500}{2200} \times (1 - 0.022 \times 0.93) = 1.73(\text{mm})$$

$$e_N = e_0 + e_a + \left(\frac{h}{2} - a\right) = 100 + 1.73 + (2250 - 300) = 2051.73(\text{mm})$$

$Ne_N = 180 \times 2051.73 \times 10^{-3} = 369.31(\text{kN} \cdot \text{m})$

$\sum f_{si} S_{si} = 0.5 f_{yw} \rho_w b (h_0 - 1.5x)^2 = 0.5 \times 300 \times 0.0026 \times 190 \times (4200 - 1.5 \times 1791)^2$
$= 169.74(\text{kN} \cdot \text{m})$

$$f_g b x \left(h_0 - \frac{x}{2}\right) + f_y' A_s'(h_0 - a_s') - \sum f_{si} S_{si}$$

$$= \left[5.95 \times 190 \times 1791 \times \left(4200 - \frac{1791}{2}\right) + 300 \times 603 \times (4200 - 300)\right] \times 10^{-6} - 169.74$$

$= 1204.47(\text{kN} \cdot \text{m}) > 369.31\text{kN} \cdot \text{m}$

正截面满足要求。

（3）斜截面承载力计算。

1）截面限制条件。

$$0.25 f_g b h = 0.25 \times 5.95 \times 190 \times 4500 = 1272(\text{kN}) > V = 300\text{kN}$$

2）配筋计算。

$$\lambda = \frac{M}{V h_0} = \frac{180 \times 10^6}{300 \times 10^3 \times 4200} = 0.143 < 1.5$$

取 $\lambda = 1.5$，$0.25 f_g b h_0 < N$，取 $N = 1272\text{kN}$

间距：$s=400\text{mm}$

$$\frac{1}{\lambda-0.5}\left(0.6f_{vg}bh_0+0.12N\frac{A_w}{A}\right)+0.9f_{yh}\frac{A_{sh}}{s}h_0$$

$$=\frac{1}{1.5-0.5}(0.6\times0.53\times190\times4200+0.12\times1272\times10^3)+0.9\times270\times\frac{2\times113.1}{600}\times4200$$

$$=791.17(\text{kN})>300\text{kN}$$

斜截面满足要求。

本 章 小 结

（1）由于钢筋对砌体横向变形的约束，网状配筋砖砌体受压时钢筋网约束了砌体的横向变形，故推迟了第一批裂缝的出现，钢筋网限制了裂缝的发展，避免了破坏时砌体被分割为独立小柱，从而提高了砌体的抗压承载力。偏心距较大或高厚比较大时不宜应用网状配筋砌体。当轴向力偏心方向的截面边长大于另一方向的边长时，除应按偏心受压计算外，还应对另一方向按轴心受压进行验算。

（2）当无筋砌体受压构件的轴向压力偏心距超过限值（$e>0.6y$）或截面尺寸受到限制以及采用无筋砌体不经济时，宜采用砖砌体和钢筋混凝土面层或钢筋砂浆面层组成的组合砖砌体构件。在砖砌体内配置纵向钢筋外抹混凝土或砂浆面层的配筋砖砌体称为砖砌体和钢筋混凝土面层（钢筋砂浆面层）的组合砌体。砖砌体和钢筋混凝土面层或钢筋砂浆面层组成的组合砖砌体的破坏形态包括大偏心受压破坏和小偏心受压破坏两种。

（3）砖砌体和构造柱组合墙的受力性能与砖砌体和钢筋混凝土面层或钢筋砂浆面层组成的组合砖砌体构件类似。钢筋混凝土构造柱的作用有：①加强房屋的空间刚度和整体性，提高房屋的抗震性能；②设置构造柱，提高墙体的抗压性能。砌体结构房屋墙体中，按照构造要求设置的钢筋混凝土构造柱与砌体共同工作，形成砖砌体和钢筋混凝土构造柱组合墙。在影响设置构造柱砖墙承载力的诸多因素中，构造柱间距的影响最为显著。

（4）配筋砌块砌体克服了无筋砌体结构强度低、延性差的缺点，增强了砌体的抗压、抗拉及抗剪能力，增大了砌体的变形能力，具有较高的抗压和抗剪强度。配筋砌块砌体不仅具有无筋砌体结构良好的耐久性能、保温性能、隔音性能、防火性能等优点，同时，配筋砌块砌体还有利于节约土地资源和环境保护，具有施工速度快、整体性好、延性好和抗震性能好等优点，能有效抵抗由地震等造成的破坏。

思 考 题

6-1 配筋砌体包括哪些类型？各自的适用范围是什么？

6-2 网状配筋为何能提高砖砌体的抗压承载力？网状配筋砖砌体受压构件的破坏特征与无筋砖砌体相比有何异同？

6-3 砖砌体和钢筋混凝土面层（钢筋砂浆面层）的组合砌体构件的应用范围是什么？

6-4　砌体结构房屋设置钢筋混凝土构造柱的目的是什么？

6-5　配筋砌块砌体的优、缺点是什么？

6-6　配筋砌块砌体正截面承载力计算公式建立的基本假定是什么？

6-7　影响配筋砌块砌体抗震墙抗剪承载力的主要因素是什么？

习　　题

6-1　某网状配筋砖柱的截面尺寸为 370mm×490mm，计算高度为 3.6m，采用 MU10 烧结普通砖，M5.0 混合砂浆砌筑，施工质量控制等级为 B 级，承受轴向力设计值 $N=220kN$，沿长边方向弯矩设计值 $M=15kN \cdot m$，试选用适当等级的材料，并设计网状配筋。

6-2　截面尺寸为 370mm×490mm 的砖砌体和钢筋混凝土面层组合柱中砖砌体截面尺寸为 370mm×370mm，两侧各有 60mm 厚混凝土面层，计算高度为 4.2m，承受轴心向力设计值 $N=520kN$，面层混凝土 C25，砖强度等级 MU10，混合砂浆 M5，混凝土内共配有 4Φ12 的 HPB300 钢筋，试求该轴心受压柱的承载力。

6-3　截面尺寸为 370mm×490mm 的砖砌体和钢筋混凝土面层组合柱中砖砌体截面尺寸为 370mm×370mm，两侧各有 60mm 厚混凝土面层，计算高度为 4.5m，承受轴心向力偏心矩为 50mm，面层混凝土 C25，砖强度等级 MU10，混合砂浆 M5，混凝土内共配有 6Φ12 的 HPB300 钢筋，试求所能承受的最大轴向力。

6-4　房屋横墙厚度 240mm，计算高度 3.0m，采用 MU10 烧结普通砖、M5 混合砂浆砌筑，沿墙长方向设置 240mm×240mm 的钢筋混凝土构造柱，构造柱间距 3.0m，采用 C20 混凝土，HPB300 级钢筋，纵向钢筋为 4Φ12，试求该组合墙的每米所能承受的轴心压力。

第七章　砌体结构中的过梁、墙梁、挑梁、圈梁

第一节　过　梁

位于墙体门窗洞口上部，承担门窗洞口上部墙体以及楼板传来的竖向荷载的梁，称为过梁。

一、过梁的类型及构造要求

过梁按材料可分为砖砌过梁和钢筋混凝土过梁。砖砌过梁又可按其形式分为砖砌平拱过梁、砖砌弧拱过梁和钢筋砖过梁 3 种。

砖砌过梁中砖竖砌部分高度不应小于 240mm，过梁截面计算高度内的砂浆的强度等级不宜低于 M5 （Mb5、Ms5）；砖砌平拱用竖砖砌筑部分的高度不应小于 240mm；钢筋砖过梁底面砂浆层处的钢筋，其直径不应小于 5mm，间距不宜大于 120mm，钢筋伸入支座砌体内的长度不宜小于 240mm，梁底砂浆层的厚度不宜小于 30mm。钢筋混凝土过梁在砌体上的支承长度不宜小于 240mm。

1. 砖砌平拱过梁

砖砌平拱过梁是用竖立和侧立砖砌筑而成的下表面平直的过梁 [图 7-1 (a)]，其净跨不宜超过 1.2m。

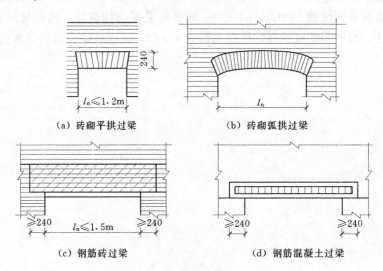

(a) 砖砌平拱过梁　　　　　　　(b) 砖砌弧拱过梁

(c) 钢筋砖过梁　　　　　　　　(d) 钢筋混凝土过梁

图 7-1　砌体过梁

2. 砖砌弧拱过梁

砖砌弧拱过梁是用竖立和侧立砖砌筑而成的下表面为弧形的过梁 [图 7-1 (b)]。弧拱最大跨度与矢高 f 有关。当矢高 $f=(1/12\sim1/8)l_n$ 时，最大跨度为 2.5～3.0m；当矢

高 $f=(1/6\sim1/5)l_n$ 时，最大跨度为 $3.0\sim4.0$m。弧拱砌筑时施工复杂，仅在有特殊要求时才采用。

3. 钢筋砖过梁

钢筋砖过梁为在洞口上方砌体中的底部水平灰缝内配置受力钢筋而成的下表面平直的过梁［图 7-1 (c)］。其净跨不宜超过 1.5m。

4. 钢筋混凝土过梁

钢筋混凝土过梁一般采用预制构件，截面形式有矩形、L 形等［图 7-1 (d)］。砖砌过梁对振动和地基不均匀沉降较为敏感，有较大振动荷载或地基可能产生不均匀沉降的房屋中应采用钢筋混凝土过梁。

二、过梁的破坏特征

如图 7-2 所示，砖砌过梁与上部墙体共同工作，在较小的竖向荷载作用下截面的下部受拉、上部受压。随着荷载的增加，过梁受拉区的拉应力达到砖砌体的抗拉强度，在跨中受拉区先出现垂直裂缝。后在支座处出现接近 45°的阶梯形斜裂缝。裂缝出现后，砖砌平拱过梁形成由两侧支座提供水平推力的三铰拱［图 7-2 (a)］，钢筋砖过梁形成由钢筋承受拉力的有拉杆三铰拱［图 7-2 (b)］。

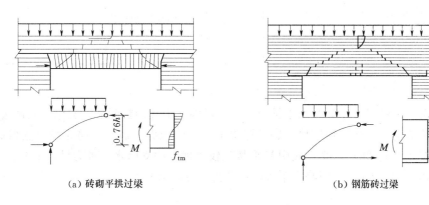

(a) 砖砌平拱过梁　　　　　　　　　(b) 钢筋砖过梁

图 7-2　过梁破坏形式

三、过梁上的荷载

过梁上的荷载包括过梁上的墙体自重和上部楼盖传来的荷载两部分。过梁上墙体高度较小时，这两部分荷载全部由过梁承担，过梁上墙体达到较大时，过梁上的墙体形成内拱，将一部分荷载直接传给支座，过梁仅需承担部分荷载。根据研究，砖砌平拱过梁与钢筋砖过梁上的荷载应按表 7-1 的规定确定。

四、过梁承载力计算

1. 砖砌平拱过梁

砖砌平拱过梁跨中正截面受弯承载力及支座截面受剪承载力分别按式（5-27）、式（5-28）计算。M、V 取跨度为 l_n 的简支梁跨中最大弯矩设计值和支座剪力设计值；过梁截面高度 h 取过梁底面以上墙体的高度，但不大于 $l_n/3$，当考虑梁、板传来的荷载时，h 则按梁、板下的高度采用。

表 7-1　　　　　　　　　　　　　　　　过梁上的荷载取值表

荷载类型	简　图	砌体种类	荷　载　取　值	
墙体荷载	墙体荷载简图（过梁，h_w，l_n） 注：h_w 为过梁上墙体高度	砖砌体	$h_w < l_n/3$	高度为 h_w 的墙体自重，按均布计算
			$h_w \geq l_n/3$	高度为 $l_n/3$ 的墙体的自重，按均布计算
		砌块砌体	$h_w < l_n/2$	高度为 h_w 的墙体自重，按均布计算
			$h_w \geq l_n/2$	高度为 $l_n/2$ 的墙体的自重，按均布计算
梁板荷载	梁板荷载简图（F，p，过梁，h_w，l_n） 注：h_w 为梁板下墙体高度	砖或砌块砌体	$h_w < l_n$	计入梁板传来的荷载
			$h_w \geq l_n$	不计入梁板荷载

注　1. 墙体荷载的采用与梁板荷载的位置无关。
　　2. 表中 l_n 为过梁的净跨。

由于砖砌平拱过梁支座处受水平推力作用，对墙体中部的窗间墙，支座左右两边的水平推力可相互抵消，对端部窗间墙，应验算水平灰缝的受剪承载力，防止发生受剪破坏。受剪承载力按式（5-28）计算，式中 V 取按三铰拱确定的支座水平推力设计值 V_H，即 $V = V_H = M/(0.76/h)$（M、h 同跨中正截面承载力计算取值）。

2. 钢筋砖过梁

钢筋砖过梁跨中正截面受弯承载力按式（7-1）计算，即

$$M \leq 0.85 h_0 f_y A_s \qquad (7-1)$$

式中　M——按简支梁计算的跨中截面弯矩设计值；

　　　h_0——过梁截面有效高度，$h_0 = h - a_s$；

　　　h——过梁的截面计算高度，取过梁底面以上的墙体高度，但不大于 $l_n/3$，当考虑梁、板传来的荷载时，则按梁、板下的高度采用；

　　　a_s——受拉钢筋重心至梁截面下边缘的距离，一般取 $15 \sim 20\text{mm}$；

　　f_y、A_s——受拉钢筋强度设计值和受拉钢筋截面面积。

钢筋砖过梁支座处斜截面受剪承载力按式（5-28）计算。

3. 钢筋混凝土过梁

钢筋混凝土过梁应按钢筋混凝土受弯构件进行受弯、受剪承载力计算，并应验算过梁梁端支承处的砌体局部受压。过梁梁端支承处砌体局部受压承载力按式（3-18）计算，

考虑到过梁与上部墙体的共同工作作用，局部受压承载力计算时上层荷载可不考虑。梁端底面压应力图形完整系数可取 1.0，梁端有效支承长度可取实际支承长度，但不应大于墙厚。

【**例 7 - 1**】　某钢筋砖过梁净跨为 1.5m，墙厚 240mm，如图 7 - 3 所示，墙体采用 MU10 的烧结普通砖，M5 混合砂浆砌筑。墙自重设计值为 4.2kN/m²，楼板传来的荷载设计值为 16.5kN/m，楼板底至过梁顶的距离为 600mm。试设计该过梁。

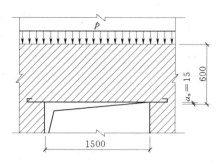

图 7 - 3　钢筋砖过梁示意图

解：

砌体抗剪强度设计值 $f_v = 0.14 \text{N/mm}^2$；HPR300 钢筋的抗拉强度设计值为 $f_y = 270 \text{N/mm}^2$

（1）荷载及内力计算。楼板下的墙体高度 $h_w = 600\text{m}$ 小于梁的净跨 $l_n = 1500\text{mm}$，故应考虑楼板荷载。

$h_w \geqslant \dfrac{l_n}{3}$，故应考虑 $\dfrac{l_n}{3}$ 高度范围内墙体的自重。

则作用在过梁上的均布荷载设计值为

$$p = 16.5 + \frac{1.5}{3} \times 4.2 = 18.6 (\text{kN/m})$$

$$M = \frac{p l_n^2}{8} = \frac{18.6 \times 1.5^2}{8} = 5.23 (\text{kN} \cdot \text{m})$$

$$V = \frac{p l_n}{2} = \frac{18.6 \times 1.5}{2} = 13.95 (\text{kN})$$

（2）受弯承载力计算。由于考虑楼板传来的荷载，故取梁高 h 为楼板以下的墙体高度，即取 $h = 600\text{mm}$。砂浆层厚度为 30mm，则有 $a_s = 15\text{mm}$，从而截面有效高度 $h_0 = h - a_s = 600 - 15 = 585$（mm）。

$$A_s = \frac{M}{0.85 f_y h_0} = \frac{5.23 \times 10^6}{0.85 \times 270 \times 585} = 38.95 (\text{mm}^2)$$

选用 2Φ6，满足要求。

（3）受剪承载力计算。

$$z = \frac{2h}{3} = \frac{2 \times 600}{3} = 400 (\text{mm})$$

$$f_v bz = 0.14 \times 240 \times 400 = 13.44 \text{kN} > V = 13.95 \text{kN}$$

受剪承载力满足要求。

第二节　墙　　梁

由支承砌体墙的钢筋混凝土托梁及其托梁以上计算高度范围内的墙体组成的组合构件称为墙梁。多层砌体结构房屋中常出现底层与上层房屋使用功能不同的情况，如上层为住

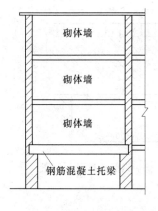

图 7-4　墙梁

宅或旅馆的砌体结构房屋底层要求有较大的空间作为商场、餐厅等。底层的托梁及其上部一定高度范围的墙体共同工作，形成组合的深梁，即墙梁（图 7-4）。

一、墙梁的类别

根据墙梁的承重情况，墙梁分为承重墙梁和自承重墙梁。承重墙梁既承受墙梁（托梁和墙体）自重，还承受计算高度范围以上各层墙体以及楼盖、屋盖或其他结构传来的荷载。仅承受托梁和砌筑在托梁上墙体自重的墙梁为自承重墙梁。根据墙梁的受力情况，墙梁分为简支墙梁、框支墙梁和连续墙梁。根据墙体上是否开洞，分为无洞口墙梁和有洞口墙梁。与框架结构相比，墙梁具有节约材料、工期短、施工方便等优点，它被广泛地应用。

二、简支墙梁的受力性能和破坏形态

1. 墙梁的受力性能

顶面承受均布荷载的单跨简支无洞口墙梁的试验研究及有限元分析表明，墙梁开裂前的受力性能与深梁相似，其水平正应力 σ_x、竖向正应力 σ_y、剪应力 τ_{xy} 及主应力迹线如图 7-5 所示。

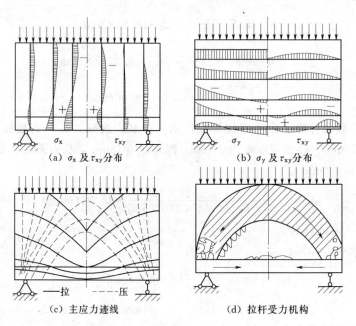

（a）σ_x 及 τ_{xy} 分布　　　　（b）σ_y 及 τ_{xy} 分布

（c）主应力迹线　　　　　　（d）拉杆受力机构

图 7-5　墙梁在均布荷载作用下的应力状态

由水平正应力 σ_x 沿垂直截面的分布［图 7-5（a）］可以看出，墙梁上的砌体墙大部分受到水平压应力作用，托梁的全部或大部分受到水平拉应力作用，托梁处于偏心受拉状态；竖向正应力 σ_y 沿水平截面的分布［图 7-5（b）］可以看出，竖向正应力逐步向支座集中，在跨中托梁顶面处变为拉应力；由剪应力 τ_{xy} 分布［图 7-5（a）、（b）］可以看出，托梁与砌体上都存在剪力，在托梁与墙体的交界面上剪应力变化较大；由主应力迹线［图7-5（c）］可以看出，墙体内的主压应力迹线呈拱形，两边指向支座，在支座附近形成主压应力集中，托梁中的主拉应力迹线几乎水平。形成类似拉杆拱的受力机构［图7-5（d）］。

有洞口墙梁的受力性能随洞口位置的不同而不同。虽然跨中开洞口的墙梁上的开洞对墙体有所削弱，但没有对主压力产生过大影响，并未严重干扰拉杆拱的受力机构，故跨中开洞墙梁的工作性能与无洞口墙梁相同。由偏开洞口墙梁的主应力迹线［图7-6（a）］可以看出，偏开的洞口切断了部分主压力的传递路径，墙体顶部荷载一部分沿大拱向两支座传递，另一部分则沿小拱向门洞内侧附近的托梁上传递，形成一个大拱内套一小拱的受力形式［图7-6（b）］。托梁既作为大拱的拉杆承受拉力，又作为小拱一端的弹性支座，承受小拱传来的竖向压力。因此，偏开洞口墙梁可视为梁-拱组合受力机构。

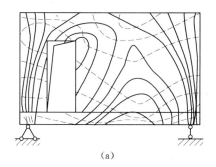 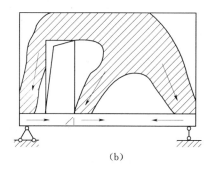

（a）　　　　　　　　　　　　　　　　　（b）

图7-6　偏开洞口墙梁主应力迹线及受力机构

2. 墙梁的破坏形态

试验表明，单跨简支墙梁的破坏形态与墙梁中墙体的高跨比、托梁的高跨比、托梁的配筋数量、砌体及混凝土强度等级、加荷方式、墙体开洞等因素有关，墙梁可能发生的破坏形态有以下几种：

（1）受弯破坏［图7-7（a）］。当托梁中的钢筋较少，砌体强度较高，且墙体高跨比h_w/l_0较小时，墙梁在竖向荷载作用下跨中先出现垂直裂缝，垂直裂缝随着荷载的增加迅速向上延伸，进入墙体后继续向上扩展，托梁中新的垂直裂缝不断出现。当托梁主裂缝①截面的钢筋达到屈服极限时，墙梁发生弯曲破坏。破坏时，墙梁的受压区高度很小，往往只有3～5皮砖高，甚至更少；托梁受拉，如同拱的拉杆。

（2）受剪破坏。当托梁纵筋配筋较多，砌体强度较弱，且$h_w/l_0<0.75$时，支座上部附近的墙体因主拉或主压应力过大而在墙体中产生斜裂缝，导致墙体受剪破坏。受墙体高跨比h_w/l_0、荷载作用方式、荷载作用位置等因素的影响，墙体受剪破坏有以下几种形式：

1）斜拉破坏。当$h_w/l_0<0.40$且砂浆强度较低时常发生斜拉破坏。这是因为砌体中部的主拉应力超过了墙体的抗拉强度而产生阶梯形裂缝②，如图7-7（b）所示。该斜裂缝斜向上延伸，最后基本上贯通墙高，墙体丧失承载力。发生这种破坏时墙梁的承载能力较低。

2）斜压破坏。当$h_w/l_0>0.4$且砌体强度较高时，墙体内的主压应力超过墙体抗压强

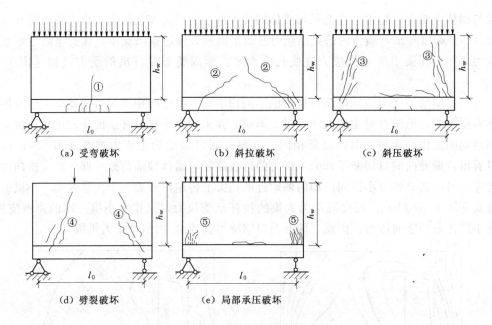

(a) 受弯破坏   (b) 斜拉破坏   (c) 斜压破坏

(d) 劈裂破坏   (e) 局部承压破坏

图 7-7 无洞口墙梁破坏形态
①—托梁延伸入墙体的主裂缝；②—墙体的阶梯形裂缝；③—墙体中较陡的斜裂缝；④—贯穿
墙体的斜裂缝；⑤—局部受压承载力不足引起的细小裂缝

度，在主压应力作用下于支座上方墙体中形成许多较陡的斜裂缝③，如图 7-7（c）所示。其开裂荷载和破坏荷载均较大。墙梁破坏时主裂缝中、下部砌体被压碎剥落。发生这种破坏时墙梁的承载能力较高。

3）劈裂破坏。在集中荷载作用下，墙梁支座与加荷点连线上突然出现一条或几条贯穿墙体的斜裂缝④，如图 7-7（d）所示。该裂缝随荷载的增加迅速发展并导致墙梁丧失承载力。发生这种破坏时墙梁的承载能力很低，开裂荷载与破坏荷载接近（开裂荷载为破坏荷载的 70%～100%），脆性明显，属于劈裂破坏。

当托梁混凝土强度等级较低时，也可能发生托梁的剪切破坏。

（3）局部承压破坏。当托梁配筋较多、砌体强度较低，且 $h_w/l_0 > 0.75$，并无翼墙时，在墙梁顶部荷载作用下，支座处梁上砌体在竖向应力作用下因局部受压承载力不足而破坏⑤，如图 7-7（e）所示。两端设置墙可有效避免局部受压破坏。

此外，由于构造措施不当，也可能引起其他形式的破坏，如托梁纵筋锚固不足时，托梁钢筋被拔出破坏；支承长度过小时，托梁端部局部受压破坏等。这类破坏可通过采取相应的构造措施来避免。

对于有洞口墙梁，它的破坏形态除弯曲破坏及托梁的剪切破坏常发生在洞口内缘截面外［图 7-6（b）］，其余均与无洞口墙梁相类似。

三、框支墙梁的受力性能和破坏形态

裂缝出现前，单跨框支墙梁在竖向荷载作用下处于弹性阶段，当加载至破坏荷载的 35% 时，首先在托梁跨中出现一些竖向裂缝，随后竖向裂缝随着竖向荷载增加而逐渐上升，继续加荷，托梁支座处或墙边出现斜裂缝，框支墙梁形成组合拱受力直至破坏。

　　框支墙梁的破坏形态受托梁高跨比、墙体高跨比、梁柱线刚度比、托梁下纵筋配筋率及材料强度等因素的影响，框支墙梁的破坏形态有弯曲破坏、剪切破坏和弯剪破坏 3 种。

　　弯曲破坏是由托梁或柱中纵筋屈服而形成的，弯曲破坏根据塑性铰产生的部位又分为托梁跨中、支座先后形成塑性铰的托梁弯曲破坏和托梁跨中、柱顶先后形成塑性铰的托梁−柱弯曲破坏［图 7−8（a）］两种。剪切破坏根据破坏的原因分为由于墙体主拉应力超过砌体复合抗拉强度而发生的沿阶梯形斜裂缝的斜拉破坏［图 7−8（b）］和由于墙体主压应力超过砌体复合抗压强度而发生的沿穿过块体和水平灰缝的陡峭裂缝的斜压破坏［图 7−8（c）］两种形式。弯剪破坏是托梁跨中纵筋屈服的同时或稍后墙体发生斜压破坏，随后托梁支座上部钢筋屈服而破坏［图 7−8（d）］。

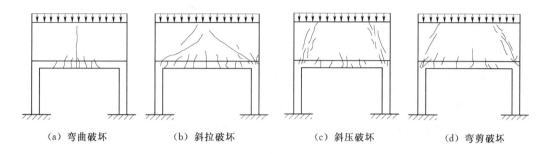

| （a）弯曲破坏 | （b）斜拉破坏 | （c）斜压破坏 | （d）弯剪破坏 |

图 7−8　单跨无洞口框支墙梁破坏形态

四、连续墙梁的受力性能和破坏形态

　　加荷初期，连续墙梁的挠度、墙体应变和托梁内钢筋应变随荷载呈线性关系增加，连续墙梁在弹性阶段如同墙体与托梁组合的连续深梁。对于 $h_w/l_0=0.4\sim0.5$ 的墙梁，当加载大约至破坏荷载的 25% 时，在托梁的跨中首先出现多条竖向裂缝，随后中支座墙体出现斜裂缝并延伸到托梁。对 $h_w/l_0=0.5\sim0.9$ 的墙梁，加载至破坏荷载的 30%～50% 时，中支座墙体首先出现斜裂缝并延伸至托梁，随后托梁跨中出现竖向裂缝。连续墙梁继续加载至破坏荷载的 60%～80% 时，边支座墙体也出现斜裂缝并延伸到托梁。接近破坏时，墙梁上的裂缝快速发展，挠度也加快增长，连续墙梁中支座或边支座区段随之发生剪切破坏。墙梁最终形成以各跨墙体为拱肋，以托梁为偏心拉杆的连续拉杆拱受力模式。当 h_w/l_0 较大时，还可能形成边支座间为大拱，各跨为小拱的大拱套小拱的受力模式。连续墙梁的典型破坏裂缝如图 7−9 所示。

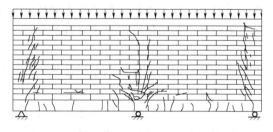

图 7−9　两跨连续墙梁破坏时裂缝分布

　　连续墙梁的破坏形态与托梁高跨比、墙体高跨比、托梁纵筋配筋率、材料强度等因素有关，主要的破坏形态有斜拉破坏、斜压破坏和剪切−局压破坏 3 种。h_w/l_0 较小的构件常发生沿阶梯形斜裂缝的斜拉破坏，斜裂缝倾角为 40°～60°；h_w/l_0 较大的构件常发生沿穿过砖和水平灰缝的斜裂缝的斜压破坏，斜裂缝倾角为 65°～85°；剪切−局压破坏是墙体剪

切破坏的同时或稍后沿中支座墙体的斜裂形成 45°～80°倒梯形局压破坏区。

五、墙梁的计算

1. 墙梁设计的一般规定

为保证墙梁与托梁共同工作及组合工作性能，避免低承载力的破坏形态发生，《砌体结构设计规范》（GB 50003—2011）规定了墙梁设计应满足的条件。

（1）采用烧结普通砖、烧结多孔砖和配筋砌体的墙梁设计时应符合表 7-2 的规定。

表 7-2   墙梁尺寸的一般规定

墙梁类别	墙体总高度 /m	跨度 /m	墙体高跨比 h_w/l_{0i}	托梁高跨比 h_b/l_{0i}	洞宽比 b_h/l_{0i}	洞高 h_h
承重墙梁	≤18	≤9	≥0.4	≥1/10	≤0.3	≤$5h_w/6$ 且 h_w-h_h≥0.4m
自承重墙梁	≤18	≤12	≥1/3	≥1/15	≤0.8	

注　墙体总高度指托梁顶面到檐口的高度，带阁楼的坡屋面应算到山尖墙 1/2 高度处。
h_w 为墙体计算高度；h_b 为托梁截面高度；l_{0i} 为墙梁计算跨度；b_h 为洞口宽度；h_h 为洞口高度，对窗洞取洞顶至托梁顶面距离。

（2）在墙梁的计算高度范围内每跨允许设置一个洞口；洞口高度，对窗洞取洞顶至托梁顶面距离。对承重墙梁，洞口边至支座中心的距离 a_i，距边支座不应小于 $0.15l_{0i}$，距中支座不应小于 $0.07l_{0i}$；对自承重墙梁，洞口至边支座中心的距离不宜小于 $0.1l_{0i}$，门窗洞上口至墙顶的距离不应小于 0.5m；托梁支座处上部墙体设置混凝土构造柱，且构造柱边缘至洞口边缘的距离不小于 240mm 时，洞口边至支座中心距离的限值可不受限制。对多层房屋的墙梁，各层洞口宜设置在相同位置，并宜上下对齐。

（3）托梁高跨比，对无洞口墙梁不宜大于 1/7，对靠近支座有洞口的墙梁不宜大于 1/6。配筋砌块砌体墙梁的托梁高跨比可适当放宽，但不宜小于 1/14；当墙梁结构中的墙体均为配筋砌块砌体时，墙体总高度可不受限制。

2. 墙梁的计算

根据墙梁可能发生的几种破坏形态，应分别进行托梁使用阶段的正截面承载力和斜截面受剪承载力计算、墙体受剪承载力和托梁支座上部砌体局部受压承载力计算。此外，由于施工阶段托梁与墙体尚未形成良好的组合工作性能，还应对托梁进行施工阶段的承载力验算。

自承重墙梁可不验算墙体受剪承载力和砌体局部受压承载力。

（1）墙梁的计算简图。

试验研究表明，墙梁上的墙体主要是托梁上一层高范围内的墙体与托梁共同工作，因此计算简图中取单层墙体。墙梁的计算简图如图 7-10 所示，计算简图中的计算参数按下列规定确定：

1）墙梁的计算跨度 l_0（l_{0i}）。对简支墙梁和连续墙梁，计算跨度 l_0（l_{0i}）应取 $1.1l_n$（$1.1l_{ni}$）或 l_c（l_{ci}）中的较小值。l_n（l_{ni}）为净跨，l_c（l_{ci}）为支座中心线间距。框支墙梁支座中心线距离，取框架柱轴线间的距离。

2）墙体计算高度 h_w。h_w 取托梁顶面上一层墙体（包括顶梁）高度。当 $h_w \leq l_0$ 时，

取 $h_w = l_0$，对连续墙梁或多跨框支墙梁，l_0 取各跨的平均值。

3）墙梁跨中截面的计算高度 H_0。取墙梁计算高度 $H_0 = h_w + 0.5h_b$，h_b 为托梁截面高度。

4）翼墙计算宽度 b_f。取窗间墙宽度或横墙间距的 $2/3$，且每边不大于 $3.5h$（h 为墙体厚度）和 $l_0/6$（l_0 为墙梁计算跨度）。

5）框架柱计算高度 H_c。取 $H_c = H_{cn} + 0.5h_b$，H_{cn} 为框架柱的净高，取基础顶面至托梁底面的距离。

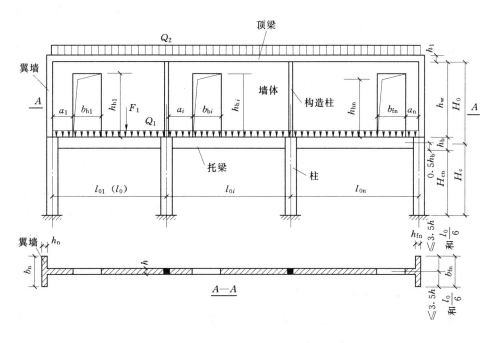

图 7-10　墙梁的计算简图

（2）使用阶段墙梁的计算。使用阶段墙梁上的荷载：

1）承重墙梁。托梁顶面的荷载设计值 Q_1、F_1，取托梁的自重以及本层楼盖的恒荷载和活荷载。

墙梁顶面荷载设计值 Q_2，取托梁以上各层墙体自重，以及墙梁顶面以上各层楼（屋）盖的恒荷载和活荷载；集中荷载可沿作用的跨度近似化为均布荷载。

2）自承重墙梁。墙梁顶面的荷载设计值 Q_2，取托梁自重及托梁以上墙体自重。

（3）墙梁正截面受弯承载力计算。

1）托梁跨中截面的承载力计算。托梁跨中截面应按钢筋混凝土偏心受拉构件进行计算。其跨中最大弯矩设计值 M_{bi} 及轴心拉力设计值 N_{bti} 按下式计算，即

$$M_{bi} = M_{1i} + \alpha_M M_{2i} \tag{7-2}$$

$$N_{bti} = \eta_N \frac{M_{2i}}{H_0} \tag{7-3}$$

式中　M_{1i}——荷载设计值 Q_1、F_1 作用下的简支梁跨中弯矩或按连续梁、框架分析的托

　　　　　　　梁第 i 跨跨中最大弯矩；

M_{2i}——荷载设计值 Q_2 作用下的简支梁跨中弯矩或按连续梁、框架分析的托梁第 i 跨跨中最大弯矩；

α_M——考虑墙梁组合作用的托梁跨中截面弯矩系数，可按式（7-4a）或式（7-4b）计算，当 $\alpha_M > 1.0$ 时取 $\alpha_M = 1.0$，对自承重简支墙梁应乘以折减系数 0.8；

η_N——考虑墙梁组合作用的托梁跨中截面轴力系数，按式（7-6a）或式（7-6b）计算。式中，当 $h_w/l_{0i} > 1$ 时，取 $h_w/l_{0i} = 1$。对自承重简支墙梁应乘以折减系数 0.8。

　　对简支墙梁，有

$$\alpha_M = \psi_M \left(1.7 \frac{h_b}{l_0} - 0.03\right) \tag{7-4a}$$

其中：$h_b/l_0 > 1/6$ 时，取 $h_b/l_0 = 1/6$。

　　对连续墙梁或框支墙梁，有

$$\alpha_M = \psi_M \left(2.7 \frac{h_b}{l_{0i}} - 0.08\right) \tag{7-4b}$$

其中：$h_b/l_{0i} > 1/7$ 时，取 $h_b/l_{0i} = 1/7$。ψ_M 为洞口对托梁跨中截面弯矩的影响系数，对无洞口墙梁取 $\psi_M = 1.0$；对有洞口墙梁，可按式（7-5a）或式（7-5b）计算。

　　对简支墙梁，有

$$\psi_M = 4.5 - 10 \frac{a}{l_0} \tag{7-5a}$$

　　对连续墙梁或框支墙梁，有

$$\psi_M = 3.8 - 8 \frac{a_i}{l_{0i}} \tag{7-5b}$$

式中　a_i——洞口边至墙梁最近支座的距离，当 $a_i > 0.35l_{0i}$ 时，取 $a_i = 0.35l_{0i}$。

　　对简支墙梁，有

$$\eta_N = 0.44 + 2.1 \frac{h_w}{l_0} \tag{7-6a}$$

　　对连续墙梁或框支墙梁，有

$$\eta_N = 0.8 + 2.6 \frac{h_w}{l_{0i}} \tag{7-6b}$$

　　2）托梁支座截面的承载力计算。托梁支座截面应按钢筋混凝土受弯构件计算，其弯矩可 M_{bj}，按式（7-7）进行计算，即

$$M_{bj} = M_{1j} + \alpha_M M_{2j} \tag{7-7}$$

式中　M_{1j}——荷载设计值 Q_1、F_1 作用下按连续梁或框架分析的托梁第 j 支座截面弯矩设计值；

M_{2j}——荷载设计值 Q_2 作用下按连续梁或框架分析的托梁第 j 支座截面弯矩设计值；

α_M——考虑墙梁组合作用的托梁支座截面弯矩系数，无洞口墙梁取 $\alpha_M = 0.4$，有

洞口墙梁取 $\alpha_M = 0.75 - \dfrac{a_i}{l_{0i}}$，支座两边均有洞口时，$a_i$ 取较小值。

（4）墙梁斜截面受剪承载力计算。

1）墙梁的墙体受剪承载力计算。墙梁的破坏有斜拉破坏和斜压破坏两种，墙梁只要满足表 7-2 的规定就可以避免延性较差的斜拉破坏，通过墙体的抗剪承载力计算可以避免发生斜压破坏。试验表明，墙梁顶面圈梁能将楼层的荷载部分传给支座，并和托梁一起约束墙体横向变形，延缓和阻滞斜裂缝的开展，提高墙体受剪承载力；当墙梁两端有翼墙或构造柱时，作用于墙梁顶面的荷载将有一部分传到翼墙或构造柱中，翼墙或构造柱分担了部分上部荷载，改善了墙体的受剪性能。

为避免墙梁墙体发生斜压破坏，墙体的受剪承载力应按式（7-8）计算，即

$$V_2 \leqslant \xi_1 \xi_2 \left(0.2 + \frac{h_b}{l_{0i}} + \frac{h_t}{l_{0i}} \right) f h h_w \tag{7-8}$$

式中　V_2——在荷载设计值 Q_2 作用下墙梁支座边缘截面剪力的最大值；

ξ_1——翼墙影响系数，对单层墙梁取 $\xi_1 = 1.0$，对多层墙梁，当 $b_f/h = 3$ 时，取 $\xi_1 = 1.3$，当 $b_f/h = 7$ 时，取 $\xi_1 = 1.5$，当 $3 < b_f/h < 7$ 时，按线性插入取值；

ξ_2——洞口影响系数，无洞口墙梁取 $\xi_2 = 1.0$，多层有洞口墙梁取 $\xi_2 = 0.9$，单层有洞口墙梁取 $\xi_2 = 0.6$；

h_t——墙梁顶面圈梁的截面高度。

当墙梁支座处墙体中设置上、下贯通的落地混凝土构造柱，且其截面不小于 240mm×240mm 时，可不验算墙梁的墙体受剪承载力。

2）托梁的受剪承载力计算。在墙梁中，墙体往往先于托梁进入极限状态而剪坏。当托梁混凝土强度较低、箍筋较少时，托梁可能产生剪切破坏，故还应计算托梁的斜截面受剪承载力。托梁的斜截面受剪承载力应按钢筋混凝土受弯构件计算，第 j 支座边缘截面的剪力设计值 V_{bj} 可按式（7-9）计算，即

$$V_{bj} = V_{1j} + \beta_V V_{2j} \tag{7-9}$$

式中　V_{1j}——荷载设计值 Q_1、F_1 作用下按简支梁、连续梁或框架分析的托梁第 j 支座边缘截面的剪力设计值；

V_{2j}——荷载设计值 Q_2 作用下按简支梁、连续梁或框架分析的托梁第 j 支座边缘截面剪力设计值；

β_V——考虑墙梁组合作用的托梁剪力系数，无洞口墙梁边支座截面取 $\beta_V = 0.6$，中支座截面取 $\beta_V = 0.7$，有洞口墙梁边支座截面取 $\beta_V = 0.7$，中支座截面取 $\beta_V = 0.8$，对自承重墙梁，无洞口时取 $\beta_V = 0.45$，有洞口时取 $\beta_V = 0.5$。

（5）托梁支座上部砌体局部受压承载力验算。试验表明，当 $h_w/l_0 > 0.75$、砌体强度较低且无翼墙时，托梁支座上部砌体在竖向正应力作用下常产生局部受压破坏。为保证砌体局部受压承载力，托梁支座上部砌体局部受压承载力应按式（7-10）验算，即

$$Q_2 \leqslant \zeta f h \tag{7-10}$$

式中　f——砌体轴心抗压强度设计值；

h——墙体厚度；

ζ——局部受压系数，有

$$\zeta = 0.25 + 0.08 \frac{b_f}{h} \tag{7-11}$$

有构造柱与圈梁约束砌体的墙梁，因构造柱减少了应力集中，改善了砌体的局部受压。《砌体结构设计规范》（GB 50003—2011）规定，当 $b_f/h \geqslant 5$ 或墙梁支座处设置上、下贯通的落地混凝土构造柱且构造柱截面不小于 240mm×240mm 时，可不验算局部受压承载力。

自承重墙梁可不验算砌体局部抗压承载力。

（6）施工阶段托梁的强度验算。施工阶段托梁上的荷载包括：

1）托梁自重及本层楼盖的恒荷载。

2）本层楼盖的施工荷载。

3）墙体自重，可取高度为 $l_{0max}/3$ 的墙体自重，开洞时应按洞顶以下实际分布的墙体自重复核。l_{0max} 为各计算跨度的最大值。

托梁及在托梁上砌筑的砌体墙共同工作形成墙梁，在施工阶段，由于灰缝中砂浆尚未固结，砌体墙还没有与托梁共同工作，因此施工阶段验算时不能考虑托梁与墙体的共同工作性能。施工时应限制计算高度范围内墙体每天的砌筑高度，设计时还应按钢筋混凝土受弯构件对托梁进行在施工荷载作用下的受弯、受剪承载力验算，以保证施工的安全。

六、墙梁的构造要求

1. 材料

（1）托梁和框支柱的混凝土强度等级不应低于 C30。

（2）承重墙梁的块体强度等级不应低于 MU10，计算高度范围内墙体的砂浆强度等级不应低于 M10（Mb10）。

2. 墙体

（1）框支墙梁的上部砌体房屋，以及设有承重的简支墙梁或连续墙梁的房屋，应满足刚性方案房屋的要求。

（2）墙梁的计算高度范围内的墙体厚度，对砖砌体不应小于 240mm，对混凝土砌块砌体不应小于 190mm。

（3）墙梁洞口上方应设置混凝土过梁，其支承长度不应小于 240mm；洞口范围内不应施加集中荷载。

（4）承重墙梁的支座处应设置落地翼墙，翼墙厚度，对砖砌体不应小于 240mm，对混凝土砌块砌体不应小于 190mm。翼墙宽度不应小于墙梁墙体厚度的 3 倍，并与墙梁墙体同时砌筑。当不能设置翼墙时，应设置落地且上、下贯通的混凝土构造柱。

（5）当墙体墙梁在靠近支座 1/3 跨度范围内开洞时，支座处应设置落地且上、下贯通的混凝土构造柱，并应与每层圈梁连接。

（6）墙梁计算高度范围内的墙体，每天可砌高度不应超过 1.5m；否则，应加设临时支撑。

3. 楼盖

托梁两侧各两个开间的楼盖应采用现浇钢筋混凝土楼盖，楼板的厚度不宜小于 120mm，当楼板厚度大于 150mm 时，宜采用双层双向钢筋网，楼板上应少开洞，洞口尺寸大于 800mm 时应设洞口边梁。

4. 托梁

（1）托梁每跨底部的纵向钢筋应通长设置，不应在跨中段弯起或截断。钢筋接长应采用机械连接或焊接。

（2）托梁跨中截面的纵向受力钢筋总配筋率不应小于 0.6%。

（3）托梁上部通长布置的纵向钢筋面积与跨中下部纵向钢筋面积之比值不应小于 0.4；连续墙梁或多跨框支墙梁的托梁支座上部附加纵向钢筋从支座边缘算起每边延伸长度不应小于 $l_0/4$。

（4）承重墙梁的托梁在砌体墙、柱上的支承长度不应小于 350mm。纵向受力钢筋伸入支座的长度应符合受拉钢筋的锚固要求。

（5）当托梁截面高度 $h_b \geqslant 450mm$ 时，应沿梁截面高度设置通长水平腰筋，直径不宜小于 12mm，间距不应大于 200mm。

（6）对于洞口偏置的墙梁，其托梁的箍筋加密区范围应延到洞口外，距洞边的距离不小于托梁截面高度 h_b，箍筋直径不应小于 8mm，间距不应大于 100mm（图 7-11）。

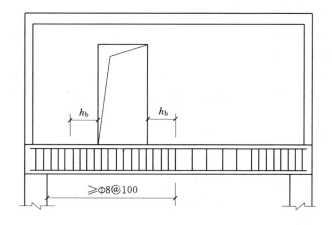

图 7-11　偏开洞时托梁箍筋加密区

【例 7-2】　某 5 层房屋的一层为商店，其他各层为住宅，房屋的开间均为 3.3m，进深为 5.4m。一层层高 4.2m，其他各层均为 3.0m，楼板厚 120mm。每层墙体自重为 11.5kN/m，托梁自重为 4.37kN/m，为得到一层的大空间而设置墙梁，托梁支承长度为 370mm，截面尺寸为 250mm×600mm，采用 C30 混凝土，HRB335 纵向主筋，HPB300 箍筋。砖墙采用 MU10 烧结普通砖、M5 混合砂浆砌筑，托梁上墙厚为 240mm。楼层圈梁截面高 200mm。该房屋局部剖面如图 7-12 所示。荷载分布为：屋面活载标准值为 0.7kN/m²，楼面活载标准值为 2.0kN/m²；屋盖

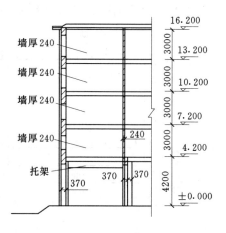

图 7-12　房屋局部剖面图

恒载标准值为 $7.0kN/m^2$；楼盖恒载标准值为 $5.0kN/m^2$；240mm 厚双面抹灰墙体自重 $5.52kN/m^2$。试按使用阶段的受力设计此墙梁。

解：

二层墙体由 MU10 烧结粉煤灰砖、M5 混合砂浆砌筑，$f = 1.50N/mm^2$

由于二层层高为 3000mm，楼板厚 120mm，故而墙体的计算高度 $h_w = 3000 - 120 = 2880(mm)$

托梁支承长度为 370mm，则净跨 $l_n = 5.4 - 2 \times 0.37 = 4.66(m)$

支座中心线距离 $l_c = 5.4 - 0.37 = 5.03(m)$，$1.1l_n = 1.1 \times 4.66 = 5.126(m)$

墙梁计算跨度取 $l_0 = \min\{l_c, 1.1l_n\} = 5.03m$

墙梁的计算高度 $H_0 = h_w + 0.5 \times h_b = 2.88 + 0.5 \times 0.6 = 3.18(m)$

托梁采用 C30（$f_c = 14.3N/mm^2$）混凝土，纵筋采用 HRB335（$f_y = 300N/mm^2$）钢筋，箍筋采用 HPB300（$f_y = 270N/mm^2$）钢筋。

(1) 墙梁上的荷载。托梁顶面的荷载设计值 Q_1 为托梁自重、本层楼盖的恒荷载和活荷载。

可变荷载控制时托梁顶面荷载设计值：
$$1.2 \times (4.37 + 5.0 \times 3.3) + 1.4 \times (2 \times 3.3) = 34.28(kN/m)$$

永久荷载控制时托梁顶面荷载设计值：
$$1.35 \times (4.37 + 5.0 \times 3.3) + 1.4 \times 0.7 \times (2 \times 3.3) = 34.64(kN/m)$$

墙梁顶面的荷载设计 Q_2，取托梁以上各层墙体自重以及墙梁顶面以上各层楼盖的恒荷载和活荷载。

可变荷载控制时墙梁顶面荷载设计值：
$$1.2 \times [11.5 + (7.0 + 5.0 \times 3) \times 3.3] + 1.4 \times [(0.7 + 2.0 \times 3) \times 3.3] = 131.87(kN/m)$$

永久荷载控制时墙梁顶面荷载设计值：
$$1.35 \times [11.5 + (7.0 + 5.0 \times 3) \times 3.3] + 1.4 \times 0.7 \times [(0.7 + 2.0 \times 3) \times 3.3]$$
$$= 135.20(kN/m)$$

取 $Q_1 = 34.64kN/m$，$Q_2 = 135.20kN/m$

(2) 墙梁计算简图。本题为无洞口简支墙梁，其计算简图如图 7 - 13 所示。

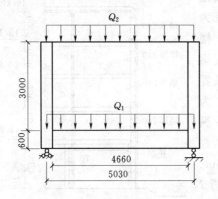
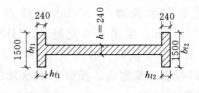

图 7 - 13　墙梁计算简图

（3）墙梁的托梁正截面承载力计算。

$$M_1 = \frac{1}{8} Q_1 l_0^2 = \frac{1}{8} \times 34.64 \times 5.03^2 = 109.55 (\text{kN} \cdot \text{m})$$

$$M_2 = \frac{1}{8} Q_2 l_0^2 = \frac{1}{8} \times 135.20 \times 5.03^2 = 427.58 (\text{kN} \cdot \text{m})$$

因该墙梁为无洞口墙梁，则 $\psi_M = 1.0$

$$\frac{h_b}{l_0} = \frac{0.6}{5.03} = 0.119 < \frac{1}{6}$$

按简支墙梁计算得 $\alpha_M = \psi_M \left(1.7 \frac{h_b}{l_0} - 0.03\right) = 1.0 \times \left(1.7 \times \frac{0.6}{5.03} - 0.03\right) = 0.173 \leqslant 1.0$

则托梁跨中截面弯矩 $M_b = M_1 + \alpha_M M_2 = 109.55 + 0.173 \times 427.58 = 227.95 (\text{kN} \cdot \text{m})$

$$\eta_N = 0.44 + 2.1 \frac{h_w}{l_0} = 0.44 + 2.1 \times \frac{2.88}{5.03} = 1.643$$

$$N_{bt} = \eta_N \frac{M_2}{H_0} = 1.643 \times \frac{427.58}{3.18} = 220.92 (\text{kN})$$

托梁按钢筋混凝土偏心受拉构件计算

$$e_0 = \frac{M_b}{N_{bt}} = \frac{227.95}{220.92} = 1.032\text{m} > \frac{h_b}{2} - a_s = \frac{0.6}{2} - 0.035 = 0.265 (\text{m})$$

属大偏心受拉构件

$$e = e_0 - \frac{h_b}{2} + a_s = 1.032 - \frac{0.6}{2} + 0.035 = 0.767 (\text{m})$$

$$e' = e_0 + \frac{h_b}{2} - a_s' = 1.032 + \frac{0.6}{2} - 0.035 = 1.297 (\text{m})$$

令 $\xi = \xi_b = 0.55$，则

$$A_s' = \frac{N_{bt}e - \alpha_1 f_c b h_0 \xi_b (1 - 0.5\xi_b)}{f_y'(h_0 - a_s')}$$

$$= \frac{220.92 \times 10^3 \times 767 - 1.0 \times 14.3 \times 250 \times 565^2 \times 0.55(1 - 0.5 \times 0.55)}{300 \times (565 - 35)} = -1796 < 0$$

取 $A_s' = 0.002bh = 0.002 \times 250 \times 600 = 300 (\text{mm}^2)$

选用 3 Φ 18，$A_s' = 763 (\text{mm}^2)$

重新计算 ξ，有

$$\xi = 1 - \sqrt{1 - \frac{N_{bt}e - f_y'A_s'(h_0 - a_s')}{0.5 f_c b h_0^2}}$$

$$= 1 - \sqrt{1 - \frac{220.92 \times 10^3 \times 767 - 300 \times 763 \times (565 - 35)}{0.5 \times 14.3 \times 250 \times 565^2}}$$

$$= 0.043 < 2a_s'/h_0 = 0.124$$

取 $\xi = 2a_s'/h_0 = 0.124$，则

$$A_s = \frac{N_{bt}e'}{f_y(h_0' - a_s')} = \frac{220.92 \times 10^3 \times 1297}{300 \times (565 - 35)} = 1702 (\text{mm}^2)$$

选用 2 Φ 22 + 2 Φ 25，跨中截面纵向受力钢筋总配筋率 $\rho = \frac{1742 + 763}{250 \times 600} = 1.67\% >$

0.6%。托梁上部采用 3Φ18 钢筋通长布置，其面积大于跨中下部纵向钢筋面积的 0.4 倍。

（4）托梁斜截面受剪承载力计算。

$$V_1 = \frac{1}{2} Q_1 l_n = \frac{1}{2} \times 34.64 \times 5.03 = 87.12 (\text{kN})$$

$$V_2 = \frac{1}{2} Q_2 l_n = \frac{1}{2} \times 135.20 \times 5.03 = 340.03 (\text{kN})$$

由于无洞口，取 $\beta_v = 0.6$

$$V_b = V_1 + \beta_v V_2 = 87.12 + 0.6 \times 340.03 = 291.14 (\text{kN})$$

梁端受剪按钢筋混凝土受弯构件计算：

$$0.7 f_t b h_0 = 0.7 \times 1.43 \times 250 \times 565 \times 10^{-3} = 141.39 (\text{kN})$$

$$0.25 \beta_t f_c b h_0 = 0.25 \times 1.0 \times 14.3 \times 250 \times 565 \times 10^{-3} = 504.97 (\text{kN})$$

因 $0.7 f_t b h_0 < V_b < 0.25 \beta_t f_c b h_0$，需按计算配置箍筋，则由

$$V_b \leqslant 0.7 f_t b h_0 + f_{yv} \frac{A_w}{s} h_0$$

得

$$\frac{A_{sv}}{s} = \frac{V_b - 0.7 f_t b h_0}{f_{yv} h_0} = \frac{291140 - 141390}{270 \times 565} = 0.982 (\text{mm}^2/\text{mm})$$

选用双肢箍筋 Φ10@100mm。

（5）墙梁的墙体受剪承载力计算。因 $b_f/h = 1.5/0.24 = 6.25$，故 $\xi_1 = 1.46$

$$\xi_1 \xi_2 \left(0.2 + \frac{h_b}{l_0} + \frac{h_t}{l_0} \right) f h h_w$$

$$= 1.46 \times 0.9 \times \left(0.2 + \frac{0.6}{5.03} + \frac{0.20}{5.03} \right) \times 1.50 \times 240 \times 2.88 = 543.50 (\text{kN}) > V_2，安全。$$

（6）托梁支座上部砌体局部受压承载力计算。因 $b_f/h = 6.25 > 5$，故可不验算局部受压承压力，能满足要求。

第三节 挑 梁

在砌体结构房屋中，常采用一端埋入墙内的悬挑钢筋混凝土梁支承阳台、雨篷或外走廊等，这种一端嵌固在砌体中，另一端悬挑在墙外的钢筋混凝土梁，称为挑梁。

一、挑梁的受力性能及破坏形态

试验研究及理论分析表明，挑梁在自身承载力有保证的前提下，在悬挑端荷载的作用下将经历弹性、界面水平裂缝发展及破坏 3 个受力阶段。

当挑梁悬挑端作用的荷载较小时，挑梁处于弹性阶段，此时挑梁与砌体接触的上下界面上的应力分布如图 7-14（a）所示。随着挑梁悬挑端作用荷载的逐步增大，墙边的挑梁上表面处的竖向拉应力将超过砌体沿通缝截面的抗拉强度而产生水平裂缝①［图 7-14（b）］，随着荷载的增大，该水平裂缝不断向内发展。随后在挑梁埋入端尾部的下表面出现水平裂缝②，该裂缝随荷载的增大逐步向墙边发展，水平裂缝②的发展使挑梁下砌体受压区不断减少。最后在挑梁埋入端尾部上角出现阶梯形裂缝③。

挑梁的破坏形态有 3 种：

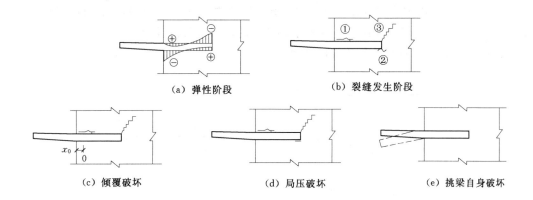

（a）弹性阶段　　　　　　　　（b）裂缝发生阶段

（c）倾覆破坏　　　　　　　（d）局压破坏　　　　　　　（e）挑梁自身破坏

图 7-14　埋在砌体中挑梁的受力和破坏形态

（1）挑梁绕倾覆点发生倾覆破坏［图 7-14（c）］。

（2）挑梁下砌体局部受压破坏［图 7-14（d）］。

（3）挑梁的墙外边缘附件发生正截面受弯破坏或斜截面受剪破坏，以及挑梁端部产生影响正常使用的过大变形［图 7-14（e）］。

二、挑梁的计算

为避免挑梁发生上述 3 种破坏，应分别对挑梁进行抗倾覆验算、挑梁下砌体局部受压承载力验算和挑梁自身受弯、受剪承载力计算。

1. 挑梁的抗倾覆验算

砌体墙中钢筋混凝土挑梁的抗倾覆按式（7-12）进行验算，即

$$M_r \geqslant M_{ov} \tag{7-12}$$

式中　M_r——挑梁的抗倾覆力矩设计值；

M_{ov}——挑梁的荷载设计值对计算倾覆点产生的倾覆力矩。

抗倾覆验算的关键是确定计算倾覆点的位置和抗倾覆力矩的大小。理论分析及试验结果表明，挑梁倾覆破坏时的倾覆点并不在墙边，而是在距墙边 x_0 处。根据研究结果，挑梁的计算倾覆点至墙外边缘的距离 x_0［图 7-14（c）］为

（1）当 $l_1 \geqslant 2.2h_b$ 时，有

$$x_0 = 0.3h_b \tag{7-13}$$

且 $x_0 \leqslant 0.13l_1$。

（2）当 $l_1 < 2.2h_b$ 时，有

$$x_0 = 0.13l_1 \tag{7-14}$$

式中　l_1——挑梁埋入砌体墙中的长度；

h_b——挑梁的截面高度。

当挑梁下有构造柱或垫梁时，计算倾覆点至墙外边缘的距离可取 $0.5x_0$。

挑梁的抗倾覆力矩设计值 M_r 按式（7-15）计算，即

$$M_r = 0.8G_r(l_2 - x_0) \tag{7-15}$$

式中　G_r——挑梁的抗倾覆荷载，为挑梁尾端上部 45°扩散角的阴影范围（其水平长度为

l_3）内本层的砌体与楼面恒荷载标准值之和（图 7-15），当上部楼层无挑梁时，抗倾覆荷载中可计及上部楼层的楼面永久荷载；

l_2——G_r 作用点距墙外边缘的距离。

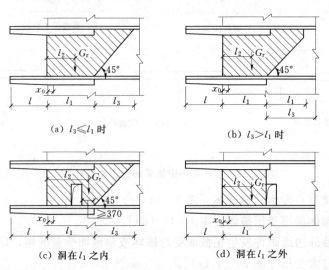

(a) $l_3 \leqslant l_1$ 时　　　　　　　　(b) $l_3 > l_1$ 时

(c) 洞在 l_1 之内　　　　　　　　(d) 洞在 l_1 之外

图 7-15　挑梁的抗倾覆荷载示意图

（阴影斜线与水平线夹角为 45°）

2. 挑梁下砌体局部受压承载力验算

挑梁下砌体局部受压承载力可按式（7-16）进行验算，即

$$N_l \leqslant \eta \gamma f A_l \tag{7-16}$$

式中　N_l——挑梁下的支承压力，支撑点所受荷载应取倾覆端和抗倾覆端荷载之和，因此取 $N_l = 2R$，R 为挑梁的倾覆荷载设计值；

η——挑梁下压应力图形完整系数，可取 $\eta = 0.7$；

γ——砌体局部抗压强度提高系数，挑梁支承在一字墙［图 7-16（a）］时可取 1.25，挑梁支承在丁字墙［图 7-16（b）］时可取 1.5；

A_l——挑梁下砌体局部受压面积，可取 $A_l = 1.2bh_b$，b、h_b 分别为挑梁的截面宽度和截面高度。

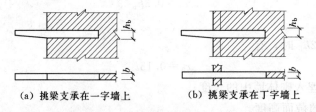

（a）挑梁支承在一字墙上　　　　　（b）挑梁支承在丁字墙上

图 7-16　挑梁下砌体局部受压

3. 挑梁承载力计算

挑梁自身受弯、受剪承载力计算与一般钢筋混凝土梁相同。由于挑梁的倾覆点不在墙体的边缘而在离墙边 x_0 处，因此，其最大弯矩设计值 M_{max} 与最大剪力设计值 V_{max} 应按下

式计算，即

$$M_{max} = M_0 \tag{7-17}$$

$$V_{max} = V_0 \tag{7-18}$$

式中 M_0——挑梁的荷载设计值对计算倾覆点截面产生的弯矩；

     V_0——挑梁荷载设计值在挑梁的墙外边缘处截面产生的剪力。

   4. 雨篷等悬挑构件抗倾覆验算

   雨篷等悬挑构件的抗倾覆验算仍可按式（7-12）、式（7-15）进行。其抗倾覆荷载

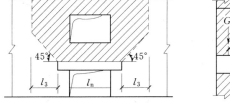

G_r 可按图 7-17 采用，G_r 距墙外边缘的距离为墙厚 l_1 的 1/2（即 $l_2 = l_1/2$），l_3 为门窗洞口净跨 l_n 的 1/2（即 $l_3 = l_n/2$）。计算倾覆荷载时应沿板宽每隔 2.5~3.0m 取一个集中活荷载 1.0kN，并布置在最不利位置作为施工检修荷载。挑梁的荷载设计值对计

图 7-17   雨篷的抗倾覆荷载

算倾覆点产生的倾覆力矩 M_{ov} 取施工检修作用与活荷载作用的大值。

三、挑梁的构造要求

   挑梁设计除应符合现行国家标准《混凝土结构设计规范》（GB 50010—2010）的要求外，尚应满足下列要求：

  （1）纵向受力钢筋至少应有 1/2 的钢筋面积、且不少于 2Φ12 伸入梁尾端。其余钢筋伸入支座的长度不应小于 $2l_1/3$。

  （2）挑梁埋入砌体长度 l_1 与挑出长度 l 之比宜大于 1.2；当挑梁上无砌体时，l_1 与 l 之比宜大于 2。

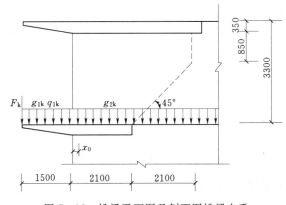

图 7-18   挑梁平面图及剖面图挑梁自重

  【例 7-3】 如图 7-18 所示，某住宅楼顶层阳台宽 3.6m，阳台板下挑梁放置在横墙上，挑梁截面尺寸为 $b \times h_b = 240mm \times 350mm$，挑出长度为 1.5m，埋入墙体内的长度为 2.1m，房屋层高为 3.3m，挑梁上的墙厚为 240mm，挑梁下墙体为 T 形，挑梁自重为 2.4kN/m，阳台挑梁上的荷载 $F_k = 10kN$，墙体采用 MU10 普通烧结砖、M5 混合砂浆砌筑。荷载标准值分别为：楼面恒载 2.59kN/m²，阳台板

恒载 2.44kN/m²，240 墙双面粉刷 4.74kN/m²，阳台活载 3.50kN/m²。试验算该阳台挑梁的抗倾覆、挑梁下砌体局部受压承载力，并对挑梁进行配筋计算。

  解：

  （1）挑梁抗倾覆验算。

$$l_1 = 2100mm > 2.2h_b = 2.2 \times 350 = 770mm$$

故，$x_0 = 0.3h_b = 105\text{mm} < 0.13l_1 = 273\text{mm}$

倾覆力矩由阳台上的荷载 F_{1k}、g_{1k}、q_{1k} 和挑梁自重产生。

倾覆力矩如下：

组合一：

$$M_{ov} = 1.2 \times [10 \times (1.5 + 0.105) + 2.44 \times 1.8 \times (1.5 + 0.105)^2/2]$$
$$+ 1.3 \times 3.5 \times 1.8 \times (1.5 + 0.105)^2/2 = 36.60(\text{kN} \cdot \text{m})$$

组合二：

$$M_{ov} = 1.35 \times [10 \times (1.5 + 0.105) + 2.44 \times 1.8 \times (1.5 + 0.105)^2/2]$$
$$+ 1.3 \times 3.5 \times 1.8 \times 0.7 \times (1.5 + 0.105)^2/2 = 36.69(\text{kN} \cdot \text{m})$$

取 $M_{ov} = 36.69\text{kN} \cdot \text{m}$

抗倾覆力矩如下：

$$M_r = 0.8G_r(l_2 - x_0)$$

$$= 0.8 \times (2.59 \times 3.6 + 2.4) \times (1.05 - 0.105) + 0.8 \times 4.74 \times 3.3 \times 2.1 \times (1.05 - 0.105)$$

$$+ 0.8 \times \frac{4.74 \times 2.1 \times 3.3}{2} \times \left(2.1 - 0.105 + \frac{1}{3} \times 2.1\right) + 0.8 \times \frac{4.74 \times 2.1 \times 1.2}{2}$$

$$\times \left(2.1 - 0.105 + \frac{2}{3} \times 2.1\right) = 80.90(\text{kN} \cdot \text{m})$$

$M_r = 80.90\text{kN} \cdot \text{m} > M_{ov} = 36.69\text{kN} \cdot \text{m}$，故挑梁抗倾覆安全。

（2）挑梁下砌体局部受压验算。

$$N_1 = 2R = 2 \times \{1.2 \times [10 + (2.44 \times 1.8 + 2.4) \times 1.5] + 1.4 \times 3.5 \times 1.5 \times 1.8\} = 74.91(\text{kN})$$

按恒载为主的组合计算的 N_1 小于上述值，故 N_1 取上述值。

取压应力图形完整系数 $\eta = 0.7$；局部受压强度提高系数 $\gamma = 1.5$。

查表得砌体抗压强度设计值 $f = 1.5\text{N/mm}^2$

局部受压面积 $A_1 = 1.2bh_b = 1.2 \times 240 \times 350 = 100800(\text{mm}^2)$

$$\eta\gamma fA_1 = 0.7 \times 1.5 \times 1.5 \times 100800 = 158.76\text{kN} \geqslant N_1 = 74.91\text{kN}$$

挑梁下砌体局部抗压强度满足要求。

（3）挑梁承载力计算。

挑梁最大弯矩 $M_{max} = M_{ov} = 36.69\text{kN} \cdot \text{m}$

最大剪力 $V_{max} = V_0 = 1.2 \times [10 + (2.44 \times 1.8 + 2.4) \times 1.5] + 1.4 \times 3.5 \times 1.5 \times 1.8 = 37.46(\text{kN})$

（以恒荷载为主时的组合的剪力小于此值）

采用 C20 混凝土，HRB335 钢筋，进行配筋计算：

$$\alpha_s = \frac{M}{f_c bh_{bo}^2} = \frac{36.69 \times 10^6}{9.6 \times 240 \times 315^2} = 0.160$$

$$\gamma_s = \frac{1 + \sqrt{1 - 2\alpha_s}}{2} = \frac{1 + \sqrt{1 - 2 \times 0.160}}{2} = 0.912$$

$$A_s = \frac{M}{\gamma_s f_y h_{bo}} = \frac{36.69 \times 10^6}{0.912 \times 300 \times 315} = 425.71(\text{mm}^2)$$

选配 2Φ14 + 1Φ16 纵向钢筋（$A_s = 508.94\text{mm}^2$），满足要求。

$$0.25bh_{bo}f_t = 0.7 \times 240 \times 315 \times 1.1 = 58.212(kN) > V_{max} = 37.46kN$$

故箍筋可按构造配置，选用$\phi 6@200$双肢箍筋。

【例7-4】 砌体结构房屋的雨篷如图7-19所示。雨篷板挑出长度$l = 1200mm$，雨篷梁的截面尺寸为$240mm \times 240mm$，门洞宽$l_n = 1800mm$，墙体厚240mm，双面抹灰，采用MU10烧结普通砖、M5混合砂浆砌筑。墙自重标准值为$8.7kN/m^2$，施工检修荷载为2.0kN。雨篷板自重标准值为$2.0kN/m^2$，均布活荷载标准值为$0.8kN/m^2$，试验算该雨篷的抗倾覆。

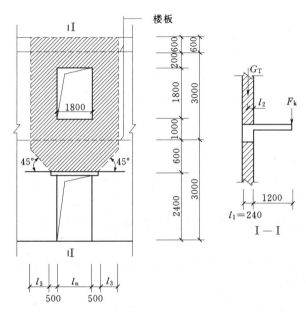

图7-19　雨篷示意图

解：

(1) 倾覆点位置。

$$l_1 = 0.24m < 2.2h_b = 2.2 \times 0.24 = 0.53(m)$$

取

$$x_0 = 0.13l_1 = 0.13 \times 0.24 = 0.03(m)$$

雨篷板跨长：

$$1.8 + 0.5 \times 2 = 2.8(m)$$

(2) 倾覆力矩。

$$M_{ov} = 1.2 \times 2.0 \times 1.2 \times 2.8 \times \frac{(1.2+0.03)^2}{2} + 1.4 \times 2.0 \times (1.2+0.03) = 9.54(kN \cdot m)$$

(3) 抗倾覆力矩。

$$l_3 = \frac{l_n}{2} = \frac{1.8}{2} = 0.9(m)$$

$$G_r = 8.7 \times [4.2 \times (2.8 + 2 \times 0.9) - 1.8 \times 1.8 - 2 \times 0.5 \times 0.9^2] = 132.8(kN)$$

$$M_r = 0.8G_r(l_2 - x_0)$$
$$= 0.8 \times 132.8 \times (0.12 - 0.03)$$
$$= 9.56(kN \cdot m)$$

$M_r > M_{ov}$，故雨篷抗倾覆安全。

第四节 圈 梁

在砌体结构房屋的檐口、窗顶、楼层、吊车梁顶或基础顶面标高处，沿砌体墙水平方向设置连续、封闭的按构造配筋的钢筋混凝土梁，称之为圈梁。钢筋混凝土圈梁可以现浇，也可以预制，目前，工程中绝大多数采用现浇钢筋混凝土圈梁。

1. 圈梁的作用

在墙体中设置钢筋混凝土圈梁可加强纵横墙之间的联系，从而增强房屋的整体性和刚度，有利于承受由于地基不均匀沉降而在墙体中产生的弯曲应力，有利于消除或减轻较大振动荷载对房屋墙体产生的不利影响。当建筑的地基不均匀沉降时，设置圈梁的墙体可以视作钢筋混凝土梁，圈梁可以视作钢筋混凝土梁中的钢筋，设置在基础顶面和檐口部位的圈梁能承担不均匀沉降引起的拉力，有效地抵抗不均匀沉降。当房屋中部的沉降大于两端时，位于基础顶面的圈梁受拉，其抵抗不均匀沉降的作用较显著。当房屋两端沉降大于中部时，位于房屋纵向檐口部位的圈梁受拉，其抵抗不均匀沉降作用较显著。

达到一定的抗侧刚度的钢筋混凝土圈梁还可在验算墙、柱高厚比时视作墙、柱的不动铰支承，减小了墙、柱的计算高度，提高了墙、柱的稳定性。

跨过门窗洞口的圈梁可兼作过梁，圈梁兼过梁时应验算配筋。

2. 圈梁的设置

通常根据房屋类型、层数、所受振动荷载、地基情况等条件来决定圈梁设置的位置和数量。一般可参照下列规定设置圈梁：

(1) 厂房、仓库、食堂等空旷的单层房屋应按下列要求设置圈梁：

1) 砖砌体房屋，檐口标高为5~8m时，应在檐口标高处设置圈梁一道，檐口标高大于8m时，应增加设置数量。

2) 砌块及料石砌体房屋，檐口标高为4~5m时，应在檐口标高处设置圈梁一道，檐口标高大于5m时，应增加设置数量。

3) 对有吊车或较大振动设备的单层工业房屋，当未采取有效的隔振措施时，除在檐口或窗顶标高处设置现浇混凝土圈梁外，尚应增加设置数量。

(2) 住宅、办公楼等多层砌体结构民用房屋，且层数为3~4层时，应在底层和檐口标高处各设置一道圈梁。当层数超过4层时，除应在底层和檐口标高处各设置一道圈梁外，至少应在所有纵、横墙上隔层设置。多层砌体工业房屋，应每层设置现浇混凝土圈梁。设置墙梁的多层砌体结构房屋，应在托梁、墙梁顶面和檐口标高处设置现浇钢筋混凝土圈梁。

(3) 建筑在软弱地基或不均匀地基上的砌体结构房屋，除按上述规定设置圈梁外，还应符合现行国家标准《建筑地基基础设计规范》（GB 50007—2011）的有关规定。

(4) 采用现浇钢筋混凝土楼（屋）盖的多层砌体结构房屋，当层数超过5层时，除应在檐口标高处设置一道圈梁外，可隔层设置圈梁，并与楼（屋）面板一起现浇。未设置圈梁的楼面板嵌入墙内的长度不应小于120mm，并沿墙长配置不少于2Φ10的纵向钢筋。

3. 圈梁的构造要求

除按上述要求确定圈梁的位置和数量及设置圈梁外，还应使圈梁符合下列构造要求，才能较好地发挥圈梁的作用：

（1）圈梁宜连续地设在同一水平面上，并形成封闭状；当圈梁被门窗洞口截断时，应在洞口上部增设相同截面的附加圈梁，附加圈梁与圈梁的搭接长度不应小于其中心线到圈梁中心线垂直间距的 2 倍，且不得小于 1m，如图 7-19 所示。

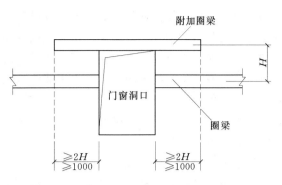

图 7-20　附加圈梁与圈梁的搭接

（2）纵、横交接处的圈梁应可靠连接。刚弹性和弹性方案房屋中，圈梁应与屋架、大梁等构件可靠连接，如图 7-20 所示。

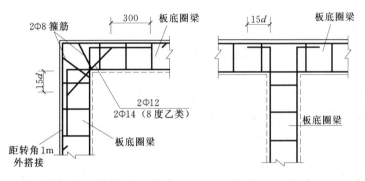

图 7-21　圈梁交接处的连接构造

（3）钢筋混凝土圈梁的宽度宜与墙厚相同，当墙厚 $h \geqslant 240mm$ 时其宽度不宜少于 $2h/3$。圈梁高度不应小于 120mm。纵向钢筋不宜小于 $4\Phi10$，绑扎接头的搭接长度按受拉钢筋考虑，箍筋间距不应大于 300mm。

（4）圈梁兼作过梁时，过梁部分的钢筋应按计算用量另行增加配置。

本 章 小 结

（1）砖砌平拱过梁、钢筋砖过梁和钢筋混凝土过梁是目前常用的过梁形式。砖砌平拱过梁和钢筋砖过梁仅适用于跨度较小、无振动、地基均匀及无抗震设防要求的建筑物；否则应采用钢筋混凝土过梁。由于过梁上墙体的内拱作用，当过梁上的墙体达到一定高度时，部分荷载通过拱直接传给支座，过梁上仅承受部分荷载。砖砌平拱和钢筋砖过梁一般按简支梁计算其抗弯承载力和抗剪承载力。砖砌平拱过梁，还应考虑支座水平推力作用，验算墙体端部窗间墙水平灰缝的受剪承载力，钢筋混凝土过梁的受弯承载力、受剪承载力计算同一般钢筋混凝土受弯构件。

（2）墙梁是由钢筋混凝土托梁与其上砌体墙组成而形成的组合构件，在开裂前，墙梁的受力性能与深梁相似。墙体开洞对墙梁的受力性能影响很大，无洞口简支墙梁可视为墙体的内拱作用和托梁拉杆作用形成的拉杆拱机构；居中开口的简支墙梁与无洞口简支墙梁的受力性能相似；偏开洞口墙梁可视为大拱套小拱的梁-拱组合受力机构，托梁既作为大拱的拉杆，又是小拱的一个弹性支座。墙梁的破坏可能有以下几种：由于托梁下部和上部受拉钢筋屈服而发生的弯曲破坏；由于墙体承载力不足而发生墙体的剪切破坏；若托梁混凝土强度较低时，也可能发生托梁的剪切破坏；由于砌体局部受压承载力不足而发生砌体的局部承压破坏。因此，墙梁的计算内容包括使用阶段墙梁的正截面承载力计算、墙体斜截面受剪承载力计算，以及在施工阶段托梁与墙体尚未共同工作时，还应对托梁按一般钢筋混凝土受弯构件进行承载力验算。

（3）挑梁设计时，除应对挑梁进行正截面受弯承载力和斜截面受剪承载力计算外，还应进行抗倾覆验算、挑梁下砌体局部受压验算和挑梁自身承载力验算。

（4）圈梁可以有效地增强房屋的整体性和刚度，防止地基不均匀沉降及振动对房屋的不利影响，根据房屋类型、层数、所受振动荷载、地基情况等条件合理设置圈梁、满足规范规定的构造要求，可充分发挥圈梁的作用。

思　考　题

7-1　过梁有哪几种类型？各自的适用范围是什么？

7-2　砖砌过梁的破坏形态有哪些？

7-3　过梁上的荷载如何确定？

7-4　墙梁的受力性能和破坏形态与哪些因素有关？

7-5　墙梁承载力计算时，使用阶段和施工阶段分别包括哪些荷载？

7-6　如何保证墙梁墙体不发生斜压破坏？

7-7　挑梁有哪几种破坏形态？挑梁设计时应进行哪几个方面的计算？

7-8　挑梁的倾覆荷载、抗倾覆荷载如何确定？

7-9　圈梁的作用是什么？

习　题

7-1　砖砌平拱过梁净跨 $l_n = 1.2m$，采用 MU10 烧结普通砖和 M5 混合砂浆砌筑，墙厚240mm，在距洞口顶面0.6m处作用有楼板传来的均布荷载设计值4.5kN/m，砖墙自重5.24kN/m²，试验算该过梁承载力。

7-2　钢筋砖过梁净跨 $l_n = 1.5m$，墙厚240mm，采用 MU10 烧结普通砖和 M5 混合砂浆砌筑，在距洞口顶面0.5m处作用有楼板传来的均布荷载设计值6.5kN/m，砖墙自重5.24kN/m²，钢筋砖过梁采用 HPB300 级钢筋，试设计该钢筋砖过梁。

7-3　单跨无洞口简支墙梁支承在一层的纵墙上，托梁上有4层墙体，各层层高均为2.9m，楼板厚120mm，托梁顶面至3层楼面高度为2900mm，由上部楼面和砖墙传至墙梁顶面的均布荷载设计值为83kN/m，托跨度6m的托梁截面尺寸为250mm×600mm，采用 C25 混凝土，纵向主筋为 HRB335 级，其他钢筋为 HPB300 级。砖墙均采用 MU10 烧结普通砖、M5 混合砂浆砌筑，墙厚均为 240mm，纵墙窗间墙宽 1.2m。试设计该墙梁。

7-4 雨篷板悬挑长度为 1500mm，雨篷梁截面尺寸为 240mm×300mm，门洞宽 2100mm，雨篷梁两端支承长度各 240mm，墙体厚度 240mm，雨篷板承受均布荷载设计值 4.3kN/m²（包括自重），仅靠上部 12m 高的墙体自重（标准值为 4.53kN/m²）抵抗倾覆，试验算该雨篷的倾覆。

第八章　砌体结构抗震设计

第一节　砌体结构房屋的震害分析

由于砌体结构房屋所用材料的抗拉、抗弯、抗剪强度都很低，且砌体材料的破坏具有脆性性质，因此未配筋的砌体结构的抗震能力较差，历次的震害统计也表明，未经抗震设防的多层砌体结构房屋地震时的破坏都相当严重。虽然砌体结构在地震时易于破坏，但通常情况下，纵横墙较多的房屋发生整体倒塌的情况相对较少，历次的震害调查表明，合理设计并采取恰当的抗震构造措施的砌体结构房屋都具有良好的抗震性能，可以保证地震中砌体结构房屋的安全。

一、多层砌体房屋的震害及分析

多层砌体房屋在地震发生时常常出现以下几种类型的破坏，如图 8-1 所示。

1. 墙体破坏

墙体破坏时的裂缝形式主要有交叉斜裂缝和水平裂缝。高宽比较小的墙片易出现斜裂缝，在水平地震作用下，墙体常因抗剪承载力不足而出现斜裂缝，在地震的反复作用下，双向斜裂缝相互交叉形成 X 形的交叉斜裂缝；高宽比较大的窗间墙产生水平裂缝，水平裂缝通常出现在窗间墙的上下截面处，在墙片平面内弯矩作用下，墙体上的水平裂缝极易沿水平灰缝扩展，形成通长的水平缝。

2. 墙角破坏

墙角为纵、横墙的交汇点，地震作用下其截面应力状态极其复杂，特别是地震对房屋的扭转作用对墙角的不利影响明显，因而墙角的开裂乃至局部倒塌都是很常见的。其破坏形态多种多样，有受剪斜裂缝，也有因受拉或受压而产生的竖向裂缝，严重时块材被压碎、拉脱或墙角脱落。

3. 纵横墙连接破坏

纵墙和横墙交接处受力复杂，容易出现应力集中，若纵横墙连接除没有按要求咬槎砌筑，纵横墙连接不充分，地震时常常会由于受拉不足而出现竖向裂缝，严重时纵墙脱开，外纵墙外闪倒塌。

4. 楼梯间墙体破坏

楼梯间破坏主要是楼梯间墙体破坏，而楼梯本身很少破坏。楼梯间的水平刚度相对较大，承受的地震作用较多，且墙体高厚比较大，沿高度方向支撑较弱，所以容易发生破坏。

5. 楼盖与屋盖的破坏

楼盖与屋盖的破坏主要是由于楼板搁置长度不够、与墙体没有可靠连接而引起局部楼板塌落，或由于下部的支承墙体破坏、倒塌而引起楼盖塌落。

6. 平立面突出部位破坏

地震时，受到水平平动和水平转动的影响，平面形状复杂房屋的突出部位的应力复杂，由于和相邻部分的刚度相差较大，因此应力集中往往很严重，常常出现局部破坏。

7. 变形缝两侧碰撞破坏

由于变形缝宽度不够，地震时缝两侧的墙体发生碰撞而导致局部倒塌。

8. 附属构件的破坏

多层砌体结构房屋的附属物（如挑檐、女儿墙、凸出屋面的小烟囱、门脸等）发生倒塌；隔墙等非结构构件、室内装饰等开裂、缺乏足够拉结而倒塌等。

(a)墙体破坏

(b)墙角破坏

(c)纵横墙连接破坏

(d)楼梯间墙体破坏

(e)楼盖与屋盖的破坏

(f)平立面突出部位破坏

(g)变形缝两侧碰撞破坏

(h)阳台破坏

(i)突出屋面的小塔楼破坏

图 8-1　多层砌体房屋的震害

二、震害原因分析

多层砌体房屋在地震作用下发生的破坏可分成整体性破坏和构件破坏两类，当作用在结构上的地震效应（内力或应力）超过了材料的强度。多层砌体房屋震害的原因分为三类。

（1）房屋建筑布置、结构布置不合理造成局部地震作用过大，如房屋平立面布置突变造成结构刚度突变，使地震作用异常增大；结构布置不对称引起扭转振动，使房屋两端墙片所受地震作用增大等。

（2）砌体墙片抗震强度不足，当墙片所受的地震作用大于墙片的抗震强度时，墙片将会开裂甚至局部倒塌。

（3）房屋构件（墙片、楼盖、屋盖）间的连接强度不足使各构件间的连接遭到破坏，各构件原有的整体工作体系受到破坏，即整体性遭到破坏，从而房屋的抗侧刚度大大下降。当地震作用产生的变形较大时，整体性遭到破坏的各构件丧失稳定，发生局部倒塌，严重时整体倒塌。

三、抗震概念设计

人们目前对地震及结构地震反应的认识尚不全面、深入，抗震设计的分析计算方法还不够完善，同时由于地震的随机性，要通过计算完全反映结构的地震反应还无法实现。上述的震害调查与分析表明，砌体结构房屋的抗震性能与其建筑布置、结构选型、构造措施和施工质量等有密切关系。这些都可以根据现有的理论和认识做出合理的选择，这种运用现有的抗震知识从概念的角度进行结构的抗震设计，提高结构的抗震性能，就是"抗震概念设计"的方法。抗震概念设计是保证结构具有优良抗震性能的必要方法，概念设计包括选择对抗震有利的结构方案和布置，采取增强整体刚度的措施，设计延性结构和构件，分析结构薄弱部位并采取加强措施，防止局部破坏引起连锁效应等。运用抗震概念设计方法，设计人员在抗震设计思想的指导下灵活、恰当地运用抗震设计原则进行抗震设计，不致陷入盲目的计算工作。抗震概念设计是保证砌体结构"小震不坏、中震可修、大震不倒"，尤其是防止在罕遇地震下倒塌的重要方法。砌体结构房屋抗震概念设计时应遵守以下原则：

（1）平、立面布置宜简单、规则、对称，结构的抗侧刚度宜均匀变化，房屋的质量中心和刚度中心宜重合，应避免墙体局部突出和凹进。

（2）选择有利于抗震的结构体系，结构应具有明确的计算简图和合理的地震作用传力途径。多层砌体结构房屋应优先采用横墙或纵横墙承重方案。同一结构单元内宜采用相同的结构形式及相同的建筑材料。结构在两个主轴方向宜有相近的刚度、承载力及动力特性。

（3）采取合适的构造措施提高结构的整体性和抗震能力。

第二节　多层砌体房屋抗震设计

一、多层砌体房屋抗震设计的一般规定

1. 砌体房屋总高度及层数限制

基于砌体材料的脆性性质和震害经验，限制砌体房屋的层数和高度是主要的抗震措施。历次的震害都表明，砌体房屋的震害与其总高度和层数有密切关系，随着层数增加，震害随之加重。因此，国内外规范对砌体房屋的总高度及层数都进行了限制。《建筑抗震设计规范》（GB 50011—2010）对多层砌体房屋的总高度及层数的限值如表 8-1 所示。

对横墙较少❶的多层砌体房屋，总高度应比表8-1的规定相应降低3m，层数相应减少一层；对各层横墙很少的多层砌体房屋，还应再减少一层。

设防烈度为6、7度时，对于横墙较少的丙类多层砌体房屋，当按规定采取加强措施并满足抗震承载力要求时，其高度和层数仍允许仍按表8-1的规定采用。

表8-1　　　　　　　　　　　　砌体房屋的层数和总高度限值　　　　　　　　单位：m

房屋类别		最小墙厚度/mm	设防烈度和设计基本地震加速度										
			6度		7度				8度				9度	
			0.05g		0.10g		0.15g		0.20g		0.30g		0.40g	
			高度	层数	高度	层数	高度	层数	高度	层数	高度	层数	高度	层数
多层砌体房屋	普通砖	240	21	7	21	7	21	7	18	6	15	5	12	4
	多孔砖	240	21	7	21	7	18	6	18	6	15	5	9	3
	多孔砖	190	21	7	18	6	15	5	15	5	12	4		
	混凝土砌块	190	21	7	21	7	18	6	18	6	15	5	9	3

注　1. 房屋的总高度指室外地面到主要屋面板板顶或檐口的高度，半地下室从地下室室内地面算起，全地下室和嵌固条件好的半地下室应允许从室外地面算起；对带阁楼的坡屋面应算到山尖墙的1/2高度处。

　　2. 室内外高差大于0.6m时，房屋总高度允许比表中数据适当增加，但不应多于1m。

　　3. 乙类的多层砌体房屋仍按本地区设防烈度查表，其层数应减少一层且总高度应降低3m。

　　4. 本表小砌块砌体房屋不包括配筋混凝土小型空心砌块砌体房屋。

采用蒸压灰砂砖和蒸压粉煤灰砖的砌体的房屋，当砌体的抗剪强度仅达到普通黏土砖砌体的70%时，房屋的层数应比普通砖房减少一层，总高度应减少3m；当砌体的抗剪强度达到普通黏土砖砌体的取值时，房屋层数和总高度的要求同普通砖房屋。

多层砌体承重房屋的层高，不应超过3.6m。当使用功能确有需要时，采用约束砌体等加强措施的普通砖房屋，层高不应超过3.9m。

2. 多层砌体房屋高宽比限制

在地震作用下，多层砌体结构房屋的总高度与总宽度之比称为房屋的高宽比，高宽比较大的房屋易发生整体弯曲破坏，整体弯曲破坏时底层外纵墙产生水平裂缝，并向内延伸至横墙。限制房屋高宽比可以保证房屋的稳定性，确保砌体房屋不发生整体弯曲破坏，因而抗震强度验算时只需验算墙片的抗剪强度，不需进行整体弯曲强度验算房屋最大高宽比见表8-2。

表8-2　　　　　　　　　　　　房屋最大高宽比

设防烈度	6度	7度	8度	9度
最大高宽比	2.5	2.5	2.0	1.5

注　1. 单面走廊房屋的总宽度不包括走廊宽度。

　　2. 建筑平面接近正方形时，因高宽比宜适当减小。

---

❶　横墙较少是指同一楼层内开间大于4.2m的房间占该层总面积的40%以上；其中，开间不大于4.2m的房间占该层总面积不到20%且开间大于4.8m的房间占该层总面积的50%以上为横墙很少。

3. 砌体结构房屋的层高

多层砌体结构房屋的层高，不应超过 3.6m，当使用功能确有需要时，采用约束砌体等加强措施的普通砖房屋，层高不应超过 3.9m。底部框架—抗震墙砌体房屋的底部，层高不应超过 4.5m；当底层采用约束砌体抗震墙时，底层的层高不应超过 4.2m。

4. 砌体结构平、立面及结构布置

砌体房屋建筑平面、立面的布置决定着房屋的抗震性能。试图通过提高墙片的抗震承载力或加强构造措施来提高平、立面布置不合理建筑的抗震性能是极其困难且不经济的。

多层砌体房屋的平、立面布置应该规则、均匀、对称，避免质量和刚度发生突变，避免平、立面的局部突出，避免楼层错层等。纵横向抗震墙的布置宜均匀对称，平面内宜对齐，竖向应上下连续；且纵横向墙体的数量不宜相差过大；平面轮廓凹凸尺寸，不应超过典型尺寸的 50%；当超过典型尺寸的 25% 时，房屋转角处应采取加强措施；楼板局部大洞口的尺寸不宜超过楼板宽度的 30%，且不应在墙体两侧同时开洞；房屋错层的楼板高差超过 500mm 时，应按两层计算；错层部位的墙体应采取加强措施；同一轴线上的窗间墙宽度宜均匀；墙面洞口的面积，设防烈度为 6、7 度时不宜大于墙面总面积的 55%，设防烈度为 8、9 度时不宜大于 50%；在房屋宽度方向的中部应设置内纵墙，其累计长度不宜小于房屋总长度的 60%（高宽比大于 4 的墙段不计入）。房屋的平面最好为长度和宽度相近的矩形。应优先采用横墙承重或纵横墙共同承重的承重方案。不应采用砌体墙和混凝土墙混合承重。

房屋有下列情况之一时宜设置防震缝，缝两侧均应设置墙体，缝宽应根据烈度和房屋高度确定，可采用 70～100mm：

（1）房屋立面高差在 6m 以上。

（2）房屋有错层，且楼板高差大于层高的 1/4。

（3）各部分结构刚度、质量截然不同。

多层砌体房屋的楼梯间不宜设置在房屋的尽端或转角处。不应在房屋转角处设置转角窗。横墙较少、跨度较大的房屋，宜采用现浇钢筋混凝土楼、屋盖。

5. 抗震横墙的间距限制

房屋的空间刚度对房屋的抗震性能影响很大。在影响房屋的空间刚度的因素中抗震横墙的数量和间距是不可忽略的两个重要因素。多层砌体房屋的横向地震作用主要由横墙承担，横墙间距对房屋的倒塌影响很大。横墙不仅要有足够的承载力，而且楼盖应能有足够刚度，将水平地震作用均匀地传递到横墙。横墙的间距直接影响水平地震作用的传递，若横墙间距大，则楼盖的支承点间距大，楼盖在水平地震荷载的作用下会产生过大的变形，从而不能有效地将水平地震作用均匀地传送至各抗侧力构件，纵墙甚至可能发生导致破坏的较大出平面弯曲。可以看到，房屋的横墙数量多、间距小，整体抗震性能就好；反之，房屋的整体抗震性能就差。为了保证结构的空间整体刚度，保证楼盖具有足够的平面内刚度以有效传递水平地震作用，多层砌体房屋的抗震横墙间距不应超过表 8-3 中的规定值。

6. 房屋的局部尺寸限制

地震时，房屋中尺寸过小的墙体很容易开裂甚至局部倒塌。为避免因房屋局部部位的失效而引起的整栋房屋破坏甚至倒塌，砌体房屋的局部尺寸应符合表 8-4 的要求。

表 8 - 3　　　　　　　　　**房屋抗震横墙最大间距**　　　　　　　单位：m

楼、屋盖类别	设 防 烈 度			
	6 度	7 度	8 度	9 度
现浇或装配整体式钢筋混凝土楼、屋盖	15	15	11	7
装配式钢筋混凝土楼、屋盖	11	11	9	4
木屋盖	9	9	4	

注　1. 多层砌体房屋的顶层，除木屋盖外的最大横辅间距应允许适当放宽，但应采取相应加强措施。
　　2. 多孔砖抗震横墙厚度为 190mm 时，最大横墙间距应比表中数值减少 3m。

表 8 - 4　　　　　　　　　**房屋的局部尺寸限值**　　　　　　　　单位：m

部　　位	6 度	7 度	8 度	9 度
承重窗间墙最小宽度	1.0	1.0	1.2	1.5
承重外墙尽端至门窗洞边的最小距离	1.0	1.0	1.2	1.5
非承重外墙尽端至门窗洞边的最小距离	1.0	1.0	1.0	1.0
内墙阳角至门窗洞边的最小距离	1.0	1.0	1.5	2.0
无锚固女儿墙（非出入口处）最大高度	0.5	0.5	0.5	0.0

注　1. 局部尺寸不足时，应采取局部加强措施弥补，且最小宽度不宜小于 1/4 层高和表列数据的 80％。
　　2. 出入口处的女儿墙应有锚固。

二、砌体结构房屋抗震计算

多层砌体结构所受地震作用主要包括水平地震作用、垂直地震作用和扭转作用。震害分析表明，垂直地震作用对多层砌体结构所造成的破坏比例相对较小，按照对称布置的原则进行结构平面布置可以缓解扭转作用，多层砌体房屋的地震破坏主要是由水平地震作用引起的。因此，对多层砌体结构的抗震计算，一般只需进行水平地震作用下的抗震计算，不用考虑垂直地震作用。

1. 计算简图

高度不超过 40m，质量和刚度沿高度分布比较均匀的多层砌体房屋在水平地震作用下以剪切变形为主，此时可将多层砌体房屋视为下端嵌固的无重量弹性悬臂杆件，并将各层的质量集中于各层楼盖标高处，计算简图如图 8-2 所示。各层质点的重量包括该层楼盖的全部自重、上下各半层墙体（包括门、窗等）的自重以及该楼面上的可变荷载。计算重力荷载代表值时，结构自重取标准值，可变荷载取组合值，可变荷载的组合值系数应按表 8-5 选用。底部固定端位置为：当基础埋置较浅时，取为基础顶面；当基础埋置较深时，取为室外地面以下 0.5m 处；当设有整体刚度很大的全地下室时，取为地下室顶板顶部；当地下室整体刚度较小或为半地下室时，则取为地下室室内地面处。

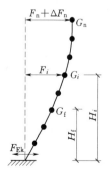

图 8-2　计算简图

表 8 - 5　　　　　　　　　　　　　　可变荷载组合值系数

可变荷载的种类		组合值系数
雪荷载		0.5
屋面活荷载		不考虑
按实际情况考虑的楼面活荷载		1.0
按等效均布荷载考虑的楼面活荷载	藏书库、档案库	0.8
	其他各项建筑	0.5

注　硬钩吊车的吊重较大时，组合系数宜按实际情况确定。

2. 水平地震作用

对多层砌体房屋进行抗震计算时，一般可采用底部剪力法计算各层的水平地震作用。具体步骤如下：

(1) 计算各质点的重力荷载代表值 G_i。

(2) 计算等效总重力荷载代表值 G_{eq}。

(3) 计算总水平地震作用，即

$$F_{EK} = \alpha_1 G_{eq} \tag{8-1}$$

式中　F_{EK}——结构总水平地震作用标准值；

　　　α_1——相当于结构基本自振周期的水平地震影响系数，多层砌体房屋墙体多、刚度大、基本周期短，规范规定 α_1 取水平地震影响系数最大值 α_{max}，α_{max} 按表 8 - 6 选用。

表 8 - 6　　　　　　　　　水平地震影响系数最大值（阻尼比 0.05）

地震影响	设 防 烈 度			
	6 度	7 度	8 度	9 度
多遇地震	0.04	0.08 (0.12)	0.16 (0.24)	0.32
罕遇地震	0.28	0.50 (0.72)	0.90 (1.20)	1.40

注　括号中数值分别用于设计基本地震加速度为 $0.15g$ 和 $0.30g$ 的地区。

(4) 计算各层水平地震作用标准值 F_i，即

$$F_i = \frac{G_i H_i}{\sum\limits_{i=1}^{n} G_j H_j} F_{EK} \tag{8-2}$$

式中　F_i——第 i 楼层的水平地震作用标准值；

　G_i、G_j——质点 i、j 的重力荷载代表值；

　H_i、H_j——质点 i、j 的计算高度。

(5) 计算各楼层水平地震剪力标准值 V_i，即

$$V_i = \sum_{j=1}^{n} F_j > \lambda \sum_{j=i}^{n} G_j \quad (i = 1, 2, \cdots, n) \tag{8-3}$$

式中　V_i——第 i 层的楼层水平地震剪力标准值；

　　　λ——剪力系数，6 度时为 0.012，7 度时为 0.024，8 度时为 0.040。

考虑到凸出屋面的屋顶间、女儿墙、烟囱等小建筑的鞭梢效应，作用在这些部位的地震作用效应宜乘以增大系数 3，此增大部分不往下层传递。因此当顶部质点为凸出屋面的小建筑时，顶层的楼层地震剪力标准值为

$$V_n = 3F_n \qquad (8-4)$$

3. 楼层水平地震剪力在各墙体间的分配

墙体是砌体结构房屋的抵抗水平地震剪力的抗侧力构件，楼层地震剪力通过楼（屋）盖传给各墙体。墙体在其平面外的抗侧刚度很小，计算时不考虑墙体的平面外刚度，因此，沿某个方向作用的楼层地震剪力 V_i 全部由本层该方向的所有墙体共同承担。各道墙体分担的地震作用大小主要由楼（屋）盖的水平刚度和各道墙体的抗侧刚度等因素决定。对于开有门窗洞口的墙体，各墙段的水平地震剪力按墙段的抗侧刚度比例分配。

（1）墙体的抗侧刚度。使墙体顶端产生单位水平位移时所需在墙顶端施加的水平力为墙体的抗侧刚度。在确定墙体的抗侧刚度时，各层墙体的下端可视为固定支座、上端为滑动支座（图 8-3）。

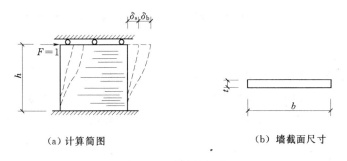

(a) 计算简图　　　　　　　　(b) 墙截面尺寸

图 8-3　墙体的侧移

（2）无洞墙体。在顶端单位侧向力作用下，高度、宽度和厚度分别为 h、b 和 t 的墙体（图 8-3）产生的顶端侧移 δ 称为该墙体的侧移柔度。墙体的侧移柔度 δ 包括墙体的层间弯曲变形 δ_b 和墙体的剪切变形 δ_s，墙体的侧移柔度可表示为

$$\delta = \delta_b + \delta_s = \frac{h^3}{12EI} + \frac{\xi h}{AG} \qquad (8-5)$$

式中　E、G——砌体的弹性模量和剪变模量，一般取 $G = 0.4E$；

　　　A、I——墙体水平截面的面积和惯性矩，$A = bt$，$I = b^3 t/12$；

　　　ξ——截面剪应力不均匀系数，对矩形截面取 $\xi = 1.2$。

将 A、I、G 的表达式和 ξ 值代入式（8-5），经整理得

$$\delta = \frac{1}{Et}\left[\left(\frac{h}{b}\right)^3 + 3\left(\frac{h}{b}\right)\right] \qquad (8-6)$$

墙体抗侧移刚度是侧移柔度的倒数，$K = 1/\delta$。

层高与墙宽之比（h/b）称为墙体的高宽比。高宽比不同的墙体总侧移中弯曲变形和剪切变形的比例不同，在单位水平力作用下不同高宽比墙体的侧向总变形 δ 以及剪切变形 δ_s、弯曲变形 δ_b 曲线如图 8-4 所

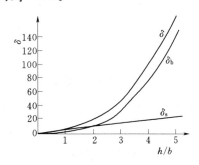

图 8-4　不同高宽比墙体的侧向位移

示。可以看出，当 $h/b<1$ 时，弯曲变形占总变形的比例很小；当 $h/b>4$ 时，剪切变形占总变形的比例很小；当 $1<h/b<4$ 时，剪切变形和弯曲变形在总变形中均占有相当大的比例。

当墙体高宽比 $h/b<1$ 时，确定层间刚度 K 时可忽略弯曲变形的影响，由式（8-6）得

$$K=\frac{1}{\delta}=\frac{Etb}{3h} \tag{8-7}$$

当墙体高宽比 $1<h/b<4$ 时，应同时考虑弯曲和剪切变形的影响，即

$$K=\frac{1}{\delta}=\frac{Et}{\frac{h}{b}\left[\left(\frac{h}{b}\right)^2+3\right]} \tag{8-8}$$

当墙体高宽比 $h/b>4$ 时，侧向总变形 δ 很大，说明墙体的抗侧刚度很小，可不考虑其刚度，不参与地震剪力的分配，即取 $K=0$。

（3）开洞墙体。

1）规则开洞墙体。当墙体上开有规则的多个洞口时（如图 8-5 所示开窗洞墙），在墙顶的单位水平力作用下，墙顶侧移 δ 近似等于沿墙高的各水平墙带侧移 δ_i 之和，即

$$\delta=\sum_{i=1}^{n}\delta_i \tag{8-9}$$

式中　n——沿墙高 h 按洞口位置，将带洞口墙体划分的水平墙带总条数。

对于窗洞口上、下的水平实心墙带（图 8-5 中 $i=1, 3$），其高宽比 $h/b<1$，柔度 δ_i 应按式（8-7）计算，式中的 h 改用 h_i；中间带洞口墙带的柔度 δ_2，应为各洞口间墙段抗侧刚度之和的倒数，以图 8-5 为例，即

$$\delta_2=\frac{1}{\sum_{r=1}^{5}K_{2r}} \tag{8-10}$$

式中　K_{2r}——第 2 条墙带（带洞口墙带）第 r 个墙段的抗侧刚度。当 $h/b<4$ 时，按式（8-7）计算；当 $1<h/b<4$，应按式（8-8）计算。计算时将公式中的 h 改为 h_i，b 改为 b_r（第 r 墙段的宽度）。

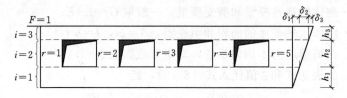

图 8-5　规则多洞口墙体的侧移

计算出各墙带的柔度 δ_i 后，开有规则洞口墙体的抗侧刚度为

$$K=\frac{1}{\delta}=\frac{1}{\sum_{i=1}^{n}\delta_i} \tag{8-11}$$

2）不规则开洞墙体。当墙体上开有尺寸、位置不规则的多个洞口时（如图 8-6 所示开门、窗洞墙），可将第 1 条和第 2 条的墙带以大洞口（门）为分隔划分为 3 个单元墙片，

每个单元的抗侧刚度分别为 K_{w1}、K_{w2} 和 K_{w3}。每个单元墙片的抗侧刚度（K_{w1}、K_{w2}）计算方法与上述带规则洞口墙相同；K_{w3}、K_3 计算同上述无洞口墙体。

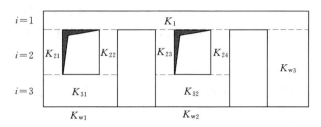

图 8-6　不规则多洞口墙体的侧移

为了简化计算，对开洞率不大于 30% 的小开口墙段可按毛面积计算抗侧刚度，再根据开洞率按照表 8-7 所列的洞口影响系数进行折减。

表 8-7　　墙段洞口影响系数

开 洞 率	0.10	0.20	0.30
影响系数	0.98	0.94	0.88

注　1. 开洞率为洞口面积与墙段毛面积之比。
　　2. 窗洞高度大于层高 50% 时，按门洞对待。

（4）横向楼层地震剪力在各道横墙上的分配。横向楼层水平地震剪力在各道横墙上的分配与楼盖的刚度紧密相关。工程实践中常按楼盖的刚度将楼盖划分为刚性楼盖、柔性楼盖和半刚性楼盖 3 种类型。

1）刚性楼盖。抗震横墙最大间距满足表 8-3 的现浇及装配整体式钢筋混凝土楼盖房屋的水平刚度很大，这种楼盖为刚性楼盖。可以认为刚性楼盖在水平地震作用下不发生水平面内的变形，仅产生刚体位移。当结构和荷载都对称时，在横向水平地震作用下，刚性楼盖在水平平面内仅产生刚性平动，各横墙产生相同的层间位移，各抗震横墙所分担的水平地震剪力与其抗侧刚度成正比，即地震剪力按同一层各墙体抗侧刚度的比例分配。

$$V_{im} = K_{im}\Delta_{im} \qquad (8-12)$$

则第 i 层第 k 道墙体所承担的水平地震剪力标准值为

$$V_{im} = \frac{K_{im}}{\sum_{m=1}^{l} K_{im}} V_i = \frac{K_{im}}{K_i} V_i \qquad (8-13)$$

其中，$K_i = \sum_{m=1}^{l} K_{im}$ 为第 i 楼层的横向或纵向抗侧刚度。

刚性楼盖房屋的楼层地震剪力可按照各抗震横墙的抗侧刚度比例分配于各墙体。

当只考虑墙体剪切变形（$h/b<1$），且同一层墙体材料及高度均相同时，式（8-13）可简化为

$$V_{im} = \frac{A_{im}}{\sum_{m=1}^{l} A_{im}} V_i = \frac{A_{im}}{A_i} V_i \qquad (8-14)$$

式中　A_{im}——第 i 楼层第 m 片墙体的净横截面面积；

A_i——第 i 楼层墙体的净横截面总面积。

2）柔性楼盖。木楼盖的水平面内刚度小，在水平地震力作用下，楼盖在水平面内的变形除平移外尚有弯曲变形，楼盖在各处的位移不等，称其为柔性楼盖。在此情况下，各道横墙承担的地震剪力可按该道横墙所承担的重力荷载代表值比例进行分配，即

$$V_{im} = \frac{G_{im}}{G_i} V_i \tag{8-15}$$

式中　G_{im}——第 i 层楼盖上第 m 道横墙与左右两侧相邻横墙之间各一半楼盖面积（从属面积）上承担的重力荷载之和；

　　　G_i——第 i 层楼盖上所承担的总重力荷载。

当房屋各楼层的重力荷载代表值均匀分布时，各道横墙承受的水平地震剪力可按各道墙从属面积的比例进行分配，即

$$V_{im} = \frac{S_{im}}{S_i} V_i \tag{8-16}$$

式中　S_{im}——第 i 层楼层上第 m 道墙体的负荷从属面积；

　　　S_i——第 i 层楼盖总面积。

3）半刚性楼盖。装配式钢筋混凝土楼盖平面内的刚度介于刚性楼盖和柔性楼盖之间，称为半刚性楼盖。半刚性楼盖房屋可采用前述两种分配算法的平均值计算各道横墙的地震剪力。

$$V_{im} = \frac{1}{2} \left(\frac{K_{im}}{K_i} + \frac{G_{im}}{G_i} \right) V_i \tag{8-17}$$

当墙高相同，所用材料相同且楼盖上重力荷载分布均匀时，式（8-17）可进一步简化为

$$V_{im} = \frac{1}{2} \left(\frac{A_{im}}{A_i} + \frac{S_{im}}{S_i} \right) V_i \tag{8-18}$$

（5）纵向楼层地震剪力在各道纵墙上的分配。房屋纵向尺寸一般比横向尺寸大得多，且纵墙的间距通常也比较小。因此，不论采用哪种楼盖都可按刚性楼盖考虑，即纵向楼层水平地震剪力可按各纵墙抗侧刚度比例进行分配。

（6）一道墙的地震剪力在各墙段间的分配。由于圈梁及楼盖的约束作用，一般可认为同一道墙中各墙段具有相同的侧移，从而各墙段的地震剪力可按墙段的抗侧刚度分配，即第 i 层第 m 道墙第 r 墙段所受的地震剪力为

$$V_{imr} = \frac{K_{imr}}{K_{im}} V_{im} \tag{8-19}$$

式中　K_{imr}——该墙段的抗侧刚度。

4. 墙体抗震承载力的验算

墙体（墙段）水平地震剪力确定后，应对墙体或墙段进行抗震承载力验算。根据震害和工程实践经验，一般选择底层、顶层、砂浆强度变化的楼层墙体中地震剪力较大、竖向压应力较小、局部截面较小的墙体（墙段）进行验算。

（1）无筋砌体墙片抗震承载力按式（8-20）计算

$$V \leqslant f_{VE} A / \gamma_{RE} \tag{8-20}$$

$$f_{VE} = \xi_N f_V \qquad (8-21)$$

式中　V——考虑地震作用组合的墙体剪力设计值，砌体房屋一般仅考虑水平地震作用，水平地震作用分项系数取 1.3；

　　　　A——验算墙体的横截面面积，多孔砖去毛横截面面积；

　　　γ_{RE}——承载力抗震调整系数，按表 8-8 采用；

　　　f_{VE}——砌体沿阶梯形截面破坏的抗震抗剪强度设计值；

　　　　f_V——非抗震设计的砌体抗剪强度设计值，应按国家标准《砌体结构设计规范》（GB 50003—2011）确定；

　　　　ξ_N——砌体抗震抗剪强度的正应力影响系数，可按表 8-9 确定。

表 8-8　　　　　　　　　　　承载力抗震调整系数

结构构件类别	受力状态	γ_{RE}
两端均设构造柱、芯柱的砌体抗震墙	受剪	0.9
组合砖墙	偏压、大偏拉和受剪	0.9
配筋砌块砌体抗震墙	偏压、大偏拉和受剪	0.85
自承重墙	受剪	0.75
无筋砖柱	偏心受压	0.9
组合砖柱	偏心受压	0.85

表 8-9　　　　　　　　　　　砌体强度的正应力影响系数

σ_0/f_V	0.0	1.0	3.0	5.0	7.0	10.0	12.0
普通砖、多孔砖	0.80	0.99	1.25	1.47	1.65	1.90	2.05

注　σ_0 为对应于重力荷载代表值的砌体截面平均压应力。

（2）对墙段中部设置截面不小于 240mm×240mm 且间距不大于 4m 的构造柱时，可考虑构造柱对砌体墙抗震承载力的提高作用，即

$$V \leqslant \frac{1}{\gamma_{RE}}\left[\eta_c f_{VE}(A-A_c) + \zeta_c f_t A_c + 0.08 f_{yc} A_{sc} + \zeta_s f_{yh} A_{sh}\right] \qquad (8-22)$$

式中　A_c——中部构造柱的横截面总面积（对横墙和内纵墙，$A_c > 0.15A$ 时，取 $0.15A$；对外纵墙，$A_c > 0.25A$ 时，取 $0.25A$）；

　　　　f_t——中部构造柱的混凝土轴心抗拉强度设计值；

　　　A_{sc}——中部构造柱的纵向钢筋截面总面积（配筋率不小于 0.6%，大于 1.4% 时取 1.4%）；

f_{yh}、f_{yc}——墙体水平钢筋、构造柱钢筋抗拉强度设计值；

　　　　ζ_c——中部构造柱参与工作系数，居中设一根时取 0.5，多于一根时取 0.4；

　　　　η_c——墙体约束修正系数，一般情况取 1.0，构造柱间距不大于 3.0m 时取 1.1；

　　　A_{sh}——层间墙体竖向截面的总水平钢筋面积，无水平钢筋时取 0.0。

（3）水平配筋普通砖、多孔砖墙体的抗震受剪承载力按式（8-23）计算，即

$$V \leqslant \frac{1}{\gamma_{RE}}(f_{VE}A + \zeta_s f_{yh} A_{sh}) \qquad (8-23)$$

式中 f_{yh}——钢筋抗拉强度设计值；

A_{sh}——所验算墙体层间竖向截面的总水平钢筋截面面积，其配筋率应不小于
0.07%且不大于0.17%；

ζ_s——钢筋参与工作系数，按表8-10选用。

表 8-10 钢 筋 参 与 工 作 系 数

墙体高宽比	0.4	0.6	0.8	1.0	1.2
ζ_s	0.10	0.12	0.14	0.15	0.12

（4）混凝土小型砌块墙体的抗震承载力按式（8-24）计算，即

$$V \leqslant \frac{1}{\gamma_{RE}}[f_{VE}A+(0.3f_tA_c+0.05f_yA_s)\zeta_c]　　　　(8-24)$$

式中 f_t——芯柱混凝土轴心抗拉强度设计值；

A_c——芯柱截面总面积；

A_s——芯柱钢筋截面总面积；

f_y——芯柱钢筋抗拉强度设计值；

ζ_c——钢筋混凝土芯柱抗拉强度设计值。

芯柱参与工作系数，根据填孔率（芯柱根数与孔洞总数之比）按表8-11选用。

表 8-11 芯 柱 参 与 工 作 系 数

填孔率 ρ	$\rho<0.15$	$0.15\leqslant\rho<0.25$	$0.25\leqslant\rho<0.5$	$\rho\geqslant5$
ζ_c	0.0	1.0	1.10	1.15

注 填孔率指芯柱根数（含构造柱和填实孔洞数量）与孔洞总数之比。

三、多层砌体结构房屋抗震构造措施

由于地震作用的不确定性、建筑材料力学性能的离散性及计算模式的不精确性，要保障砌体结构具有良好的抗震性能，不仅应合理布置结构、正确进行抗震计算，而且还需要有必要的抗震构造措施。历次震害表明，很多砌体结构的破坏是由于构造上存在缺陷或不符合抗震要求而引起的。砌体结构抗震构造措施在加强结构的整体性，弥补抗震计算的不足，确保房屋抗震性能方面具有重要作用。

（一）多层砖砌体房屋抗震构造措施

1. 钢筋混凝土构造柱的设置和构造

震害调查表明，设置钢筋混凝土构造柱后，由于钢筋混凝土构造柱对墙体的约束作用，墙体的刚度虽然增大不多，但房屋的变形能力可大大提高，抗剪能力也可提高10%～30%。在地震时，由钢筋混凝土构造柱与圈梁所形成的约束体系可以有效地限制墙体，使墙体能保持整体性和一定的承载能力，避免房屋的突然倒塌。由此可见，在墙体中设置钢筋混凝土构造柱对保证砌体房屋的整体性、提高抗震能力有着重要的作用。

（1）构造柱的设置。

1）对多层砖砌体房屋，钢筋混凝土构造柱设置部位一般情况下应符合表8-10的要求。

2) 对外廊式和单面走廊式的多层房屋及横墙较少的房屋应根据房屋增加一层后的层数按表 8-10 的要求设置构造柱，且单面走廊两侧的纵墙均应按外墙处理。当横墙较少的房屋为外廊式或单面走廊式，但设防烈度为 6 度时不超过 4 层、7 度时不超过 3 层和 8 度时不超过 2 层时，应按增加 2 层的层数对待。

3) 各层横墙很少的房屋，应按增加 2 层的层数设置构造柱。

4) 采用蒸压灰砂砖和蒸压粉煤灰砖的砌体房屋，当砌体的抗剪强度仅达到普通黏土砖砌体的 70% 时，应根据增加 1 层的层数按表 8-12 的要求设置构造柱；但设防烈度为 6 度时不超过 4 层、7 度时不超过 3 层和 8 度时不超过 2 层时，应按增加 2 层的层数对待。

表 8-12　　　　　　　　　　砖砌体房屋构造柱设置要求

房 屋 层 数				设 置 部 位	
6 度	7 度	8 度	9 度		
4 层、5 层	3 层、4 层	2 层、3 层		楼、电梯间四角，楼梯斜梯段上下端对应的墙体处；	隔 12m 或单元横墙与外纵墙交接处；楼梯间对应的另一侧内横墙与外纵墙交接处
6 层	5 层	4 层	2 层	外墙四角和对应转角；错层部位横墙与外纵墙交接处；大房间内外墙交接处；较大洞门两侧	隔开间横墙（轴线）与外纵墙交接处；山墙与内纵墙交接处
7 层	≥6 层	≥5 层	≥3 层		内墙（轴线）与外墙交接处；内墙的局部较小墙垛处；内纵墙与横墙（轴线）交接处

注　较大洞门，内墙指不小于 2.1m 的洞口；外墙在内外墙交接处已设置构造柱时允许适当放宽，但洞侧墙体应加强。

（2）构造柱的构造要求。

1) 构造柱最小截面可采用 180mm×240mm（墙厚 190mm 时为 180mm×190mm），纵向钢筋宜采用 4Φ12，箍筋间距不宜大于 250mm，且在柱上下端宜适当加密。设防烈度为 6、7 度时超过 6 层、8 度时超过 5 层和 9 度时，构造柱纵向钢筋宜采用 4Φ14，箍筋间距不应大于 200mm，房屋四角的构造柱可适当加大截面及配筋。

2) 构造柱与墙连接处应砌成马牙槎，并应沿墙高每隔 500mm 设 2Φ6 水平钢筋和 Φ4 分布短筋平面内点焊组成的拉结网片或 Φ4 点焊钢筋网片，每边伸入墙内不宜小于 1m。6、7 度时底部 1/3 楼层，8 度时底部 1/2 楼层，9 度时全部楼层，上述拉结钢筋网片应沿墙体水平通长设置。

3) 构造柱与圈梁连接处，构造柱的纵筋应在圈梁纵筋内侧穿过，保证构造柱纵筋上下贯通。

4) 构造柱可不单独设置基础，但应伸入室外地面下 500mm，或与埋深小于 500mm 的基础圈梁相连。

5) 房屋高度和层数接近表 8-1 的限值时，横墙内的构造柱间距不宜大于层高的 2 倍，下部 1/3 楼层的构造柱间距适当减小；当外纵墙开间大于 3.9m 时，应另设加强措施。内纵墙的构造柱间距不宜大于 4.2m。

2. 圈梁的设置和构造

圈梁与构造柱构成的约束体系可保证墙体之间以及墙体与楼盖之间的连接，保证房屋的整体性和空间刚度。震害调查表明，合理设置圈梁的砌体结构房屋震害都较轻，在砌体结构房屋中设置圈梁对保证房屋整体性、提高房屋抗震能力、减轻震害十分有效。

（1）圈梁的设置。

1）装配式钢筋混凝土楼、屋盖或木楼、屋盖的砖房，应按表 8-13 的要求设置圈梁；纵墙承重时，抗震横墙上的圈梁间距应比表内要求适当加密。

2）现浇或装配整体式钢筋混凝土楼、屋盖与墙体有可靠连接时，房屋可不另设圈梁，但楼板沿抗震墙体周边应加强配筋，并应与相应的构造柱钢筋可靠连接。

表 8-13 砖房现浇钢筋混凝土圈梁设置要求

设防烈度 墙体类型	6、7 度	8 度	9 度
外墙和内纵墙	屋盖处及每层楼盖处	屋盖处及每层楼盖处	屋盖处及每层楼盖处
内横墙	屋盖处及每层楼盖处； 屋盖处间距不应大于 4.5m； 楼盖处间距不应大于 7.2m； 构造柱对应部位	屋盖处及每层楼盖处； 各层所有横墙，且间距不应大于 4.5m； 构造柱对应部位	屋盖处及每层楼盖处； 各层所有横墙

（2）圈梁的构造。圈梁应闭合，遇有洞口圈梁应上下搭接。圈梁宜与预制板设在同一标高处或紧靠板底。圈梁在表 8-13 要求的间距内无横墙时，应利用梁或板缝中配筋替代圈梁。圈梁的截面高度不应小于 120mm，配筋应符合表 8-14 的要求。为增加基础整体性和刚度而设置的基础圈梁，其截面高度不应小于 180mm，配筋不应少于 4Φ12。

表 8-14 圈 梁 配 筋 要 求

设防烈度 配筋	6 度	7 度	8 度	9 度
最小纵筋	4Φ10		4Φ12	4Φ14
箍筋最大间距/mm	250		200	150

3. 楼梯间的构造措施

楼梯间不宜布置在房屋端部的第一开间及平面转角处。一般情况下，楼梯间的刚度大，受到的地震作用也大。同时，房屋顶层的楼梯间墙体高度较大，且楼梯段嵌入墙内而削弱了墙体的整体性，所以，楼梯间的震害往往比较严重。同时，应特别注意楼梯间顶层墙的稳定性。

楼梯间的构造措施如下：

（1）顶层楼梯间墙体应沿墙高每隔 500mm 设 2Φ16 通长钢筋和Φ4 分布短钢筋平面内点焊组成的拉结网片或Φ4 点焊网片；设防烈度为 7~9 度时其他各层楼梯间墙体应在休息平台或楼层半高处设置 60mm 厚、纵向钢筋不应少于 2Φ10 的钢筋混凝土带或配筋砖带，配筋砖带不少于 3 皮，每皮的配筋不少于 2Φ6，砂浆强度等级不应低于 M7.5 且不低于同层墙体的砂浆强度等级。

（2）楼梯间及门厅内墙阳角处的大梁支承长度不应小于 500mm，并应与圈梁连接。

（3）装配式楼梯段应与平台板的梁可靠连接，设防烈度为8、9度时不应采用装配式楼梯段；不应采用墙中悬挑式踏步或踏步竖肋插入墙体的楼梯，不应采用无筋砖砌栏板。

（4）突出屋顶的楼、电梯间，构造柱应伸到顶部，并与顶部圈梁连接，所有墙体应沿墙高每隔500mm设2Φ6通长钢筋和Φ4分布短筋平面内点焊组成的拉结网片或Φ4点焊网片。

4.楼、屋盖与墙体的连接

楼盖处是结构中自重较大的部位，因此水平地震作用主要集中在楼盖处，水平地震作用需要通过楼盖与墙体的连接才能传给下层墙体。同时，楼盖与墙体的连接失效导致的楼板跌落会造成巨大的人员伤亡。因此，楼盖与墙体应有可靠连接，以保证地震作用的传递和人员的生命财产安全。

（1）楼、屋盖与墙体的连接构造要求。

1）现浇钢筋混凝土楼板或屋面板伸进纵、横墙内的长度，均不宜小于120mm。

2）装配式钢筋混凝土楼板或屋面板，当圈梁未设在板的同一标高时，板端伸进外墙的长度不应小于120mm，伸进内墙的长度不宜小于100mm或采用硬架支模连接，在梁上不应小于80mm或采用硬架支模连接。当板的跨度大于4.8m并与外墙平行时，靠外墙的预制板侧边应与墙或圈梁拉结（图8-7）。房间端部大房间的楼盖，设防烈度为6度时房屋的屋盖和7~9度时房屋的楼、屋盖，当圈梁设在板底时，钢筋混凝土预制板应相互拉结，并应与梁、墙或圈梁拉结（图8-8）。

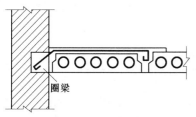

图8-7　楼板与外墙的拉结

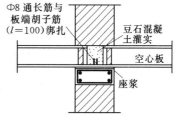

图8-8　楼板与内墙或圈梁的拉结

（2）楼、屋盖的钢筋混凝土梁或屋架应与墙、柱（包括构造柱）或圈梁可靠连接；不得采用独立砖柱。跨度不小于6m大梁的支承构件应采用组合砌体等加强措施，并满足承载力要求。

（3）预制阳台，设防烈度为6、7度时应与圈梁和楼板的现浇板带可靠连接，设防烈度为8、9度时不应采用预制阳台。

5.墙体间的连接

地震时纵横墙连接不牢而造成外墙外闪倒塌会伤及房屋内外的人员。因此，纵横墙体应可靠连接、咬槎砌筑。

设防烈度为6、7度时长度大于7.2m的大房间，以及设防烈度为8、9度时外墙转角及内外墙交接处，应沿墙高每隔500mm配置2Φ6的通长钢筋和Φ4分布短筋平面内点焊组成的拉结网片或Φ4点焊网片（图8-9）。

6.墙体的加强措施

丙类的多层砖砌体房屋，当横墙较少且总高度和层数接近或达到表8-1规定的限值

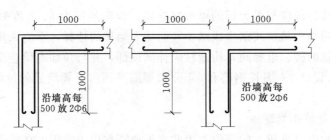

图 8-9　纵横墙的连接

时，应采取下列加强措施：

（1）房屋的最大开间尺寸不宜大于 6.6m；同一结构单元内横墙错位数量不宜超过横墙总数的 1/3，且连续错位不宜多于两道；错位的墙体交接处均应增设构造柱，且楼、屋面板应采用现浇钢筋混凝土板。

（2）横墙和内纵墙上洞口的宽度不宜大于 1.5m，外纵墙上洞口的宽度不宜大于 2.1m 或开间尺寸的一半，且内外墙上洞口位置不应影响内外纵墙与横墙的整体连接。

（3）所有纵横墙均应在楼、屋盖标高处设置加强的现浇钢筋混凝土圈梁；圈梁的截面高度不宜小于 150mm，上、下纵筋各不应少于 3Φ10，箍筋不小于Φ6，间距不大于 300mm。

（4）所有纵、横墙交接处及横墙的中部，均应增设满足下列要求的构造柱：在纵、横墙内的柱距不宜大于 3.0m，最小截面尺寸不宜小于 240mm×240mm（墙厚 190mm 时为 240mm×190mm），配筋宜符合表 8-15 的要求。

表 8-15　　　　　　　　　　增设构造柱的纵筋和箍筋设置要求

位　置	纵　向　钢　筋			箍　筋		
	最大配筋率/%	最小配筋率/%	最小直径/mm	加密区范围/mm	加密区间距/mm	最小直径/mm
角柱			14	全高		
边柱	1.8	0.8	14	上端700 下端500	100	6
中柱	1.4	0.6	12			

（5）同一结构单元的楼、屋面板应设置在同一标高处。

（6）房屋底层和顶层的窗台标高处，宜设置沿纵横墙通长的水平现浇钢筋混凝土带，其截面高度不小于 60mm，宽度不小于墙厚，纵向钢筋不少于 2Φ10，横向分布筋的直径不小于纵向钢筋的直径且其间距不大于 200mm。

（二）多层砌块房屋抗震构造措施

1. 多层混凝土小型空心砌块房屋芯柱、构造柱的设置要求和构造

（1）多层小砌块房屋应按表 8-16 的要求设置钢筋混凝土芯柱。对外廊式和单面走廊式的多层房屋、横墙较少的房屋、各层横墙很少的房屋，尚应分别按多层砖砌体房屋中设置构造柱的增加层数要求，按表 8-16 的要求设置芯柱。

表 8－16　　　　　　　　　　小砌块房屋芯柱设置要求

房屋层数				设置部位	设置数量
6度	7度	8度	9度		
4层、5层	3层、4层	2层、3层		外墙转角，楼、电梯间四角，楼梯斜梯段上下端对应的墙体处； 大房间内外墙交接处； 错层部位横墙与外纵墙交接处； 隔12m或单元横墙与外纵墙交接处	外墙转角，灌实3个孔； 内、外墙交接处，灌实4个孔； 楼梯斜段上下端对应的墙体处，灌实2个孔
6层	5层	4层		外墙转角，楼、电梯间四角，楼梯斜梯段上下端对应的墙体处； 大房间内外墙交接处； 错层部位横墙与外纵墙交接处； 隔12m或单元横墙与外纵墙交接处； 隔开间横墙（轴线）与外纵墙交接处	
7层	6层	5层	2层	外墙转角，楼、电梯间四角，楼梯斜梯段上下端对应的墙体处； 大房间内外墙交接处； 错层部位横墙与外纵墙交接处； 隔12m或单元横墙与外纵墙交接处； 各内墙（轴线）与外纵墙交接处； 内纵墙与横墙交接处（轴线）和洞口两侧	外墙转角，灌实5个孔； 内、外墙交接处，灌实4个孔； 内墙交接处，灌实4～5个孔； 洞口两侧各灌实1个孔
	7层	≥6层	≥3	外墙转角，楼、电梯间四角，楼梯斜梯段上下端对应的墙体处； 大房间内外墙交接处； 错层部位横墙与外纵墙交接处； 隔12m或单元横墙与外纵墙交接处； 横墙内芯柱间距不大于2m	外墙转角，灌实7个孔； 内外墙交接处，灌实5个孔； 内墙交接处，灌实4～5个孔； 洞口两侧各灌实1个孔

注　外墙转角、内外墙交接处、楼电梯间四角等部位，应允许采用钢筋混凝土构造柱替代部分芯柱。

（2）多层小砌块房屋的芯柱应符合下列构造要求：

1）芯柱截面不宜小于 120mm×120mm。

2）芯柱混凝土强度等级不应低于 Cb20。

3）芯柱的竖向插筋应贯通墙身且与圈梁连接；插筋不应少于 1Φ12，设防烈度为 7 度时超过 5 层、8 度时超过 4 层和 9 度时，插筋不应少于 1Φ14。

4）芯柱应伸入室外地面下 500mm 或与埋深小于 500mm 的基础圈梁相连。

5）为提高墙体抗震受剪承载力而设置的芯柱，宜在墙体内均匀布置，最大净距不宜大于 2.0m。

6）多层小砌块房屋墙体交接处或芯柱与墙体连接处应设置拉结钢筋网片，网片可采用直径 4mm 的钢筋点焊而成，沿墙高间距不大于 600mm，并应沿墙体水平通长设置。设防烈度为 6、7 度时底部 1/3 楼层，8 度时底部 1/2 楼层，9 度时全部楼层，上述拉结钢筋网片沿墙高间距不大于 400mm。

（3）小砌块房屋中替代芯柱的钢筋混凝土构造柱，应符合下列要求：

1）构造柱最小截面尺寸可采用 190mm×190mm，纵向钢筋宜采用 4Φ12，钢筋间距不宜大于 250mm，且在柱上下端宜适当加密；设防烈度为 6、7 度时超过 5 层、8 度时超过 4 层和 9 度时，构造柱纵向钢筋宜采用 4Φ14，箍筋间距不应大于 200mm；外墙转角的构造柱可适当加大截面及配筋。

2）构造柱与砌块墙连接处应砌成马牙槎，与构造柱相邻的砌块孔洞，6 度时宜填实，7 度时应填实，8、9 度时应填实并插筋；构造柱与砌块墙之间沿墙高每隔 600mm 设置点焊拉结钢筋网片，并应沿墙体水平通长设置。6、7 度时底部 1/3 楼层，8 度时底部 1/2 楼层，9 度全部楼层，上述拉结钢筋网片沿墙高间距不大于 400mm。

3）构造柱与圈梁连接处，构造柱的纵筋应在圈梁纵筋内侧穿过，保证构造柱纵筋上下贯通。

4）构造柱可不单独设置基础，但应伸入室外地面下 500mm，或与埋深小于 500mm 的基础圈梁相连。

2. 圈梁的设置

多层小砌块房屋的现浇钢筋混凝土圈梁的设置位置应按多层砖砌体房屋圈梁的要求执行，圈梁宽度不应小于 190mm，配筋不应少于 4Φ12，箍筋间距不应大于 200mm。

3. 其他构造措施

（1）多层小砌块房屋的层数，设防烈度为 6 度时超过 5 层、7 度时超过 4 层、8 度时超过 3 层和 9 度时，在底层和顶层的窗台标高处，沿纵横墙应设置通长的水平现浇钢筋混凝土带；其截面高度不小于 60mm，纵筋不少于 2Φ10，并应有分布拉结钢筋；其混凝土强度等级不应低于 C20。

（2）小砌块房屋的其他抗震构造措施同多层砖房。

第三节　配筋混凝土小型空心砌块抗震墙房屋抗震设计

配筋混凝土小型空心砌块抗震墙房屋是由混凝土小型空心砌块砌筑，配以纵横方向钢筋，并用混凝土灌心而成的装配整体式抗震墙结构，是一种具有强度高、延性大、抗震性能好的结构，其受力性能与钢筋混凝土抗震墙相似。

一、配筋混凝土小型空心砌块抗震墙房屋抗震设计的一般规定

1. 房屋高度与墙厚限值

配筋混凝土小型空心砌块抗震墙房屋抗震设计的最大高度和最小墙厚度不宜超过表 8-17 的规定。

表 8-17　　　　配筋混凝土小型空心砌块抗震墙房屋适用的最大高度

最小墙厚度/mm	6 度		7 度	8 度		9 度
	0.05g	0.10g	0.15g	0.20g	0.30g	0.40g
190	60	55	45	40	30	24

注　1. 房屋高度指室外地面到主要屋面板板顶的高度（不包括局部突出屋顶部分）。
　　　2. 某层或几层开间大于 6.0m 以上的房间建筑面积占相应层建筑面积 40% 以上时，表中数据相应减少 6m。
　　　3. 房屋的高度超过表内高度时，应根据专门研究，采取有效的加强措施。

2. 房屋高宽比限值

配筋混凝土小型空心砌块抗震墙房屋抗震设计的房屋总高度与总宽度的比值不宜超过表 8-18 的规定。

表 8-18　　　　　　配筋混凝土小型空心砌块抗震墙房屋最大高宽比

设防烈度	6 度	7 度	8 度	9 度
最大高宽比	2.5	2.5	2.0	1.5

注　单面走廊房屋的总宽度不包括走廊宽度；建筑平面接近正方形时，其高宽比宜适当减小。

3. 层高限值

配筋混凝土小型空心砌块抗震墙房屋的底部加强部位（不小于房屋高度的 1/6 且不小于底部二层的高度范围，房屋总高度小于 21m 时取一层）的层高，一级、二级不宜大于 3.2m，三级、四级不应大于 3.9m；其他部位的层高，一级、二级不应大于 3.9m，三级、四级不应大于 4.8m。

4. 抗震等级的划分

配筋混凝土小型空心砌块抗震墙抗震设计时应根据设防烈度和房屋高度采用表 8-19 规定的结构抗震等级，并应符合相应的计算和构造要求。

表 8-19　　　　　　配筋混凝土小型空心砌块抗震墙结构的抗震等级

设防烈度	6 度		7 度		8 度		9 度
高度/m	≤24	>24	≤24	>24	≤24	>24	≤24
抗震等级	四	三	三	二	二	一	一

注　接近或等于高度分界时，可结合房屋不规则程度及场地、地基条件确定抗震等级。

5. 结构布置

配筋混凝土小型空心砌块抗震墙房屋应避免采用不规则建筑结构方案，并应符合下列要求：

（1）平面形状宜简单、规则，凹凸不宜过大；竖向布置宜规则、均匀，避免过大的外挑和内收。

（2）纵横向抗震墙宜拉通对直；每个独立墙段长度不宜大于 8m，且不宜小于墙厚的 5 倍；墙段的总高度与墙段长度之比不宜小于 2；门洞口宜上下对齐，成列布置。

（3）采用现浇钢筋混凝土楼、屋盖时，抗震横墙的最大间距应符合表 8-20 的要求。

表 8-20　　　　　　配筋混凝土小型空心砌块抗震横墙的最大间距

设防烈度	6 度	7 度	8 度	9 度
最大间距/m	15	15	11	7

（4）房屋需要设置防震缝时，其最小宽度应符合下列要求：当房屋高度不超过 24m 时，可采用 100mm；当超过 24m 时，设防烈度为 6 度、7 度、8 度和 9 度时相应每增加 6m、5m、4m 和 3m，宜加宽 20mm。

6. 层间弹性位移角限值

配筋混凝土小型砌块抗震墙房屋应进行多遇地震作用下的抗震变形验算，其楼层内最大的弹性层间位移角，底层不宜超过 1/1200，其他楼层不宜超过 1/800。

7. 材料性能指标应遵守的规定

配筋混凝土小型砌块抗震墙的混凝土空心砌块的强度等级不应低于 MU10，其砌筑砂浆强度等级不应低于 Mb10。配筋混凝土小型空心砌块抗震墙房屋的灌孔混凝土应采用坍落度大、流动性及和易性好，并与砌块结合良好的混凝土，灌孔混凝土的强度等级不应低于 Cb20。

8. 配筋混凝土小型空心砌块抗震墙的横向分布钢筋，沿墙长应连续设置，两端的锚固应符合的规定

（1）抗震等级为一级、二级的抗震墙，横向分布钢筋可绕竖向主筋弯 180°弯钩，弯钩端部直段长度不宜小于 12 倍钢筋直径；横向分布钢筋亦可弯入端部灌孔混凝土中，锚固长度不应小于 30 倍钢筋直径且不应小于 250mm。

（2）抗震等级为三级、四级的抗震墙，横向分布钢筋可弯入端部灌孔混凝土中，锚固长度不应小于 25 倍钢筋直径且不应小于 200mm。

二、配筋混凝土小型空心砌块抗震墙房屋抗震设计计算

配筋混凝土小型空心砌块抗震墙房屋多用于建造高层和小高层的住宅房屋。配筋砌块砌体抗震墙在进行地震作用计算时一般只需考虑水平地震作用的影响，当高度不超过 40m、以剪切变形为主且质量和刚度沿高度分布比较均匀时，可采用底部剪力法计算基地总剪力。平、立面布置规则的房屋可采用振型分解反应谱法；平、立面布置不规则的房屋宜采用时程分析法。高层和小高层房屋的动力反应中除了第一振型的影响外，高振型的影响往往不能忽略，在有些情况下甚至会起到决定作用，因此在计算中应考虑前几阶振型的影响。

截面抗震验算时，6 度时可不验算，但应采取抗震构造措施。

1. 正截面抗震承载力计算

配筋砌块砌体抗震墙的正截面承载力计算可采用非抗震的正截面承载力计算公式，并在公式右端除以承载力抗震调整系数 γ_{RE}。

2. 斜截面抗震承载力计算

（1）配筋砌块砌体抗震墙剪力设计值确定。配筋砌块砌体抗震墙底部的剪力和弯矩均为整个抗震墙的最大值，通常配筋砌块砌体抗震墙底部都是抗震的薄弱部位。抗震墙弯曲破坏时的塑性开展比较充分，能有效耗散地震能量，属延性破坏。因此在配筋砌块抗震墙房屋抗震设计计算中，为了保证抗震墙的抗震性能，防止其底部在弯曲破坏前发生剪切破坏，加强配筋砌块抗震墙底部加强部位的抗剪能力，保证墙体的"强剪弱弯"，对配筋砌块抗震墙底部加强部位截面的剪力进行放大。配筋砌块抗震墙底部加强部位是指高度不小于房屋总高度的 1/6 和底部二层高度两者中的较大值。配筋砌块砌体抗震墙的剪力设计值按以下规定调整，即

底部加强部位，有

$$V_w = \eta_{vw} V \tag{8-25a}$$

其他部位，有

$$V_w = V \tag{8-25b}$$

式中 η_{vw}——剪力增大系数，一级抗震等级取 1.6，二级抗震等级取 1.4，三级抗震等级取 1.2，四级抗震等级取 1.0；

V——考虑地震作用组合的抗震墙计算截面的剪力设计值。

（2）截面尺寸应满足以下条件：

当剪跨比大于 2 时，有

$$V_w \leqslant \frac{1}{\gamma_{RE}} (0.2 f_g b h) \tag{8-26a}$$

当剪跨比不大于 2 时，有

$$V_w \leqslant \frac{1}{\gamma_{RE}} (0.15 f_g b h) \tag{8-26b}$$

式中 γ_{RE}——承载力抗震调整系数，取 0.85；

f_g——灌孔砌体的抗压强度设计值；

b——抗震墙截面厚度；

h——抗震墙截面高度。

（3）抗震墙斜截面受剪承载力计算。偏心受压配筋砌块砌体抗震墙，其斜截面受剪承载力应按式（8-27）及式（8-28）计算，即

$$V \leqslant \frac{1}{\gamma_{RE}} \left[\frac{1}{\lambda - 0.5} (0.48 f_{vg} b h_0 + 0.1 N) + 0.72 f_{yh} \frac{A_{sh}}{s} h_0 \right] \tag{8-27}$$

$$0.5 V \leqslant \frac{1}{\gamma_{RE}} \left(0.72 f_{yh} \frac{A_{sh}}{s} h_0 \right) \tag{8-28}$$

式中 f_{vg}——灌孔砌体的抗剪强度设计值，$f_{vg} = 0.2 f_g^{0.55}$；

N——考虑地震作用组合的抗震墙计算截面的轴向力设计值，当 $N > 0.2 f_g b h$ 时，取 $N = 0.2 f_g b h$；

λ——计算截面的剪跨比，取 $\lambda = M/V h_0$，当 $\lambda < 1.5$ 时，取 $\lambda = 1.5$；当 $\lambda > 2.2$ 时，取 $\lambda = 2.2$；

M——考虑地震作用组合的抗震墙计算截面的弯矩设计值；

V——考虑地震作用组合的抗震墙计算截面的剪力设计值；

A_{sh}——配置在同一截面内的水平分布钢筋截面面积；

f_{yh}——水平分布钢筋的抗拉强度设计值；

s——水平分布钢筋的竖向间距。

偏心受拉配筋砌块砌体抗震墙，其斜截面受剪承载力应按式（8-29）及式（8-30）

计算，即

$$V \leqslant \frac{1}{\gamma_{RE}} \left[\frac{1}{\lambda - 0.5}(0.48 f_{vg} b h_0 - 0.17 N) + 0.72 f_{yh} \frac{A_{sh}}{s} h_0 \right] \qquad (8-29)$$

$$0.5V \leqslant \frac{1}{\gamma_{RE}} \left(0.72 f_{yh} \frac{A_{sh}}{s} h_0 \right) \qquad (8-30)$$

当 $0.48 f_{vg} b h_0 - 0.17 N \leqslant 0$ 时，取 $0.48 f_{vg} b h_0 - 0.17 N = 0$）。

（4）连梁的承载力计算。

1）正截面抗震承载力计算。配筋砌块砌体抗震墙连梁的正截面受弯承载力可按现行国家标准《混凝土结构设计规范》（GB 50010—2010）受弯构件的有关规定进行计算；当采用配筋砌块砌体连梁时，应采用相应的计算参数和指标；连梁的正截面承载力应除以相应的承载力抗震调整系数。

2）斜截面抗震承载力计算。

a. 配筋砌块砌体抗震墙连梁的剪力设计值，抗震等级为一级、二级、三级时应按式（8-31）调整，四级时可不调整，即

$$V_b = \eta_v \frac{M_b^l + M_b^r}{l_n} + V_{Gb} \qquad (8-31)$$

式中　V_b ——连梁的剪力设计值；

　　　η_v ——剪力增大系数，一级时取 1.3，二级时取 1.2，三级时取 1.1；

M_b^l、M_b^r ——梁左、右端考虑地震作用组合的弯矩设计值；

　　　V_{Gb} ——在重力荷载代表值作用下，按简支梁计算的截面剪力设计值；

　　　l_n ——连梁净跨。

b. 配筋砌块砌体抗震墙连梁的截面应符合下列要求，即

$$V_b \leqslant \frac{1}{\gamma_{RE}} (0.15 f_g b h_0) \qquad (8-32)$$

c. 配筋砌块砌体抗震墙连梁的斜截面受剪承载力应按式（8-33）计算，即

$$V_b \leqslant \frac{1}{\gamma_{RE}} \left(0.56 f_{vg} b h_0 + 0.7 f_{yv} \frac{A_{sv}}{s} h_0 \right) \qquad (8-33)$$

式中　A_{sv} ——配置在同一截面内的箍筋各肢的全部截面面积；

　　　f_{yv} ——箍筋的抗拉强度设计值。

连梁是保证房屋整体性的重要构件，为了保证连梁与抗震墙节点处在弯曲破坏前不会出现剪切破坏，保证适当的刚度和承载能力，对跨高比大于 2.5 的连梁宜采用受力性能好的钢筋混凝土连梁，以确保连梁构件的"强剪弱弯"。

三、配筋混凝土小型空心砌块抗震墙房屋抗震构造措施

（1）配筋混凝土小型空心砌块抗震墙房屋的抗震墙，应全部用灌孔混凝土灌实。

（2）墙体内钢筋的构造布置。配筋混凝土小型空心砌块抗震墙的横向和竖向分布钢筋

应符合表 8-21 和表 8-22 的要求；横向分布钢筋宜双排布置，双排分布钢筋之间拉结筋的间距不应大于 400mm，直径不应小于 6mm 竖向分布钢筋宜采用单排布置，直径不应大于 25mm。抗震墙底部加强区的高度不小于房屋高度的 1/6，且不小于两层的高度。

表 8-21　　　　　　　　配筋混凝土小型空心砌块抗震墙横向分布钢筋构造

抗 震 等 级	最小配筋率/%		最大间距/mm	最小直径/mm
	一般部位	加强部位		
一	0.13	0.15	400	8
二	0.13	0.13	600	8
三	0.11	0.13	600	8
四	0.10	0.10	600	6

注　设防烈度为 9 度时配筋率不应小于 0.2%；在顶层和底部加强部位，最大间距不应大于 400mm。

表 8-22　　　　　　　　配筋混凝土小型空心砌块抗震墙竖向分布钢筋构造

抗 震 等 级	最小配筋率/%		最大间距/mm	最小直径/mm
	一般部位	加强部位		
一	0.15	0.15	400	12
二	0.13	0.13	600	12
三	0.11	0.13	600	12
四	0.10	0.10	600	12

注　设防烈度为 9 度时配筋率不应小于 0.2%；在顶层和底部加强部位，最大间距应适当减小。

（3）配筋混凝土小型空心砌块抗震墙在重力荷载代表值作用下的轴压比，应符合下列要求：

1）一般墙体的底部加强部位，一级（9 度）不宜大于 0.4，一级（8 度）不宜大于 0.5，二级、三级不宜大于 0.6；一般部位，均不宜大于 0.6。

2）短肢墙体全高范围，一级不宜大于 0.5，二级、三级不宜大于 0.6；对于无翼缘的一字形短肢墙，其轴压比限值应相应降低 0.1。

3）各向墙肢截面均为 $3b<h<5b$ 的独立小墙肢，一级不宜大于 0.4，二级、三级不宜大于 0.5；对于无翼缘的一字形独立小墙肢，其轴压比限值应相应降低 0.1。

（4）边缘构件的构造要求。为提高墙体端部极限压应变、改善抗震墙延性，在配筋混凝土小型空心砌块抗震墙墙肢端部应设置边缘构件。底部加强部位的轴压比，一级大于 0.2 和二级大于 0.3 时，应设置约束边缘构件。构造边缘构件的配筋范围：无翼墙端部为 3 孔配筋 L 形转角、节点为 3 孔配筋 T 形转角、节点为 4 孔配筋；边缘构件范围内应设置水平箍筋，最小配筋应符合表 8-23 的要求。约束边缘构件的范围应沿受力方向比构造边缘构件增加 1 孔，水平箍筋应相应加强，也可采用混凝土边框柱加强。

（5）配筋混凝土小型空心砌块抗震墙内竖向和横向分布钢筋的搭接长度不应小于 48 倍钢筋直径，锚固长度不应小于 42 倍钢筋直径。

（6）配筋混凝土小型空心砌块抗震墙的横向分布钢筋，沿墙长应连续设置，两端的锚固应符合下列规定：

1）一级、二级的抗震墙，横向分布钢筋可绕竖向主筋弯180°弯钩，弯钩端部直段长度不宜小于12倍钢筋直径；横向分布钢筋亦可弯入端部灌孔混凝土中，锚固长度不应小于30倍钢筋直径且不应小于250mm。

表 8 - 23   抗震墙边缘构件的配筋要求

抗 震 等 级	每孔竖向钢筋最小配筋量		水平箍筋 最小直径/mm	水平箍筋 最大间距/mm
	底部加强部位	一般部位		
一	1Φ20	1Φ18	8	200
二	1Φ18	1Φ16	6	200
三	1Φ16	1Φ14	6	200
四	1Φ14	1Φ12	6	200

注 1. 边缘构件水平箍筋宜采用搭接点焊网片形式。

2. 当抗震等级为一级、二级、三级时，边缘构件箍筋应采用不低于 HRB335 级的热轧钢筋。

3. 二级轴压比大于 0.3 时，底部加强部位水平箍筋的最小直径不应小于8mm。

2）三级、四级的抗震墙，横向分布钢筋可弯入端部灌孔混凝土中，锚固长度不应小于25倍钢筋直径且不应小于200mm。

（7）配筋混凝土小型空心砌块抗震墙中，跨高比小于2.5的连梁可采用砌体连梁；其构造应符合下列要求：

1）连梁的上下纵向钢筋锚入墙内的长度，一级、二级不应小于1.15倍锚固长度，三级不应小于1.05倍锚固长度，四级不应小于锚固长度；且均不应小于600mm。

2）连梁的箍筋应沿梁全长设置；箍筋直径，一级不小于10mm，二级、三级、四级不小于8mm；箍筋间距，一级不大于75mm，二级不大于100mm，三级不大于120mm。

3）顶层连梁在伸入墙体的纵向钢筋长度范围内应设置间距不大于200mm的构造箍筋，其直径应与该连梁的箍筋直径相同。

4）自梁顶面下200mm至梁底面上200mm范围内应增设腰筋，其间距不大于200mm；每层腰筋的数量，一级不少于2Φ12，二至四级不少于2Φ10；腰筋伸入墙内的长度不应小于30倍的钢筋直径且不应小于300mm。

5）连梁内不宜开洞，需要开洞时应符合下列要求：

a. 在跨中梁高1/3处预埋外径不大于200mm的钢套管。

b. 洞口上下的有效高度不应小于1/3梁高，且不应小于200mm。

c. 洞口处应配补强钢筋，被洞口削弱的截面应进行受剪承载力验算。

（8）圈梁构造。

1）墙体在基础和各楼层标高处均应设置现浇钢筋混凝土圈梁，圈梁的宽度应同墙厚，其截面高度不宜小于200mm。

2）圈梁混凝土抗压强度不应小于相应灌孔砌块砌体的强度，且不应小于C20。

3）圈梁纵向钢筋直径不应小于墙中横向分布钢筋的直径，且不应小于 4 Φ 12；基础圈梁纵筋不应小于 4 Φ 12；圈梁及基础圈梁箍筋直径不应小于 Φ 8，间距不应大于 200mm；当圈梁高度大于 300mm 时，应沿梁截面高度方向设置腰筋，其间距不应大于 200mm，直径不应小于 Φ 10。

4）圈梁底部嵌入墙顶砌块孔洞内，深度不宜小于 30mm；圈梁顶部应是毛面。

（9）配筋混凝土小型空心砌块抗震墙房屋的楼、屋盖，高层建筑和设防烈度为 9 度时应采用现浇钢筋混凝土板，多层建筑宜采用现浇钢筋混凝土板；抗震等级为四级时，也可采用装配整体式钢筋混凝土楼盖。

第四节 底部框架-抗震墙砌体房屋抗震设计

一、抗震设计的一般规定

房屋的底层或底部两层因使用功能需要大空间而采用钢筋混凝土框架-抗震墙结构，上部采用砌体结构承重的多层房屋结构，称为底部框架-抗震墙砌体房屋。这种结构主要用于底层需要设置大空间而上部各层可布置较多纵横墙的房屋，如底层设置商店、餐厅、银行等的多层临街建筑。

底部框架-抗震墙砌体房屋由于上、下两部分的材料与结构均不相同，这类房屋设计不合理时，结构的底部刚度小、上部刚度大，竖向刚度存在突变，地震时往往在底部发生变形集中，出现较大的侧移、破坏，甚至坍塌，因此这种结构的抗震性能较差，在抗震设计中必须保证房屋上下侧移刚度的协调性。

1. 层数和总高度限制

底部框架-抗震墙砌体房屋的层数和总高度的限值如表 8-24 所示。底部框架-抗震墙房屋的底部层高不应超过 4.5m；当底层采用约束砌体抗震墙时，底层的层高不应超过 4.2m。

表 8-24　　　　　　　　　　底部框架-抗震墙房屋的层数和总高度限值　　　　　　　　单位：m

房屋类别		最小墙厚度/mm	设防烈度和设计基本地震加速度									
			6 度		7 度				8 度				9 度	
			0.05g		0.10g		0.15g		0.20g		0.30g		0.40g	
			高度	层数	高度	层数	高度	层数	高度	层数	高度	层数	高度	层数
底部框架-抗震墙砌体房屋	普通砖多孔砖	240	22	7	22	7	19	6	16	5				
	多孔砖	190	22	7	19	6	16	5	13	4				
	混凝土砌块	190	22	7	22	7	19	6	16	5				

2. 抗震墙的间距限制

房屋抗震横墙的间距不应超过表 8-25 的要求。

表 8 - 25　　　　　　　　底部框架-抗震墙房屋抗震横墙最大间距　　　　　　　　单位：m

房 屋 类 别		设 防 烈 度			
		6 度	7 度	8 度	9 度
底部框架-抗震墙	上部各层	同多层砌体房屋			
	底层或底部两层	18	15	11	

3. 结构布置

底部框架-抗震墙砌体房屋的结构布置应符合下列要求：

(1) 上部的砌体墙体与底部的框架梁或抗震墙，除楼梯间附近的个别墙段外，均应对齐或基本对齐。

(2) 房屋的底部（框支层）应沿纵横两方向设置一定数量的抗震墙，并应均匀对称布置。设防烈度为 6 度且总层数不超过 4 层的底层框架-抗震墙砌体房屋，应允许采用嵌砌于框架之间的约束普通砖砌体或小砌块砌体的砌体抗震墙，但应计入砌体墙对框架的附加轴力和附加剪力，并进行底层的抗震验算，且同一方向不应同时采用钢筋混凝土抗震墙和约束砌体抗震墙；其余情况，设防烈度为 8 度时应采用钢筋混凝土抗震墙，设防烈度为 6、7 度时应采用钢筋混凝土抗震墙或配筋小砌块砌体抗震墙。

(3) 底层框架-抗震墙砌体房屋的纵横两个方向，第二层计入构造柱影响的侧向刚度与底层侧向刚度的比值，设防烈度为 6、7 度时不应大于 2.5，设防烈度为 8 度时不应大于 2.0，且均不应小于 1.0。

(4) 底部两层框架-抗震墙砌体房屋纵横两个方向，底层与底部第二层抗侧刚度应接近，第三层计入构造柱影响的抗侧刚度与底部第二层抗侧刚度的比值，设防烈度为 6、7 度时不应大于 2.0，设防烈度为 8 度时不应大于 1.5，且均不应小于 1.0。

(5) 当过渡层的砌体抗震墙与底部框架梁、墙体不对齐时，应在底部框架内设置托墙转换梁，并且过渡层砖墙或砌块墙应采取更高的加强措施。

(6) 底部框架-抗震墙砌体房屋的抗震墙应设置条形基础、筏形基础等整体性好的基础。

4. 材料性能指标

托梁，底部框架-抗震墙砌体房屋中的框架梁、框架柱、节点核芯区、混凝土墙和过渡层底板，部分框支配筋砌块砌体抗震墙结构中的框支梁和框支柱等转换构件、节点核芯区、落地混凝土墙和转换层楼板，其混凝土的强度等级不应低于 C30；托梁、框架梁、框架柱等混凝土构件和落地混凝土墙，其普通受力钢筋宜优先选用 HRB400 钢筋。

二、底部框架-抗震墙房屋抗震计算

1. 底部框架的地震作用效应的调整

底部框架-抗震墙砌体房屋的抗震计算可采用底部剪力法。计算时取地震影响系数 $\alpha_1 = \alpha_{max}$，顶部附加地震影响系数 $\delta_n = 0$。为了减轻底部的薄弱程度，应对底层框架-抗震墙砌体房屋的底层地震剪力设计值乘以增大系数，增大系数按照第二层与底层抗侧刚度比在 1.2～1.5 范围内选用，第二层与底层抗侧刚度比大者应取大值。

对底部两层框架-抗震墙砌体房屋，底层和第二层的纵向和横向地震剪力设计值亦均应乘以增大系数，增大系数按照第三层与第二层抗侧刚度比在 1.2～1.5 范围内选用，第三层与第二层抗侧刚度比大者应取大值。

底部框架-抗震墙房屋设计时，应按两道防线的思想进行设计。在结构弹性阶段，不考虑框架柱的抗剪贡献，房屋纵向或横向地震剪力设计值全部由该方向的抗震墙承担，并按各抗震墙的抗侧刚度比例分配。在结构进入弹塑性阶段后，考虑到抗震墙的损伤，由抗震墙和框架共同承担地震剪力。根据试验研究结果，钢筋混凝土抗震墙开裂后的刚度约为初始弹性刚度的 30%，砖抗震墙则为 20% 左右。据此可确定框架柱所承担的地震剪力为

$$V_c = \frac{K_c}{0.3\sum K_{wc} + 0.2\sum K_{wm} + \sum K_c} V_1 \qquad (8-34)$$

式中 K_{wc}、K_{wm}、K_c——一片混凝土抗震墙、一片砖抗震墙、一根钢筋混凝土框架柱的弹性抗侧刚度。

墙片的弹性抗侧刚度为

$$K_w = \frac{1}{1.2h/(GA) + h^3/(3EI)} \qquad (8-35)$$

此外，框架柱的设计尚需考虑地震倾覆力矩引起的附加轴力，附加轴力计算时将上部砖房可视为刚体，底部各轴线承受的地震倾覆力矩，可近似按底部抗震墙和框架的有效抗侧刚度的比例分配确定。

当抗震墙之间楼盖长宽比大于 2.5 时，框架柱各轴线承担的地震剪力和轴向力，尚应计入楼盖平面内变形的影响。

2. 嵌砌于框架之间的普通砖或小砌块的砌体墙的抗震验算

(1) 底层框架柱的轴向力和剪力，应计入砖墙或小砌块墙引起的附加轴向力和附加剪力，其值可按下列公式确定，即

$$N_f = V_w H_f/l \qquad (8-36)$$

$$V_f = V_w \qquad (8-37)$$

式中 N_f——框架柱的附加轴压力设计值；

V_w——墙体承担的剪力设计值，柱两侧有墙时可取二者的较大值；

H_f、l——框架的层高和跨度；

V_f——框架柱的附加剪力设计值。

(2) 嵌砌于框架之间的普通砖墙或小砌块墙及两端框架柱，其抗震受剪承载力应按下式验算：

$$V \leqslant \frac{1}{\gamma_{REc}}\sum(M_{yc}^u + M_{yc}^l)/H_0 + \frac{1}{\gamma_{REw}}\sum f_{vE}A_{w0} \qquad (8-38)$$

式中 V——嵌砌普通砖墙或小砌块墙及两端框架柱剪力设计值;

M_{yc}^u、M_{yc}^l——底层框架柱上、下端的正截面受弯承载力设计值;

H_0——底层框架柱的计算高度,两侧均有砌体墙时取柱净高的 2/3,其余情况取柱净高;

f_{vE}——砌体沿阶梯形截面破坏的抗震抗剪强度设计值;

A_{w0}——砖墙或小砌块墙水平截面的计算面积,无洞口时取实际截面的 1.25 倍,有洞口时取截面净面积,但不计入宽度小于洞口高度 1/4 的墙肢截面面积;

γ_{REc}——底层框架柱承载力抗震调整系数,可采用 0.8;

γ_{REw}——嵌砌普通砖墙或小砌块墙承载力抗震调整系数,可采用 0.9。

底部框架-抗震墙砌体房屋的底部框架及抗震墙按上述方法求得地震作用效应后,可分别对钢筋混凝土构件及砌体墙进行抗震强度验算。此时,底部框架-抗震墙房屋中框架的抗震等级,设防烈度为 6～8 度时可分别按三级、二级、一级采用;抗震墙的抗震等级,设防烈度为 6～8 度时可分别按三级、三级、二级采用。

三、底部框架-抗震墙房屋抗震构造措施

底部框架-抗震墙房屋上部结构的构造措施与一般多层砌体房屋相同。

1. 构造柱和芯柱

底部框架-抗震墙砌体房屋的上部墙体应根据房屋的总层数按表 8-12 或表 8-16 的规定设置钢筋混凝土构造柱或芯柱,并应与每层圈梁连接,或与现浇楼板可靠拉接,且符合下列要求:

(1) 砖砌体墙中构造柱截面不宜小于 240mm×240mm,墙厚 190mm 时为 240mm×190mm;芯柱截面不宜小于 120mm×120mm。

(2) 构造柱的纵向钢筋不宜少于 4φ14,箍筋间距不宜大于 200mm;过渡层构造柱的纵向钢筋,6、7 度时不宜少于 1φ16,8 度时不宜少于 1φ18。过渡层的砌体墙,凡宽度不小于 1.2m 的门洞和 2.1m 的窗洞,洞口两侧宜增设截面不小于 120mm×240mm(墙厚 190mm 时为 120mm×190mm)的构造柱或单孔芯柱。过渡层芯柱的纵向钢筋,6、7 度时不宜少于每孔 1φ16,8 度时不宜少于每孔 1φ18。一般情况下,纵向钢筋应锚入下部的框架柱或混凝土墙内;当纵向钢筋锚固在托墙梁内时,托墙梁的相应位置应加强。芯柱每孔插筋不应小于 1φ14,芯柱之间沿墙高应每隔 400mm 设 φ4 焊接钢筋网片。

(3) 过渡层应在底部框架柱、混凝土墙或约束砌体墙的构造柱所对应处设置构造柱或芯柱;墙体内的构造柱间距不宜大于层高;芯柱最大间距不宜大于 1m。

(4) 构造柱、芯柱应与每层圈梁连接,或与现浇楼板可靠拉结。

(5) 上部砌体墙的中心线宜与底部的框架梁、抗震墙的中心线相重合;构造柱或芯柱宜与框架柱上下贯通。

(6) 一般情况下,纵向钢筋应锚入下部的框架柱或混凝土墙内;当纵向钢筋锚固在托墙梁内时,托墙梁的相应位置应加强。

2. 过渡层墙体

过渡层的砌体墙在窗台标高处,应设置沿纵横墙通长的水平现浇钢筋混凝土带;其截面高度不小于 60mm,宽度不小于墙厚,纵向钢筋不少于约 10,横向分布筋的直径不小于

6mm 且其间距不大于 200mm。此外，砖砌体墙在相邻构造柱间的墙体，应沿墙高每隔 360mm 设置 2Φ12 通长水平钢筋和分布短筋平面内点焊组成的拉结网片或点焊钢筋网片，并锚入构造柱内；小砌块砌体墙芯柱之间沿墙高应每隔 400mm 设置通长水平点焊钢筋网片。

3. 底部的钢筋混凝土抗震墙

（1）墙体周边应设置梁（或暗梁）和边框柱（或框架柱）组成的边框；边框梁的截面宽度不宜小于墙板厚度的 1.5 倍，截面高度不宜小于墙板厚度的 2.5 倍；边框柱的截面高度不宜小于墙板厚度的 2 倍。

（2）墙板的厚度不宜小于 160mm，且不应小于墙板净高的 1/20；墙体宜开设洞口形成若干墙段，各墙段的高宽比不宜小于 2。

（3）墙体的竖向和横向分布钢筋配筋率均不应小于 0.30%，并应采用双排布置；双排分布钢筋间拉筋的间距不应大于 600mm，直径不应小于 6mm。

（4）墙体的边缘构件可按一般部位的规定设置。

4. 底层采用约束砖砌体墙

（1）当 6 度设防的底部框架-抗震墙房屋的底层采用约束砖砌体墙时，其砖墙厚不应小于 240mm，砌筑砂浆强度等级不应低于 M10，应先砌墙后浇框架。

（2）沿框架柱每隔 300mm 配置 2Φ8 水平钢筋和 Φ4 分布短筋平面内点焊组成的拉结网片，并沿砖墙水平通长设置；在墙体半高处尚应设置与框架柱相连的钢筋混凝土水平系梁。

（3）墙长大于 4m 时和洞口两侧，应在墙内增设钢筋混凝土构造柱。

5. 底层约束小砌块砌体墙

（1）当 6 度设防的底部框架-抗震墙砌块房屋的底层采用约束小砌块砌体墙时，其墙厚不应小于 190mm，砌筑砂浆强度等级不应低于 Mb10，应先砌墙后浇框架。

（2）沿框架柱每隔 400mm 配置 2Φ8 水平钢筋和 Φ4 分布短筋平面内点焊组成的拉结网片，并沿砌块墙水平通长设置；在墙体半高处尚应设置与框架柱相连的钢筋混凝土水平系梁，系梁截面不应小于 190mm×190mm，纵筋不应小于 4Φ12，箍筋直径不应小于 Φ6，间距不应大于 200mm。

（3）墙体在门、窗洞口两侧应设置芯柱，墙长大于 4m 时，应在墙内增设芯柱，芯柱应符合相关规定；其余位置，宜采用钢筋混凝土构造柱替代芯柱，钢筋混凝土构造柱应符合相关规定。

6. 底部框架-抗震墙砌体房屋的框架柱

（1）底部框架-抗震墙砌体房屋的框架柱截面不应小于 400mm×400mm，圆柱直径不应小于 450mm。

（2）柱的轴压比，设防烈度为 6 度时不宜大于 0.85，7 度时不宜大于 0.75，8 度时不宜大于 0.65。

（3）柱的纵向钢筋最小总配筋率，当钢筋的强度标准值低于 400MPa 时，中柱在 6、7 时不应小于 0.9%，8 度时不应小于 1.1%；边柱、角柱和混凝土抗震墙端柱在 6、7 度时不应小于 1.0%，8 度时不应小于 1.2%。

（4）柱的箍筋直径，6、7 度时不应小于 8mm，8 度时不应小于 10mm，并应全高加密箍筋，间距不大于 100mm。

（5）柱的最上端和最下端组合的弯矩设计值应乘以增大系数，一级、二级、三级的增大系数应分别按 1.5、1.25 和 1.15 采用。

7. 楼盖

（1）底部框架-抗震墙砌体房屋的过渡层底板应采用现浇钢筋混凝土板，板厚不应小于 120mm；并应少开洞、开小洞，当洞口尺寸大于 800mm 时，洞口周边应设置边梁。

（2）其他楼层，采用装配式钢筋混凝土楼板时均应设现浇圈梁；采用现浇钢筋混凝土楼盖时应允许不另设圈梁，但楼板沿抗震墙体周边均应加强配筋，并应与相应的构造柱可靠连接。

8. 钢筋混凝土托墙梁

（1）底部框架-抗震墙砌体房屋的钢筋混凝土托墙梁的截面宽度不应小于 300mm，梁的截面高度不应小于跨度的 1/10。

（2）箍筋的直径不应小于 8mm，间距不应大于 200mm；梁端在 1.5 倍梁高且不小于 1/5 梁净跨范围内，以及上部墙体的洞口处和洞口两侧各 500mm 且不小于梁高的范围内，箍筋间距不应大于 100mm。

（3）沿梁高应设腰筋，数量不应少于 2φ14，间距不应大于 200mm。

（4）梁的纵向受力钢筋和腰筋应按受拉钢筋的要求在柱内锚固，且支座上部的纵向钢筋在柱内的锚固长度应符合钢筋混凝土框支梁的有关要求。

9. 底部框架-抗震墙砌体房屋的材料

框架柱、混凝土墙和托墙梁的混凝土强度等级不应低于 C30。过渡层砌体块材的强度等级不应低于 MU10，砖砌体砌筑砂浆强度的等级不应低于 M10，砌块砌体砌筑砂浆强度的等级不应低于 Mb10。

本 章 小 结

（1）地震时砌体结构房屋破坏的原因有 3 种：①房屋结构布置不当；②结构构件承载力不足；③构造措施不全或不合理。为了避免地震时结构的重大破坏，保证结构具有良好的抗震性能，抗震设计应包括 3 个方面：①合理地进行结构布置，做到传力路径简洁、可靠、合理，刚度及质量均匀；②进行房屋的抗震计算；③选择合理的构造措施，保证结构的整体性。这 3 方面的①、③两方面都是按抗震概念设计进行，抗震概念设计是保证结构具有优良抗震性能的根本。由于地震作用的复杂性和不确定性，以及结构计算模型与实际情况存在着差异，因此，在抗震设计中，概念设计和抗震计算同样重要。抗震概念设计包含的内容广泛：选择有利于抗震的结构方案和布置，采取保证结构整体性和刚度的措施，设计延性结构和构件，防止局部破坏引起连锁效应等。在设计中应明确抗震设计思想，运用抗震概念设计方法合理地进行抗震设计。

（2）多层砌体结构房屋一般墙体多、刚度大、自振周期短，因此抗震计算时只需考虑基本振型，取 $\alpha_1 = \alpha_{max}$。多层砌体结构的抗震计算，一般只考虑水平地震作用，不考虑竖向地震作用。计算时可采用底部剪力法分别计算结构在两个主轴方向的水平地震作用。沿主轴方向的水平地震作用应全部由该方向抗侧力构件承担，刚性楼盖房屋的楼层地震剪力可按照抗震横墙的抗侧刚度比例分配。最后对底层、顶层或砂浆强度变化的楼层墙体，或是承担地震作用较大的、或竖向压应力较小的、或局部截面较小的墙体等部位进行房屋的抗震承载力验算。抗震强度验算仅仅保证了墙体本身的强度，必须通过采取构造措施来保证小震作用下墙片与墙片、楼屋盖之间及房屋局部等部位连接的强度。

（3）配筋砌块砌体抗震墙的力学性能优良，通常采用底部剪力法或振型分解反应谱法计算配筋砌块抗震墙房屋的内力。配筋砌块砌体抗震墙和连梁应按"强剪弱弯"原则调整剪力设计值，并进行正截面抗震承载力计算、斜截面抗剪承载力计算；配筋、截面尺寸等应符合抗震构造要求。

（4）底部框架-抗震墙房屋由于上部与下部采用的结构形式和材料均不同，底部刚度小、上部刚度大，竖向刚度存在突变，因此，其抗震性能较差。抗震墙是框架-抗震墙房屋结构的第一道防线，应沿纵横两个方向布置抗震墙，并应分别由沿纵横两个方向布置的抗震墙承担该方向的全部地震剪力。在抗震设计中底部不得采用纯框架布置，必须加设适当数量的抗震墙，协调房屋上、下的抗侧刚度。

思 考 题

8-1 砌体结构房屋有哪些主要震害？如何避免这些震害？

8-2 为什么要对抗震横墙间距及房屋总高度加以限制？

8-3 圈梁和构造柱对砌体结构抗震的作用是什么？

8-4 砌体房屋抗震概念设计应遵守的原则是什么？

8-5 砌体结构房屋抗震计算采用的计算简图是什么？

8-6 写出墙体抗震承载力的验算公式，说明其中参数的意义。

8-7 砌体结构房屋抗震计算时为什么只考虑结构的基本振型，且取水平地震影响系数最大值作为基本周期水平地震影响系数？

8-8 横向楼层地震剪力如何在各道横墙上进行分配？

8-9 配筋砌块砌体抗震墙结构的优点有哪些？

8-10 底部框架-抗震墙砌体房屋的抗震计算时底部的地震剪力设计值为何应增大？

8-11 砌体结构抗震构造措施的目的是什么？

习 题

8-1 5层砌体结构综合楼住宅采用现浇混凝土楼盖（屋盖），横墙承重，采用烧结普通砖 MU10、M5 混合砂浆砌筑，纵横墙均为 240mm，层高 3.0m，抗震设防烈度为 8 度，结构平面如图 8-10 所示，试进行抗震验算。

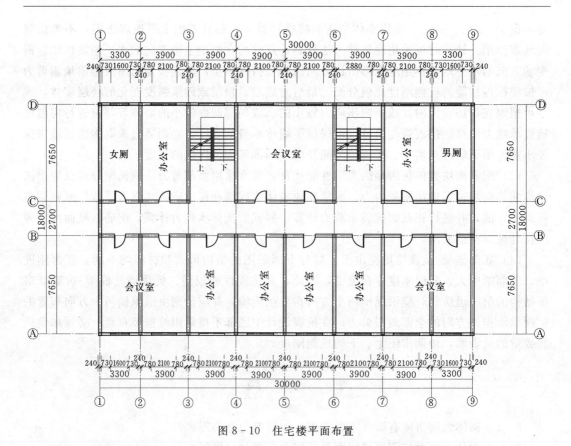

图 8-10　住宅楼平面布置

　　8-2　配筋砌块砌体墙截面尺寸为 $b \times h \times l = 190\text{mm} \times 3000\text{mm} \times 2100\text{mm}$，考虑地震作用的最不利截面内力设计值为 $N = 2000\text{kN}$，$M = 120\text{kN} \cdot \text{m}$，$V = 330\text{kN}$。选用 MU20 砌块、Mb40 砂浆、C40 混凝土砌筑，纵筋采用 HRB335，其他钢筋采用 HPB300。试设计该配筋砌块砌体墙。

　　8-3　配筋砌块连梁截面尺寸为 $b \times h \times l = 190\text{mm} \times 1500\text{mm} \times 1800\text{mm}$，考虑地震作用的最不利截面内力设计值为 $M_b = 200\text{kN} \cdot \text{m}$，调整后的剪力设计值为 $V_b = 230\text{kN}$。选用 MU20 砌块、Mb40 砂浆、C40 混凝土砌筑，纵筋采用 HRB335，其他钢筋采用 HPB300。试设计该连梁。

第九章　设　计　实　例

一、工程概况

4层砌体结构综合楼，总长度30m，宽18m，一层为仓库，二三层为办公室和会议室等，四层为活动室；一层层高3.3m，二三层层高3.0m，四层层高3.3m。楼盖采用钢筋混凝土结构，屋盖采用有檩体系轻钢屋盖，该房屋有阳台、雨篷、支撑楼板的简支梁、墙梁等。设防烈度6度。楼面做法：楼面采用预制板，10mm厚水磨石地面面层，25mm厚水泥砂浆打底，15mm厚混合砂浆天蓬抹灰；卫生间采用100mm现浇板，20mm厚水泥砂浆面层，15mm混合砂浆天蓬抹灰。屋盖采用有檩体系轻钢屋盖，三角形钢屋架。屋面采用UPVC波浪瓦、木丝板保温层，[10槽钢檩条，檩条间距700~800mm，屋架采用Q235-B钢材，焊条采用E43系列型，手工焊。檩条自重标准值0.1kN/m。该地区基本风压值0.4kN/m²，基本雪压值0.35kN/m²。墙体采用MU10烧结普通砖，底层采用M10混合砂浆，其他层采用M7.5混合砂浆，楼层活载3.0kN/m²。

二、结构方案

该建筑物总层数为四层，总高度14.4m，最大层高3.0m，小于规范规定的3.6m要求；房屋的高宽比14.4/18=0.8<2；房屋为规则的矩形平面，体形简单，横墙较多，满足规范关于砌体结构层数及高度的要求。

1. 墙体布置

（1）变形缝。由建筑设计知道该建筑物的总长度小于60m，可不设伸缩缝。工程地质资料表明：场地土质比较均匀，领近无建筑物，没有较大差异的荷载等，可不设沉降缝；根据《建筑抗震设计规范》（GB 50011—2010）可不设防震缝。

（2）墙体布置。大梁支撑在内外纵墙上。纵墙布置较为对称，平面上前后、左右拉通；竖向上下连续对齐，减少偏心；同一轴线上的窗间墙都比较均匀。为增强结构的横向刚度采用纵横墙承重的结构布置方案。

（3）墙厚。各层内外墙厚初步选用240mm，底层墙垛选用370mm。

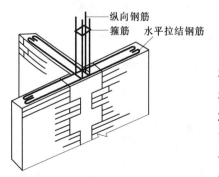

图9-1　构造柱做法

2. 多层砖混房屋的构造措施

（1）构造柱设置。构造柱截面尺寸采用240mm×240mm，构造柱的根部与地圈梁连接，不另设基础。柱内竖向受力钢筋对于中柱为4Φ12；对于角柱、边柱，采用4Φ14。一般部位箍筋采用Φ6@200，在柱的上下端500mm范围内箍筋加密为Φ6@100。构造柱砌筑时，先将墙砌成大马牙槎（五皮砖设一槎），然后浇构造柱的混凝土，并沿墙高每隔500mm设2Φ6拉结钢筋，每边伸入墙内1m。构造柱混凝土采用C20。具体做法详见图9-1。

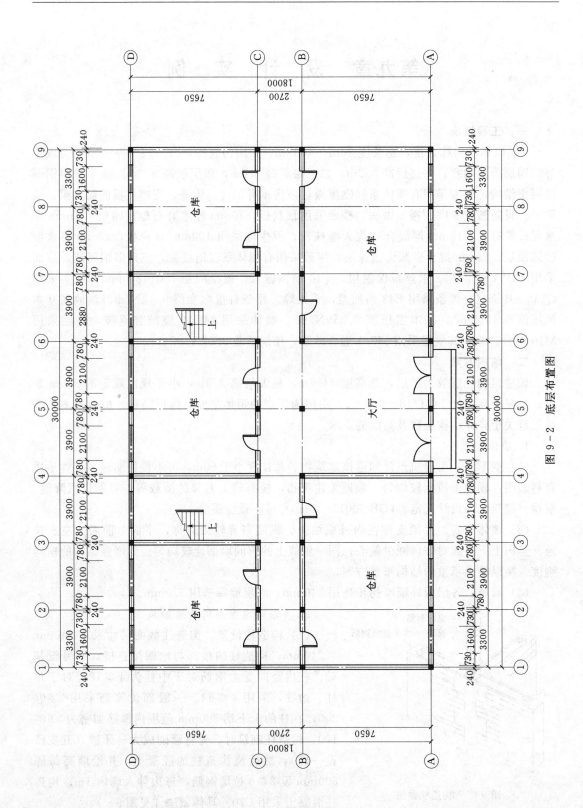

图 9－2　底层布置图

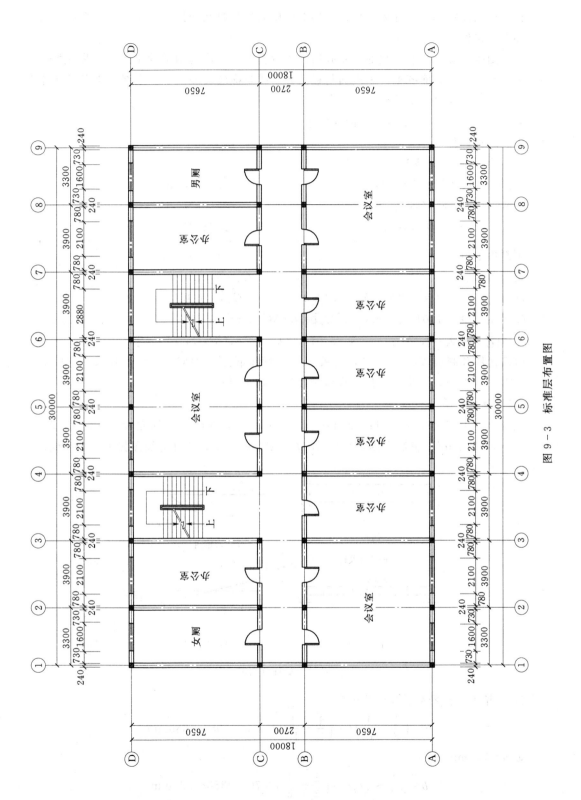

图 9－3 标准层布置图

构造柱的设置部位：外墙四角；错层部位横墙与外纵墙交接处；较大洞口两侧；大房间内外墙交接处。

（2）圈梁设置。各层、屋面、基础顶面均设置圈梁。横墙圈梁设在板底，纵墙圈梁下表面横墙圈梁与底表面齐平，上表面与板面齐平或与横墙表面齐平。当圈梁遇窗洞口时兼过梁，并根据计算增设钢筋。

底层布置图如图 9-2 所示，标准层布置图如图 9-3 所示。

三、结构计算

（一）预制板的荷载计算与选型

10mm 厚水磨石地面面层：	$0.25kN/m^2$
25mm 厚水泥砂浆打底：	$0.50kN/m^2$
15mm 厚混合砂浆天棚抹灰：	$0.26kN/m^2$

预制板上恒载：　　　　　　　　　　　　$G_k = 1.01kN/m^2$

楼面活荷载：　　　　　　　　　　　　　　$Q_k = 3.0kN/m^2$

$$Q_d = \gamma_g G_k + \gamma_q Q_k = 1.2 \times 1.01 + 1.4 \times 3 = 5.41 < [Q_d] = 5.45(kN/m^2)$$

$$Q_s = G_k + Q_k = 1.01 + 3 = 4.01 < [Q_s] = 4.08(kN/m^2)$$

$$Q_l = G_k + \psi_q Q_k = 1.01 + 0.5 \times 3 = 2.51 < [Q_l] = 2.81(kN/m^2)$$

楼面选用预制板 YKB399-2，则板自重及灌缝重为 $1.91kN/m^2$。走廊采用 YKB279-1＋YKB2712-1，卫生间采用现浇楼板以满足防水要求。

（二）梁的计算与设计

混凝土采用 C25，$f_c = 11.9N/mm^2$，$f_t = 1.27N/mm^2$，纵筋钢材采用 HRB335，$f_y = f'_y = 300N/mm^2$，箍筋采用 HPB300，$f_y = 270N/mm^2$，梁计算简图如图 9-4 所示。

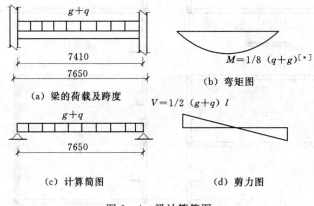

图 9-4　梁计算简图

1. 计算单元及梁截面尺寸的确定

$$h = \left(\frac{1}{8} \sim \frac{1}{12}\right)l = \left(\frac{1}{8} \sim \frac{1}{12}\right) \times 7650 = 956 \sim 638mm$$

取 $h = 700mm$。

$$b = \left(\frac{1}{2} \sim \frac{1}{3}\right)h = \left(\frac{1}{2} \sim \frac{1}{3}\right) \times 700 = 350 \sim 233mm$$

取 $b=250$mm。

2. 计算跨度的确定

计算跨度：$l=l_n+a=7650-240+240=7650$(mm)

$$l=1.05l_n=1.05\times(7650-240)=7780.5\text{(mm)}$$

取较小值 $l=7650$mm

3. 荷载设计值

板传来的恒载标准值：	$(1.91+1.01)\times3.9=11.39$kN/m
梁自重标准值：	$0.25\times0.7\times25=4.375$kN/m
梁20mm抹灰自重标准值：	$0.02\times(2\times0.7+0.25)\times17=0.561$kN/m

恒载标准值：	$G_k=16.326$kN/m
板传来的活载标准值：	$Q_k=3.0\times3.9=11.7$kN/m
荷载标准值：	$16.326+11.7=28.026$kN/m
活荷载控制时的设计值：	$1.2\times16.326+1.4\times11.7=35.97$kN/m
永久荷载控制时的设计值：	$1.35\times16.326+1.0\times11.7=34.74$kN/m

4. 内力计算

$$M_{max}=\frac{1}{8}(g+q)l^2=\frac{1}{8}\times35.97\times7.65^2=263.2\text{(kN·m)}$$

$$V_{max}=\frac{1}{2}(g+q)l_n=\frac{1}{2}\times35.97\times(7.65-0.24)=133.27\text{(kN)}$$

5. 截面配筋计算

HRB335，$f_y=300$N/mm^2，$a_s=a_s'=35$mm，$h_0=700-35=665$(mm)

$$\alpha_s=\frac{M}{\alpha_1 f_c bh_0^2}=\frac{263.2\times10^6}{1.0\times11.9\times250\times665^2}=0.200<\alpha_{s,max}=0.399$$

按单筋截面进行计算：

$$\xi=1-\sqrt{1-2\alpha_s}=1-\sqrt{1-2\times0.2}=0.225$$

由 $\alpha_1 f_c b\xi h_0=f_y A_s$

$$A_s=\frac{\alpha_1 f_c b\xi h_0}{f_y}=\frac{1.0\times11.9\times250\times0.225\times665}{300}=1483.8\text{(mm}^2\text{)}$$

选筋 $4\,\Phi\,22$（实配 $A_s=1520$mm^2）。

$$\rho=\frac{A_s}{bh_0}=\frac{1520}{250\times665}=0.91\%>\rho_{min}=0.2\%（满足要求）$$

6. 斜截面承载能力计算

钢筋采用 HRB335，$f_c=11.9$N/mm^2，$f_t=1.27$N/mm^2。

(1) 复核截面尺寸。

$$\frac{h_0}{b}=\frac{665}{250}=2.66<4.0，属一般梁$$

$0.25\beta_c f_c bh_0=0.25\times1.0\times11.9\times250\times665=494593.8\text{(N)}=494.6kN>V=133.27$kN

故截面尺寸符合要求。

(2) 判断是否按计算配置腹筋。

$$V_c = 0.7 f_t b h_0 = 0.7 \times 1.27 \times 250 \times 665 = 147.80(\text{kN}) > V_{max} = 133.27\text{kN}$$

故不需配置腹筋。

按构造配置箍筋Φ8@200；架立筋2Φ10

配箍率：
$$\rho_{sv} = \frac{n A_{sv_1}}{bs} = \frac{2 \times 50.3}{250 \times 200} = 0.201\% > \rho_{svmin} = 0.125\%$$

箍筋间距符合要求。

（三）卫生间现浇板设计

混凝土采用C25，$f_c = 11.9\text{N/mm}^2$，$f_t = 1.27\text{N/mm}^2$，钢材采用HPB300，$f_y = f_y' = 270\text{N/mm}^2$，现浇板取100mm厚，由于四边简支，取$l_{0x} = 3300\text{mm}$，$l_{0y} = 7650\text{mm}$，$l_{0y}/l_{0x} = 2.32 < 3$，宜按双向板设计，按沿短边方向受力的单向板计算时，应沿长边方向布置足够数量的构造钢筋。在此用单向板计算。

1. 荷载计算

20mm水泥砂浆面层：	$0.02\text{m} \times 20\text{kN/m}^3 = 0.4\text{kN/m}^2$
100mm厚现浇混凝土板：	$0.1\text{m} \times 25\text{kN/m}^3 = 2.5\text{kN/m}^2$
15mm混合砂浆天棚抹灰：	$0.015\text{m} \times 20\text{kN/m}^3 = 0.3\text{kN/m}^2$

永久荷载标准值：　　　　　　　　　　　　　　　　　$\sum 3.2\text{kN/m}^2$

活荷载标准值：　　　　　　　　　　　　　　　　　　3.0kN/m^2

荷载设计值

恒载设计值：　　　　　　　　　$G = 3.2 \times 1.2 = 3.84\text{kN/m}^2$

活载设计值：　　　　　　　　　$Q = 3.0 \times 1.4 = 4.2\text{kN/m}^2$

合计：　　　　　　　　　　　　$p = G + Q = 8.04\text{kN/m}^2$

2. 按弹性理论计算

（1）荷载设计值重调整为
$$g = 3.84 + 4.2/2 = 5.94(\text{kN/m}^2)$$
$$q = Q/2 = 4.2/2 = 2.1(\text{kN/m}^2)$$

（2）在g和q作用下，板四边均可视作简支。

单跨板的计算长度：$10 = l_n + a = 3.3 - 0.2 + 0.1 = 3.2(\text{m})$

取1m宽板带作为计算单元，$b = 1000\text{mm}$，$h = 100\text{mm}$，$h_0 = 100 - 20 = 80(\text{mm})$。

截面配筋计算：
$$M_x = \frac{1}{8}(g + q) l_{0x}^2 = \frac{1}{8} \times 8.04 \times 3.2^2 = 10.29(\text{kN} \cdot \text{m})$$

短边方向：
$$\alpha_s = \frac{M_x}{\alpha_1 f_c b h_0^2} = \frac{10.29 \times 10^6}{1.0 \times 11.9 \times 1000 \times 80^2} = 0.135$$

$$\xi = 1 - \sqrt{1 - 2\alpha_s} = 1 - \sqrt{1 - 2 \times 0.135} = 0.146$$

$$A_s = \frac{\alpha_1 f_c b \xi h_0}{f_y} = \frac{1.0 \times 11.9 \times 1000 \times 0.146 \times 80}{270} = 515(\text{mm}^2)$$

选用Φ12@200（实配565mm²/m）。

长边方向：

单位宽度配筋面积应不小于短向板宽度跨内截面受力钢筋面积的$\frac{1}{3}$，即$A_s=\frac{1}{3}\times 565=$

188mm²，选用Φ8@250（实配201mm²），伸出墙边缘长度为$\frac{1}{4}l_0=\frac{1}{4}\times 3200=800$mm。

（四）墙体验算

1. 墙体高厚比验算

（1）静力计算方案的确定。

底层仓库横墙间距$s_{max}=11.1$m，标准层横墙间距$s=7.8$m，查表得一到三层为刚性方案；顶层活动室$s=30$m，查表得顶层为刚弹性方案。

（2）外纵横墙高厚比验算。

1）选定计算单元。在房屋层数、墙体所采用材料种类、材料强度、楼面（屋面）荷载均相同的情况下，外纵墙最不利计算位置可根据墙体的负载面积与其截面面积的比值来判别，由于墙体厚度相同，故可根据墙体的负载面积与其长度的比值来判别，见表9-1。

表9-1　　　　　　　　　　　　最不利窗间距的选择

计算单元编号	1	2
窗间墙长度 l/mm	1750	1800
负载面积 A/m²	$3.6\times 3.825=13.77$	$3.9\times 3.825=14.92$
A/l	8.35	8.29

由表9-1知，计算单元1更为不利，选取它进行计算。

2）墙体的计算高度。

底层：$H_0=3.3+0.5+0.45=4.25$（m），墙垛厚370mm；标准层墙计算高度$H_0=3.0$m。

顶层：$H_0=1.2H=1.2\times 3.3=3.96$（m），内外墙厚均为0.24m。

3）高厚比验算。

纵墙为承重墙，取$\mu_1=1.0$，有窗户洞口的折减系数$\mu_2=1-0.4\frac{b_s}{s}=1-0.4\times\frac{1.8}{3.6}=$

0.8，$[\beta]$允许高厚比，查表得：M7.5时，$[\beta]=26$

a. 底层高厚比验算：$S=11.1$m，$S>2H$，$H_0=4.25$m

$$\beta=\frac{4.25}{0.24}=17.71<\mu_1\mu_2[\beta]=1.0\times 0.7818\times 26=20.33（满足）$$

b. 标准层高厚比验算：$S=7.8$m$>2H$，$H_0=1.0H=3.0$m

$$\beta=\frac{3.0}{0.24}=12.5<\mu_1\mu_2[\beta]=1.0\times 0.7818\times 26=20.33（满足）$$

c. 顶层高厚比验算：$S=30$m$>2H$，$H_0=3.96$m

$$\beta=\frac{3.96}{0.24}=16.5<\mu_1\mu_2[\beta]=1.0\times 0.7818\times 26=20.33（满足）$$

（3）内纵墙高厚比验算。

1）底层。轴线 B 上的横墙间距最大的一段内纵墙上，开有两个门洞：

$$\mu_2 = 1 - 0.4\frac{b_s}{s} = 1 - 0.4 \times \frac{2}{11.1} = 0.928$$

$$\beta = \frac{4.25}{0.24} = 17.71 < \mu_1\mu_2[\beta] = 1.0 \times 0.928 \times 26 = 24.13（满足）$$

2）标准层。轴线 C 上的横墙间距最大的一段内纵墙上开有两个门洞：

$$\mu_2 = 1 - 0.4\frac{b_s}{s} = 1 - 0.4 \times \frac{2}{7.8} = 0.897$$

$$\beta = \frac{3.0}{0.24} = 12.5 < \mu_1\mu_2[\beta] = 1.0 \times 0.897 \times 26 = 23.32（满足）$$

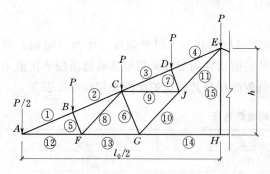

图 9-5　芬克式屋架

（4）横墙高厚比验算。横墙厚为 240mm，墙长 $S = 7.56m$，且墙上无门窗洞口，故横墙较纵墙有利，不必再做高厚比验算。

2. 纵墙的承载力验算

（1）荷载计算。

1）屋盖荷载。采用八节间的芬克式屋架，如图 9-5 所示，屋架坡度为 1:2.5，每节间布置两根檩条，每节间屋架间距 3.9m。

屋面恒载：

$$0.45 \times l \times \frac{l_0}{2} \times \frac{1}{\cos^2\theta} = 0.45 \times 3.9 \times 9 \times \frac{1}{0.928^2} = 13.34kN$$

屋面材料总重：

檩条总重：　　　　　　　　　　　　　　　　　　　$0.1 \times 13 \times 3.9 = 5.07（kN）$

屋架及支撑自重：　　　　　　　　　　　　　　　　$0.01 \times 18 \times 9 \times 3.9 = 6.32（kN）$

屋面恒载标准值：　　　　　　　　　　　　　　　　$13.34 + 5.07 + 6.32 = 24.73（kN）$

屋面活荷载标准值为 $0.3kN/m^2$，而雪荷载标准值为 $0.35kN/m^2$，取大值：

屋面活载标准值：　　　　　　　　　　　　　　　　$0.35 \times 9 \times 3.9 = 12.29kN$

则由屋盖传给计算墙面的荷载：

荷载标准值：　　　　　　　　　　　　　　　$g + q = 24.73 + 12.29 = 37.02kN$

荷载设计值：

由可变荷载控制：

$$N_1 = 1.2G_k + 1.4Q_k = 1.2 \times 24.73 + 1.4 \times 12.29 = 46.88（kN）$$

由永久荷载控制：

$$N_1 = 1.35G_k + 1.0Q_k = 1.35 \times 24.73 + 1.0 \times 12.29 = 45.67（kN）$$

2）楼面荷载。

10mm 厚水磨石地面面层：　　　　　　　　　　　　　　　　　$0.25kN/m^2$

25mm 厚水泥砂浆打底：　　　　　　　　　　　　　　　　　　$0.50kN/m^2$

15mm 厚混合砂浆天棚抹灰：	0.26kN/m²
120mm 厚预制板自重及灌封重：	1.91kN/m²
板的恒载标准值：	2.92kN/m²
楼面梁自重标准值：	$25 \times 0.25 \times 0.7 = 4.375(kN/m)$

楼面恒荷载：

$$G_k = 2.92 \times 13.77 + 4.375 \times 3.825 = 56.94(kN)$$

楼面活载标准值：

$$Q_k = 3.0 \times 13.77 = 41.31(kN)$$

楼面荷载设计值：

由可变荷载控制：

$$N_2 = 1.2G_k + 1.4Q_k = 1.2 \times 56.94 + 1.4 \times 41.31 = 126.16(kN)$$

由永久荷载控制：

$$N_2 = 1.35G_k + 1.0Q_k = 1.35 \times 56.94 + 1.0 \times 41.31 = 118.18(kN)$$

3）墙体自重。计算每层墙体自重时，应扣除窗口面积 1.5m×1.8m，加上窗自重。考虑两面抹灰 240mm 墙自重标准值为 5.24kN/m²，塑钢玻璃窗自重标准值为 0.40kN/m²。

顶层墙体高度为 3.96m，其自重标准值为

$$5.24 \times (3.6 \times 3.96 - 1.5 \times 1.8) + 1.5 \times 1.8 \times 0.4 = 61.63(kN)$$

荷载设计值为

由可变荷载控制的组合：$\quad 61.63 \times 1.2 = 73.96(kN)$

由永久荷载控制的组合：$\quad 61.63 \times 1.35 = 83.21(kN)$

二层、三层墙体高度为 3.0m，其自重标准值为

$$5.24 \times (3.6 \times 3.0 - 1.5 \times 1.8) + 1.5 \times 1.8 \times 0.4 = 43.52(kN)$$

荷载设计值为

由可变荷载控制的组合：$\quad 43.52 \times 1.2 = 52.23(kN)$

由永久荷载控制的组合：$\quad 43.52 \times 1.35 = 58.75(kN)$

一层墙体的高度为 4.25m，其自重标准值为

$$5.24 \times [(3.6 - 1.65) \times 4.25 - 1.5 \times 1.8] + 1.65 \times 4.25 \times 7.71 + 1.5 \times 1.8 \times 0.4 = 84.42(kN)$$

荷载设计值为

由可变荷载控制的组合：$\quad 84.42 \times 1.2 = 101.31(kN)$

由永久荷载控制的组合：$\quad 84.42 \times 1.35 = 113.97(kN)$

（2）内力计算。

1）竖向荷载作用下的内力计算。楼盖大梁截面为 $b \times h = 250mm \times 700mm$，梁端在外墙的支承长度为 120mm，墙垛的截面面积为 $1650 \times 240 = 396000$（mm²），底层墙垛的截面面积为 $1650 \times 370 = 610500$（mm²），梁端下设 $b_b \times a_b \times t_b = 300mm \times 1000mm \times 180mm$ 的刚性垫块，如图 9-6 所示。

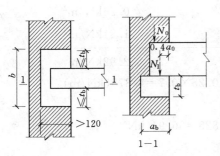

图 9-6　梁端垫块

则梁端垫块上表面有效支承长度采用下式计算，即

$$a_0 = \delta_1 \sqrt{\frac{h_c}{f}}$$

对由可变荷载控制及由永久荷载控制的组合，计算结果分别列于表 9-2 和表 9-3 中。梁传来荷载对外墙的偏心距 $e = \frac{h}{2} - 0.4a_0$，h 为支承墙的厚度。

表 9-2　　　　　　　　由可变荷载控制下的梁端有效支承长度计算

楼　层	3	2	1
h_c/mm	700	700	700
f/(N/m²)	1.69	1.69	1.89
N_0/kN	120.84	299.23	477.62
σ_0/(N/m²)	0.31	0.76	0.78
δ_1	5.68	6.22	6.06
a_0/mm	115.60	126.59	116.68

表 9-3　　　　　　　　由永久荷载控制下的梁端有效支承长度计算

楼　层	3	2	1
h_c/mm	700	700	700
f/(N/m²)	1.69	1.69	1.89
N_0/kN	128.88	305.82	482.76
σ_0/(N/m²)	0.33	0.77	0.79
δ_1	5.69	6.25	7.76
a_0/mm	115.80	127.20	149.24

各层 I-I、II-II 截面的内力按由可变荷载控制和永久荷载控制的组合分别列于表 9-4 和表 9-5 中。

表 9-4　　　　　　　　　由可变荷载控制的纵向墙体内力计算

楼层	上层传荷		本层楼盖荷载		截面 I-I		截面 II-II
	N_0/kN	e_2/mm	N_1/kN	e_1/mm	M/(kN·m)	N_1/kN	N_{IV}/kN
4	46.88	0				46.88	120.84
3	120.84	0	126.16	73.76	9.31	247.00	299.23
2	299.23	0	126.16	69.36	8.75	425.39	477.62
1	477.62	0	126.16	73.33	9.25	603.78	705.09

表中

$$N_1 = N_u + N_1$$
$$M = N_u e_2 + N_1 e_1 \quad （负值表示方向相反）$$
$$N_{IV} = N_1 + N_w（墙重）$$

表 9-5 由永久荷载控制的纵向墙体内力计算

| 楼层 | 上层传荷 | | 本层楼盖荷载 | | 截面 I-I | | 截面 II-II |
	N_u/kN	e_2/mm	N_1/kN	e_1/mm	$M/(kN \cdot m)$	N_1/kN	N_{IV}/kN
4	45.67	0				45.67	128.88
3	128.88	0	118.18	73.68	8.71	247.06	305.82
2	305.82	0	118.18	69.12	8.17	424.00	482.76
1	482.76	0	118.18	60.30	7.13	600.94	714.91

墙体在竖向荷载作用下的计算模型与计算简图如图 9-7、图 9-8 所示。

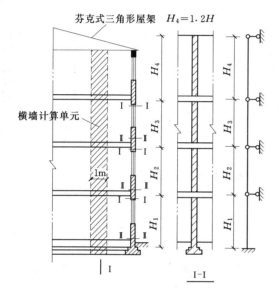

图 9-7 外纵墙计算图形　　　　图 9-8 外纵墙竖向荷载作用位置

2）水平荷载作用下的内力计算。对于顶层为承受风荷载的单层刚弹性方案（图 9-9）房屋：垂直于承重构件表面上的风荷载标准值 ω_k（单位为 kN/m^2）

$$\omega_k = \beta_z \mu_s \mu_z \omega_0$$

其中查表可得 $\mu_z = 0.74$，$\beta_z = 1$，而体型系数如图 9-10 所示，风载荷分布如图 9-11 所示。

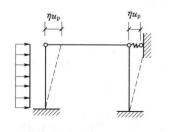

图 9-9 刚弹性方案

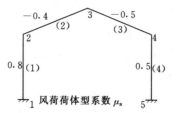

图 9-10 风荷载体型系数

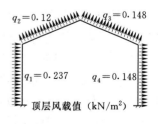

图 9-11 风荷载分布图

作用在屋面墙面上的风荷载近似按水平分布计算，即

$$q_i = \omega_{ki}B = \mu_{si}\mu_z\omega_0 B$$

$$\omega_{k1} = \mu_{s1}\mu_z\omega_0 = 0.8 \times 0.74 \times 0.4 = 0.237 (\text{kN/m}^2)$$

作用于计算单元的风荷载设计值为

$$q_1 = 1.4 \times 0.237 \times 3.9 = 1.293 (\text{kN/m})$$

$$q_2 = 1.4 \times 0.148 \times 3.9 = 0.81 (\text{kN/m})$$

$$F_w = \gamma_Q(\mu_3 + \mu_4)h\mu_z\beta_z\omega_0 B$$

$$= 1.4 \times (-0.4 + 0.5) \times 1.8 \times 0.74 \times 0.4 \times 3.9$$

$$= 0.291 (\text{kN})$$

顶层计算模型如图 9-12 所示。

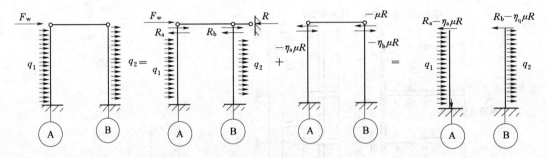

图 9-12　顶层刚弹性方案墙的内力分析

计算如下：

$$R_a = F_w + \frac{3}{8}q_1 H = 0.291 + \frac{3}{8} \times 1.293 \times 3.96 = 2.211 (\text{kN})$$

$$R_b = \frac{3}{8}q_2 H = \frac{3}{8} \times 0.81 \times 3.96 = 1.20 (\text{kN})$$

$$V_a^{(1)} = -\frac{3}{8}q_1 H = -\frac{3}{8} \times 1.293 \times 3.96 = -1.920 (\text{kN})$$

$$V_b^{(1)} = -\frac{3}{8}q_2 H = -\frac{3}{8} \times 0.81 \times 3.96 = -1.20 (\text{kN})$$

$$V_a^{(2)} = \eta(R_a + R_b)/2 = 0.575 \times (2.211 + 1.20)/2 = 0.981 (\text{kN})$$

$$V_b^{(2)} = \eta(R_a + R_b)/2 = 0.575 \times (2.211 + 1.20)/2 = 0.981 (\text{kN})$$

$$V_a = V_a^{(1)} + V_a^{(2)} = -1.920 + 0.981 = -0.939 (\text{kN})$$

$$V_b = V_b^{(1)} + V_b^{(2)} = -1.20 + 0.981 = -0.219 (\text{kN})$$

则四层楼板Ⅵ-Ⅵ截面上的弯矩为：

$$M_A = \eta F_w H/2 + (2 + 3\eta)q_1 H^2/16 + 3\eta q_2 H^2/16$$

$$= 0.575 \times 0.291 \times 3.96/2 + (2 + 3 \times 0.575) \times 1.293 \times 3.96^2/16 + 3 \times 0.575 \times 0.81$$

$$\times 3.96^2/16 = 6.421 (\text{kN} \cdot \text{m})$$

$$M_B = -\eta F_w H/2 - (2 + 3\eta)q_2 H^2/16 - 3\eta q_1 H^2/16$$

$$= -0.575 \times 0.291 \times 3.96/2 - (2 + 3 \times 0.575) \times 0.81 \times 3.96^2/16 - 3 \times 0.575 \times 1.293$$

$$\times 3.96^2/16 = -5.475 (\text{kN} \cdot \text{m})$$

一～三层为承受风荷载的刚性方案房屋，由于下面 3 层的外墙的洞口水平截面面积不超过全截面面积的 2/3，且基本风压为 $0.4kN/m^2$，层高小于 4.0m，总高小于 28m，故下面 3 层可不考虑风荷载的作用。

（3）纵墙承载力计算。四层纵墙由墙体和上部荷载作用产生的轴力：可变荷载产生的轴力为 $N=120.84kN$，永久荷载产生的轴力 $N=128.88kN$。风荷载在柱下端产生的弯矩为 $M=6.421kN \cdot m$，故

$$e=\frac{M}{N}=\frac{6.421 \times 10^3}{120.84}=53.14(mm)$$

$$\frac{e}{h}=\frac{52.33}{240}=0.22, \beta=17.7, 查得 \varphi=0.32$$

$$\varphi Af=0.32 \times 396000 \times 1.69=214.16kN>128.88kN(满足承载力要求)$$

一～三层不考虑风荷载的影响，仅考虑竖向荷载。在进行墙体强度验算时，应该对危险截面进行计算，即内力较大的截面、断面削弱的截面、材料强度改变的截面。

一～三层计算结果列于表 9-6 及表 9-7 中。

表 9-6   **纵向墙体由可变荷载控制时的承载力计算**

计算项目	第 三 层		第 二 层		第 一 层	
截面	Ⅰ-Ⅰ	Ⅱ-Ⅱ	Ⅰ-Ⅰ	Ⅱ-Ⅱ	Ⅰ-Ⅰ	Ⅱ-Ⅱ
$M/(kN \cdot m)$	9.31	0	8.75	0	9.25	0
N/kN	247	299.23	425.39	477.62	603.78	705.09
$e=M/N/mm$	37.69	0	20.57	0	15.32	0
h/mm	240	240	240	240	370	370
e/h	0.157	0.000	0.088	0.000	0.041	0.000
H_0	3.0	3.0	3.0	3.0	4.25	4.25
$\beta=H_0/h$	12.5	12.5	12.5	12.5	11.49	11.49
φ	0.4888	0.8075	0.6776	0.8075	0.7444	0.8328
A/mm^2	396000	396000	396000	396000	610500	610500
砖 MU	10	10	10	10	10	10
砂浆 M	7.5	7.5	7.5	7.5	10	10
$f/(N/mm^2)$	1.69	1.69	1.69	1.69	1.89	1.89
$\varphi Af/kN$	327.1	540.4	453.48	540.4	858.92	960.92
$\varphi Af/N$	>1	>1	>1	>1	>1	>1

表 9-7   **纵向墙体由永久荷载控制时的承载力计算表**

计算项目	第 三 层		第 二 层		第 一 层	
截面	Ⅰ-Ⅰ	Ⅱ-Ⅱ	Ⅰ-Ⅰ	Ⅱ-Ⅱ	Ⅰ-Ⅰ	Ⅱ-Ⅱ
$M/(kN \cdot m)$	9.90	0	9.72	0	7.13	0
N/kN	247.06	305.82	424.00	482.76	600.94	714.91
$e=M/N/mm$	40.07	0.00	22.92	0.00	11.86	0.00
h/mm	240	240	240	240	370	370

续表

计算项目	第 三 层		第 二 层		第 一 层	
截面	I-I	II-II	I-I	II-II	I-I	II-II
e/h	0.167	0.000	0.096	0.000	0.032	0.000
H_0	3.0	3.0	3.0	3.0	4.25	4.25
$\beta=H_0/h$	12.5	12.5	12.5	12.5	11.49	11.49
φ	0.6616	0.8765	0.7459	0.8765	0.7660	0.8328
A/mm^2	396000	396000	396000	396000	610500	610500
砖 MU	10	10	10	10	10	10
砂浆 M	7.5	7.5	7.5	7.5	10	10
$f/(N/mm^2)$	1.69	1.69	1.69	1.69	1.89	1.89
$\varphi Af/kN$	316.42	540.41	432.46	540.41	883.85	960.92
$\varphi Af/N$	>1	>1	>1	>1	>1	>1

由表 9-6 和表 9-7 可以看出，计算墙体在房屋的各层均满足承载力要求。

3. 梁端砌体局部受压计算

因为支座反力 R 都相同，即 $N_l=126.16kN$（由活荷载引起的楼面荷载）或 $N_l=118.18kN$（由永久荷载引起的楼面荷载），而底层的上层荷载最大，以第 1 层窗间墙为例，即 $N_u=477.62kN$（由活荷载引起的楼面荷载）或 $N_u=482.76kN$（由永久荷载引起的楼面荷载），墙垛截面为 370mm×1650mm，混凝土梁截面为 250mm×700mm，下设 240mm×500mm×180mm 的混凝土垫块，伸入墙体长度 $a=240mm$，墙体采用 MU10 烧结普通砖，M10 混合砂浆，$f=1.89N/mm^2$。

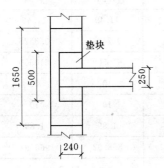

图 9-13　墙垛平面图

由于梁上荷载增加时，梁端底部砌体局部变形增大，砌体内部产生应力重分布，使得梁端顶面附近由于上部荷载产生的应力逐渐减小，墙体逐渐以内拱作用传递荷载。墙垛平面图如图 9-13 所示。

（1）梁端垫块的有效支撑长度。由前计算得

$a_0=116.68mm$（可变荷载）和 $a_0=149.24mm$（永久荷载）

（2）垫块受压面积，即

$$A_b=240\times500=120000(mm^2)$$

（3）上部荷载 N_u 作用在整个墙垛上，则

$$\sigma_0=\frac{N_u}{A}=\frac{477.62\times10^3}{610500}=0.782(N/mm^2)$$

$$\sigma_0=\frac{N_u}{A}=\frac{482.76\times10^3}{610500}=0.791(N/mm^2)$$

（4）垫块面积 A_b 上由上部荷载设计值产生的轴力为

$$N_0=\sigma_0 A_b=0.782\times120000=93.84(kN)$$

$$N_0=\sigma_0 A_b=0.791\times120000=94.92(kN)$$

（5）垫块下砌体局压承载力计算为

$$e=\frac{N_1\left(\frac{b_b}{2}-0.4a_0\right)}{N_1+N_0}=\frac{126.16\times\left(\frac{240}{2}-0.4\times116.68\right)}{126.16+93.84}=42.05(\text{mm}),\frac{e}{b_b}=\frac{42.05\text{mm}}{240\text{mm}}=0.175$$

$$e=\frac{N_1\left(\frac{b_b}{2}-0.4a_0\right)}{N_1+N_0}=\frac{118.18\times\left(\frac{240}{2}-0.4\times149.24\right)}{118.18+94.92}=33.44(\text{mm}),\frac{e}{b_b}=\frac{33.44\text{mm}}{240\text{mm}}=0.139$$

查表 5-1 $\beta\leqslant3$ 情况，得 $\varphi=0.783$ 和 $\varphi=0.872$。

垫块局部抗压面积：

$$A_0=370\times(370\times2+500)=458800(\text{mm}^2)$$

局部抗压提高系数：

$$\gamma=1+0.35\sqrt{\frac{A_0}{A_b}-1}=1+0.35\times\sqrt{\frac{458800}{120000}-1}=1.588<2.0$$

$$\gamma_1=0.8\gamma=0.8\times1.588=1.27$$

（6）梁端下局压承载力验算：

1）$N_1+N_0=126.16+93.84=220.0\text{kN}\leqslant\varphi\gamma_1A_bf=0.783\times1.27\times120000\times1.89=225.53\text{kN}$，安全。

2）$N_1+N_0=118.18+94.92=213.1\text{kN}\leqslant\varphi\gamma_1A_bf=0.872\times1.27\times120000\times1.89=251.17\text{kN}$，安全。

4. 横墙的承载力验算

以②轴线上的横墙为例，横墙上承受由屋面和楼面传来的均布荷载，可取 1m 宽的横墙进行计算，其受荷面积为 $1\times3.6=3.6(\text{m}^2)$。对于楼面荷载较小，横墙的计算不考虑一侧无活荷载时的偏心受力情况，按两侧均匀布置活荷载的轴心受压构件计算。随着墙体材料、墙体高度不同，验算一～三层楼的 Ⅵ-Ⅵ 截面的承载力。

（1）荷载计算。取一个计算单元，作用于横墙的荷载标准值如下：

屋面恒载：$0.45\times l\times\frac{l_0}{2}\times\frac{1}{\cos^2\theta}=0.45\times3.6\times9\times\frac{1}{0.928^2}=16.93(\text{kN})$

檩条总重：$\qquad\qquad 0.1\times13\times3.6=4.68(\text{kN})$

屋架及支撑自重：$\qquad 0.01\times18\times9\times3.6=5.83(\text{kN})$

屋面恒载标准值：$\qquad 16.93+4.68+5.83=27.44(\text{kN})$

屋面活荷载标准值为 0.3kN/m^2，而雪荷载标准值为 0.35kN/m^2，取大值：

屋面活载标准值：$\qquad 0.35\times9\times3.6=11.34(\text{kN})$

1）屋盖荷载设计值。

由可变荷载控制：$N_1=1.2G_k+1.4Q_k=1.2\times27.44+1.35\times11.34=48.24(\text{kN})$

由永久荷载控制：$N_1=1.35G_k+1.0Q_k=1.35\times27.44+1.0\times11.34=48.38(\text{kN})$

2）楼面荷载设计值：

由可变荷载控制。

$N_2=1.2G_k+1.4Q_k=1.2\times(2.92\times1\times3.6+4.375\times1)+1.4\times3\times3.6\times1=32.98(\text{kN})$

由永久荷载控制：

$N_2=1.35G_k+1.0Q_k=1.35\times(2.92\times1\times3.6+4.375\times1)+1.0\times3\times3.6\times1=30.90(\text{kN})$

3）墙体荷载。

a. 对顶层计算高度为 3.96m，240 双面抹灰墙自重标准值为 $5.24kN/m^2$

自重标准值为

$$5.24 \times 1 \times 3.96 = 20.75(kN)$$

设计值

由可变荷载控制：　　　　　$20.75 \times 1.2 = 24.90(kN)$

由永久荷载控制：　　　　　$20.75 \times 1.35 = 28.01(kN)$

b. 对二、三层计算高度 3.0m，240 双面抹灰墙自重标准值为 $5.24kN/m^2$

自重标准值为

$$5.24 \times 1 \times 3.0 = 15.72(kN)$$

设计值

由可变荷载控制：　　　　　$15.72 \times 1.2 = 18.86(kN)$

由永久荷载控制：　　　　　$15.72 \times 1.35 = 21.22(kN)$

c. 对一层，240 双面抹灰墙自重标准值为 $5.24kN/m^2$，计算高度 4.25m，自重标准值为

$$5.24 \times 1 \times 4.25 = 22.27(kN)$$

设计值

由可变荷载控制的组合：　　　$22.27 \times 1.2 = 26.72$（kN）

由永久荷载控制的组合：　　　$22.27 \times 1.35 = 30.06(kN)$

（2）承载力验算，见表 9 - 8 及表 9 - 9。

表 9 - 8　　　　　　　　　　横向内墙体由可变荷载控制时的承载力计算

计 算 项 目	第 三 层	第 二 层	第 一 层
N/kN	124.98	176.82	236.52
h/mm	240	240	240
H_0/m	3.0	3.0	4.25
$\beta = H_0/h$	12.5	12.5	17.71
φ	0.8075	0.8075	0.6773
A/mm^2	240000	240000	240000
$f/(N/mm^2)$	1.69	1.69	1.89
$\varphi A f$	327.52	327.52	307.22
$\varphi A f/N$	>1	>1	>1

表 9 - 9　　　　　　　　　　横向内墙体由永久荷载控制时的承载力计算

计 算 项 目	第 三 层	第 二 层	第 一 层
N/kN	128.51	180.63	241.59
h/mm	240	240	240
H_0/m	3.0	3.0	4.25
$\beta = H_0/h$	12.5	12.5	17.71
φ	0.8075	0.8075	0.6773
A/mm^2	240000	240000	240000

计　算　项　目	第　三　层	第　二　层	第　一　层
$f/(\text{N/mm}^2)$	1.69	1.69	1.89
$\varphi A f$	327.52	327.52	307.22
$\varphi A f/N$	>1	>1	>1

上述承载力计算表明，内墙体的承载力满足要求。

四、圈梁、过梁设计

1. 圈梁的设置

在托梁、墙梁顶面和檐口标高处设置现浇钢筋混凝土圈梁，其他楼盖处在所有纵横墙上每层设置，使圈梁与各层楼板相连接。

圈梁的构造要求：墙厚 240mm，其宽度取为 240mm，与墙厚同宽；圈梁高度 $h=240$mm，纵向钢筋布置 4 Φ 10，箍筋布置 $\Phi6@300$。

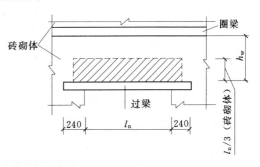

图 9-14　圈梁的设置

2. 过梁

（1）过梁的荷载。

窗口处：$h_w=900$mm，$l_n=2100$mm，$\frac{1}{3}l_n=700$mm

门洞处：$h_w=1500$mm，$l_n=2100$mm，$\frac{1}{3}l_n=700$mm

对砖砌体，当梁、板下的墙体高度 $h_w<l_n$ 时，过梁荷载计入梁、板传来的荷载，而本方案是横墙承重方案，楼板上的荷载由横墙承受，纵向墙体只有墙自重。

其中过梁截面高度 $h=\left(\frac{1}{8}\sim\frac{1}{12}\right)l=322.5\sim215$mm，取 $h=240$mm，

过梁跨度 $l_0=2.1+0.24\times2=2.58$m。

1）墙体荷载。240 墙双面抹灰，自重标准值为 5.24kN/mm²。

$$g=1.35\times5.24\times0.7=4.95(\text{kN/m})$$

2）过梁自重。　　$g=1.35\times0.24\times0.24\times25=1.944(\text{kN/m})$

（2）内力计算。

计算跨度：$l_0=2.1+0.24=2.34$m，$1.05l_n=2.205$m，取 $l_0=2.205$m

荷载设计值：

$$M=\frac{1}{8}gl_0^2=\frac{1}{8}\times(4.95+1.944)\times2.205^2=4.19(\text{kN}\cdot\text{m})<[M]=16.63\text{kN}\cdot\text{m}$$

$$V=\frac{1}{2}gl=\frac{1}{2}\times(4.95+1.944)\times2.1=7.24(\text{kN})<[V]=58.17\text{kN}$$

根据图集选用过梁 GL—4212，混凝土强度等级为 C20，受力钢筋种类为 HRB335。

五、墙梁的设计

1. 使用阶段以轴线③上的墙梁为例计算

（1）计算简图。在托梁下设置钢筋混凝土柱构造柱，截面尺寸为 240mm×240mm，搭接长度分别为 240mm 和 240mm。

1）托梁截面尺寸。高度 $h=\left(\dfrac{1}{8}\sim\dfrac{1}{12}\right)l=957\sim638$ mm，取 $h_b=700$ mm；截面宽度取为 $b_b=250$ mm，$h_{b0}=665$ mm。

2）计算跨度。$\qquad\qquad l_c=7650$ mm

$$1.1l_n=1.1\times(7650-240-240)=7887(\text{mm})>l_c=7650\text{mm}$$

$$l_0=7650\text{mm}$$

3）墙梁计算高度。

$$h_w=3.0\text{m},\ H_0=0.5h_b+h_w=0.5\times0.7+3.0=3.35(\text{m})$$

计算简图如图 9-15 所示。

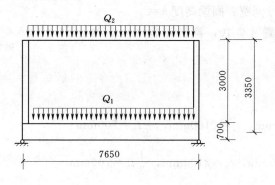

图 9-15　墙梁计算简图

（2）荷载计算。

1）作用在托梁顶面上的荷载设计值 Q_1。

托梁自重标准值：

$$0.25\times0.7\times25+(0.25+0.7\times2)\times0.02\times17=4.51(\text{kN/m})$$

荷载设计值：

由可变荷载控制：

$$Q_1=1.2\times(4.51+2.92\times3.9)+1.4\times3.0\times3.9=35.46(\text{kN/m})$$

由永久荷载控制：

$$Q_1=1.35\times(4.51+2.92\times3.9)+1.0\times3.0\times3.9=33.16(\text{kN/m})$$

取 $Q_1=35.46$ kN/m

2）作用在墙梁顶面的荷载设计值 Q_2。

托梁以上各层墙体自重标准值 g_{wk} 为

$$g_{wk}=(4.32+3.6\times2)\times5.24=60.36(\text{kN/m})$$

二层以上各层楼盖和屋盖的永久荷载标准值 g_{fk} 为

$$g_{fk}=(2.92\times2+0.73)\times3.9=25.629(\text{kN/m})$$

二层以上各层楼盖和屋盖的可变荷载标准值 q_{fk} 为

$$q_{fk} = (3.0 \times 2 + 0.35) \times 3.9 = 24.77 (kN/m)$$

荷载设计值：

由可变荷载控制：

$$Q_2 = 1.2 \times (60.36 + 25.62) + 1.4 \times 24.77 = 137.85 (kN/m)$$

由永久荷载控制：

$$Q_2 = 1.35 \times (60.36 + 25.62) + 1.0 \times 24.77 = 140.84 (kN/m)$$

取 $Q_2 = 140.84 kN/m$

（3）托梁正截面承载力计算。

$$M_1 = \frac{1}{8} Q_1 l_0^2 = \frac{1}{8} \times 35.46 \times 7.65^2 = 259.4 (kN \cdot m)$$

$$M_2 = \frac{1}{8} Q_2 l_0^2 = \frac{1}{8} \times 140.84 \times 7.65^2 = 1030.3 (kN \cdot m)$$

因为是无洞口墙梁，所以 $\psi_M = 1.0$

$$\alpha_M = \psi_M \left(1.7 \frac{h_b}{l_0} - 0.03\right) = 1.7 \times \frac{0.7}{7.65} - 0.03 = 0.126$$

$$\eta_N = 0.44 + 2.1 \frac{h_w}{l_0} = 0.44 + 2.1 \times \frac{3.0}{7.65} = 1.26$$

托梁跨中截面弯矩为

$$M_b = M_1 + \alpha_M M_2 = 259.4 + 0.126 \times 1030.3 = 389.2 (kN/m)$$

轴心拉力： $$N_{bt} = \eta_M \frac{M_2}{H_0} = 1.26 \times \frac{1030.3}{3.35} = 387.5 (kN)$$

托梁按钢筋混凝土偏心受拉构件计算：

偏心距： $e_0 = M_b/N_{bt} = 389.2/387.5 = 1.004 > h/2 = 0.7/2 = 0.35$，为大偏心受拉构件。

采用 HPB335，$f_y = f'_y = 300 MPa$；C30 混凝土，$f_c = 14.3 MPa$；$a_s = a'_s = 35 mm$

$$e = e_0 - h_b/2 + a_s = 1004 - 700/2 + 35 = 689 (mm)$$

令 $x = \xi_b h_0 = 0.55 \times 665 = 365.75 mm$，则受压钢筋

$$A'_s = \frac{N_{bt} e - \alpha_1 f_c b h_0^2 \xi_b (1 - 0.5 \xi_b)}{f'_y (h_0 - a'_s)}$$

$$= \frac{387.5 \times 10^3 \times 689 - 1.0 \times 14.3 \times 250 \times 665^2 \times (1 - 0.55 \times 0.5)}{300 \times (665 - 35)} < 0$$

说明计算不需要配置受压钢筋，故按最小配筋率确定 A'_s。由表查得 $\rho'_{min} = 0.2\%$，取 $A'_s = A'_{smin} = 0.002bh = 0.002 \times 250 \times 700 = 350 mm^2$，选用 3 Φ 16（实配 $A'_s = 461 mm^2$），此时有：

$$\xi = 1 - \sqrt{1 - 2 \frac{N_{bt} e - A'_s f'_y (h_0 - a'_s)}{\alpha_1 f_c b h_0^2}}$$

$$= 1 - \sqrt{1 - 2 \times \frac{387.5 \times 10^3 \times 689 - 461 \times 300 \times (665 - 35)}{1.0 \times 14.3 \times 250 \times 665^2}} = 0.133$$

$$x = \xi h_0 = 0.133 \times 665 = 88.18 > 2a'_s = 70 mm$$

$$A_{s1} = \xi b h_0 \frac{\alpha_1 f_c}{f_y} = \frac{0.133 \times 250 \times 665 \times 1 \times 14.3}{300} = 1053.97 (\text{mm}^2)$$

$$A_s = A_{s1} + \frac{A'_s f'_y - N}{f_y} = 1053.97 + \frac{461 \times 300 - 387.5 \times 1000}{300} = 223.30 (\text{mm}^2) < \rho_{\min} bh = 350 \text{mm}^2$$

故取受拉钢筋 $3\Phi16$，（实配 $A_s = 461\text{mm}^2$）。

（4）托梁斜截面受剪承载力计算。

Q_1 在支座边缘引起的剪力为：$V_1 = \frac{1}{2} Q_1 l_n = \frac{1}{2} \times 35.46 \times 7170 = 127.1 (\text{kN})$

Q_2 在支座边缘引起的剪力为：$V_2 = \frac{1}{2} Q_2 l_n = \frac{1}{2} \times 140.84 \times 7170 = 504.9 (\text{kN})$

托梁剪力设计值计算：

因无洞口，$\beta_v = 0.6$：$V_b = V_1 + \beta_v V_2 = 127.1 + 0.6 \times 504.9 = 430.04 (\text{kN})$

截面承载力计算：

采用 C30 混凝土，$f_c = 14.3\text{MPa}$，$f_t = 1.43\text{MPa}$，纵筋采用 HRB335，箍筋采用 HPB300，$f_y = 300\text{MPa}$，$f_{yv} = 270\text{MPa}$，$0.7\beta_h f_t b h_0 = 0.7 \times 1.0 \times 1.43 \times 250 \times 665 = 166.42 (\text{kN}) < V_b = 430.04\text{kN}$（不能按构造配筋）

$$V_b = 430.04\text{kN} \leqslant 0.25\beta_c f_c b_b h_0 = 0.25 \times 1.0 \times 14.3 \times 250 \times 665 = 594.34 (\text{kN})$$

满足最小截面尺寸要求。

由抗剪公式 $V_b = 0.7 f_t b_b h_0 + f_{yv} h_0 \frac{A_{sv}}{S}$，得

$$\frac{A_{sv}}{s} = \frac{V_b - 0.7 f_t b_b h_0}{f_{yv} h_0} = \frac{430.03 \times 10^3 - 0.7 \times 1.43 \times 250 \times 665}{270 \times 665} = 1.468 (\text{mm})$$

选用双肢箍筋 $\phi10@100 \left(\frac{A_{sv}}{s} = 1.57\text{mm}\right)$，满足承载力要求。

最小配筋率：$\rho_{sv} = \frac{A_{sv}}{bs} = \frac{157}{250 \times 100} = 0.0063 \geqslant \rho_{sv,\min} = 0.24 \frac{f_t}{f_{yv}} = 0.24 \times \frac{1.43}{210} = 0.0016$，满足要求。

按构造要求，托梁两侧应各配 $2\Phi12$ 腰筋，间距 200mm。

（5）墙梁墙体斜截面受剪承载力验算。

因设有构造柱，$\xi_1 = 1.5$；无洞口，$\xi_2 = 1.0$。

墙梁顶面圈梁截面高度 $h_t = 240\text{mm}$，得：

$$\xi_1 \xi_2 \left(0.2 + \frac{h_b}{l_0} + \frac{h_t}{l_0}\right) f h h_w = 1.5 \times 1.0 \times \left(0.2 + \frac{0.7}{7.65} + \frac{0.24}{7.65}\right) \times 2.67 \times 240 \times 3000 \times 10^{-3}$$
$$= 931.1 (\text{kN}) > V_2 = 504.9\text{kN}$$

安全。

因设有构造柱，所以可不验算局部受压承载力。

2. 施工阶段

施工阶段作用在托梁上的荷载 Q_3 计算：

托梁自重设计值：　　$1.35 \times 25 \times 0.25 \times 0.7 = 5.91 (\text{kN/m})$

本层楼盖的永久荷载设计值：$1.35 \times 2.92 \times 3.9 = 15.37 (\text{kN/m})$

本层楼盖的施工荷载取（$1kN/m^2$）：$1 \times 3.9 = 3.9(kN/m)$

墙体自重设计值：$1.35 \times (5.24 - 0.02 \times 2 \times 17) \times 7.65/3 = 15.70(kN/m)$

$$Q_3 = 5.91 + 15.37 + 3.9 + 15.7 = 40.88(kN/m)$$

$$M = \frac{1}{8}Q_3 l_0^2 = \frac{1}{8} \times 40.88 \times 7.65^2 = 299(kN \cdot m)$$

$$V = \frac{1}{2}Q_3 l_0 = \frac{1}{2} \times 40.88 \times 7.65 = 156.37(kN)$$

经计算，施工阶段内力对托梁配筋不起控制作用。

六、现浇雨篷设计

1. 雨篷板设计

（1）材料。材料选用 HPB300，$f_y = 270N/m^2$，混凝土强度等级为 C20，$f_c = 9.6N/mm^2$，$f_t = 1.10N/mm^2$。

（2）尺寸。

雨篷板悬挑长度：　　　　　$l = 1.2m = 1200mm$

雨篷板宽：　　　　　　　　$b = 3.9m = 3900mm$

根部板厚按 $[h = (1/12)l_0$ 计]：　$h = 1200/12 = 100mm$

端部板厚：　　　　　　　　$h_d = 60mm$

雨篷梁尺寸：　　　　　　　$bh = 240mm \times 240mm$

（3）雨篷板端部作用施工荷载标准值，沿板宽每米 $P_k = 1kN/m$，板上永久荷载标准值。

板上 20mm 防水砂浆：　　$0.02 \times 20 = 0.4kN/m^2$

板重（按平均 80mm 厚计）：$0.08 \times 25 = 2.0kN/m^2$

板下 20mm 水泥砂浆：　　$0.02 \times 20 = 0.4kN/m^2$

　　　　　　　　　　　　$q_k = 2.8kN/m^2$

取板宽 1m 计算，则 $q_k = 2.8kN/m^2 \times 1 = 2.8(kN/m)$

（4）内力计算。固定端截面最大弯矩设计值：

$$M = \gamma_G \frac{1}{2}q_k l^2 + \gamma_q P_k l = 1.2 \times \frac{1}{2} \times 2.8 \times 1.2^2 + 1.2 \times 1.4$$

$$= 4.1(kN \cdot m)$$

（5）截面承载力计算。

查《建筑结构设计实用手册》$h = 100mm$ 这一列，当 $M = 4.55kN \cdot m$ 时，需钢筋面积 $A_s = 280mm^2$，选 $\Phi 8@180$（实配 $A_s = 279mm^2$）。

2. 雨篷梁计算设计

（1）计算雨篷梁的弯矩和剪力设计值。

荷载设计值。雨篷梁上墙体线荷载设计值，按取高度为 1/3 净跨范围内墙重的原则计算，即

$1/3 l_0 = 3.9/3 = 1.3m$ 范围内的墙重，有

墙重设计值为　　　　　　$1.35 \times 1.3 \times 7.61 = 13.36(kN/m)$

雨篷板传来的线荷载设计值为

$$\gamma_G q_k b + \gamma_q P_k = 1.35 \times 2.8 \times 1.2 + 1.0 \times 1 = 5.54 (kN/m)$$

雨篷梁自重荷载设计值为 $\quad 1.35 \times 25 \times 0.24 \times 0.24 = 1.94(kN/m)$

雨篷梁上线荷载设计值为 $\quad q = 13.36 + 5.54 + 1.94 = 20.84(kN/m)$

则支座处产生的剪力值为 $\quad V = ql/2 = 20.84 \times 3.9/2 = 40.64(kN)$

支座弯矩值为 $\quad M = ql^2/8 = 19.81 \times 3.9^2/8 = 37.66(kN \cdot m)$

（2）雨篷梁扭矩设计值。

1）由板上均布荷载及板端施工集中线荷载在单位梁长上产生的力偶设计值：

$$m = \gamma_G q_k l_z + \gamma_Q P_k z = 1.2 \times 2.8 \times 0.72 + 1.4 \times 1 \times (1.20 + 0.24/2)$$
$$= 2.42 + 1.85 = 4.27(kN \cdot m/m)$$

其中，l_z、Z 为力偶臂。

2）雨篷支座截面内的最大扭矩设计值：

$$T = \frac{1}{2} m l_0 = \frac{1}{2} \times 4.27 \times 3.9 = 8.33(kN \cdot m)$$

3）计算雨篷梁受扭塑性抵抗矩：

$$W_t = \frac{b^2}{6}(3h - b) = \frac{240^2}{6} \times (3 \times 240 - 240) = 4.608 \times 10^6 (mm^3)$$

由 $\dfrac{V}{bh_0} + \dfrac{T}{W_t} = \dfrac{40.64 \times 10^3}{240 \times 205} + \dfrac{8.33 \times 10^6}{4.608 \times 10^6} = 2.63(N/mm^2) > 0.7 f_t = 0.7 \times 1.1 = 0.77$

(N/mm^2)

故需进行剪扭承载力验算。

（3）计算箍筋。

1）剪扭构件混凝土受扭承载力降低系数 β_t，$\beta_t > 1.0$ 时取 $\beta_t = 1.0$。

$$\beta_t = \frac{1.5}{1 + 0.5 \dfrac{VW_t}{Tbh_0}} = \frac{1.5}{1 + 0.5 \times \dfrac{38.63 \times 10^3 \times 4.608 \times 10^6}{8.33 \times 10^6 \times 240 \times 205}} = 1.23 > 1.0$$

故取 $\beta_t = 1.0$。

2）计算单侧受剪箍筋数量。

取 $\zeta = 1.2$，截面核心部分的面积 A_{cor} 按下式计算：

$$A_{cor} = b_{cor} h_{cor} = (240 - 2 \times 25) \times (240 - 2 \times 25) = 36100(mm^2)$$

由 $T = 0.35 \beta_t f_t W_t + 1.2 \sqrt{\zeta} \dfrac{f_{yv} A_{st1} A_{cor}}{s}$ 得

$$8.33 \times 10^6 = 0.35 \times 1.0 \times 1.1 \times 4.608 \times 10^6 + 1.2 \times \sqrt{1.2} \times \frac{270 \times A_{st1} \times 36100}{s}$$

解得 $\qquad\qquad \dfrac{A_{st1}}{s} = 0.512 mm^2/mm$

计算单侧箍筋的总数量并选用箍筋

$$\frac{A'_{sv1}}{s} = \frac{A_{sv1}}{s} + \frac{A_{st1}}{s} = 0 + 0.512 = 0.512(mm^2/mm)$$

选用箍筋 $\Phi 10$，$A'_{sv1} = 78.5 mm^2$，则其间距为 $s = \dfrac{78.5}{0.512} = 153.32(mm)$

取 $s = 100\text{m}$。

（4）计算受弯纵筋的截面面积。根据弯矩设计值 $M = 37.66\text{kN·m}$，C20 混凝土，HPB335 钢筋，截面尺寸 $b \times h = 240\text{mm} \times 240\text{mm}$，有效高度为 $h_0 = 205\text{mm}$，按正截面受弯承载力计算纵向受弯钢筋用量。

先计算截面抵抗矩系数 α_s

$$\alpha_s = \frac{M}{f_c b h_0^2} = \frac{37.66 \times 10^6}{11 \times 240 \times 205^2} = 0.339 < \alpha_{sb} = 0.426$$

按公式计算内力臂系数 γ_s：

$$\gamma_s = \frac{1}{2}(1 + \sqrt{1 - 2a_s}) = \frac{1}{2}(1 + \sqrt{1 - 2 \times 0.339}) = 0.784$$

于是 $A_s = \dfrac{M}{f_y \gamma_s h_0} = \dfrac{39.62 \times 10^6}{300 \times 0.784 \times 205} = 821.72(\text{mm}^2)$

雨篷梁下部纵向钢筋选用 $3\,\Phi\,20$，$A_s = 941\text{mm}^2$。设架力筋 $2\,\Phi\,10$。

3. 雨篷抗倾覆验算

雨篷计算简图如图 9 - 16 所示。

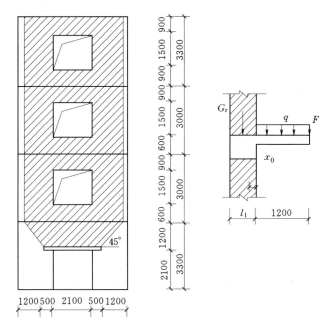

图 9 - 16 雨篷计算简图

荷载计算：

雨篷梁上的均布荷载设计值：$q = 19.81\text{kN/m}$，取一个施工或检修集中荷载 $F = 1\text{kN}$

由于雨篷梁的宽度与墙厚相同，其埋入砌体墙中的长度很小，属于刚性挑梁。

$$x_0 = 0.13b = 0.13 \times 240 = 31.2(\text{mm})$$

雨篷的荷载设计值对计算倾覆点产生的倾覆力矩：

$M_{ov} = 1.0 \times 1 \times (1.2 + 0.0481) + 20.84 \times (1.2 + 0.0481)^2 / 2 = 17.48(\text{kN·m})$

雨篷的抗倾覆荷载：

$$l_n = 2.1\text{m} = 2100\text{mm}, l_3 = \frac{1}{2}l_n = \frac{1}{2} \times 2.1 = 1.05\text{m}$$

雨篷梁恒荷载标准值：$25 \times 0.24 \times 0.24 \times 3.9 = 5.62(\text{kN})$

$$M_r = 0.8G_r\left(\frac{b}{2} - x_0\right) = 0.8 \times \{5.62 \times (0.12 - 0.031) + 45.67 \times (0.12 - 0.031)$$

$$+ 5.24 \times [(5.5 \times 1.2 - 1.2 \times 1.2) + (5.5 \times 10.8 - 2.1 \times 1.5 \times 3)]$$

$$\times (0.12 - 0.031)\} = 24.21(\text{kN} \cdot \text{m}) > M_{ov} = 17.48\text{kN} \cdot \text{m}$$

故抗倾覆验算满足要求。

参 考 文 献

［1］ 砌体结构设计规范（GB 50003—2011）［M］. 北京：中国建筑工业出版社，2011.
［2］ 建筑抗震设计规范（GB 50011—2010）［M］. 北京：中国建筑工业出版社，2010.
［3］ 建筑结构可靠度设计统一标准（GB 50068—2001）［M］. 北京：中国建筑工业出版社，2001.
［4］ 混凝土结构设计规范（GB 50010—2010）［M］. 北京：中国建筑工业出版社，2010.
［5］ 建筑结构荷载规范（GB 50009—2012）［M］. 北京：中国建筑工业出版社，2012.
［6］ 砌体结构工程施工规范（GB 50924—2014）［M］. 北京：中国建筑工业出版社，2014.
［7］ 砌体结构工程施工质量验收规范（GB 50203—2011）［M］. 北京：中国建筑工业出版社，2011.
［8］ 砌体基本力学性能试验方法标准（GB/T 50129—2011）［M］. 北京：中国建筑工业出版社，2011.
［9］ 施楚贤. 砌体结构理论与设计（3 版）［M］. 北京：中国建筑工业出版社，2014.
［10］ 国家建筑标准设计图集，砌体结构设计与构造（12SG620）［M］. 中国计划出版社，2012.